パブリックスペース活用事典

図解 公共空間を使いこなすための制度とルール

Encyclopedia of Public Space Utilization Systems

泉山塁威／宋俊煥／大藪善久
矢野拓洋／林匡宏／村上早紀子／ソトノバ
パブリックスペース活用学研究会 編著

学芸出版社

はじめに

本書の挑戦——情報・スキル・ノウハウの体系化

パブリックスペースの活用は1960年代以降、長らく探求され、実践を積み重ねてきた。なぜ、私たちはパブリックスペース活用を求めるのだろうか？ そこには、「パブリックライフ（都市生活）を過ごす物理的な空間がある」「座り場（何となく居られる場）が歓迎される」「人が楽しむことは都市に活力を与える」等、様々な効用があるだろう。しかし、その情報やノウハウの体系化は実現してこなかった。

本書出版の発意とねらい

実際、特に法制度、実践事例、海外情報は多く、常に新しい法制度が各省庁ごとに上書きされ、国内外で実践が展開される。実践者たちはそれらの体系化を熱望されてはいないだろうか。少なくとも我々はその必要を感じてきた。そこで本書では3つの視点でパブリックスペース活用にまつわる手引書の編集に挑戦している。
初学者への実践に使える手引書として：パブリックスペース活用を学び始める学生、新たに業務として担当する建設・都市計画コンサルタント／ゼネコン／組織設計事務所などの専門職、異分野から異動されてきた自治体公務員やエリアマネジメント団体スタッフが情報やスキルを習得し、実践で使える事典として活用して欲しい。
実践者への体系化された手引書として：経験のある実践者も、続々追加される法制度や情報へのキャッチアップがご多用の業務の中追いつきにくいだろう。復習や再整理を兼ね、体系化された情報に触れることで再認識や新たな気づきを得て欲しい。
教育者が指南する教科書・参考書として：大学教員や新入社員への研修を行う方は、何を教えれば教えたことになるのか苦戦を強いられ、手持ちのネタや関心事中心の指南になってはいないだろうか。2章の書籍年表も含め、本書を教科書や参考書として活用されたい。

本書の構成

大きく3章構成になっている。1章「拡張し続けるパブリックスペースの価値」では、パブリックスペースは何のためにあり、なぜ活用するのかを論じる。日本の実践は長らく（特に消費と結びつく）賑わい至上主義と呼ばれてきた。しかし、それだけではないだろう？と疑問を持つ人も増えている。では他にどんな価値があるのか？ 未来への視座や萌芽的事例から紐解いていく。経済、観光、社会的包摂、教育、健康促進、文化芸術、気候変動対策・低炭素化に焦点を当てるが、パブリックスペース活用が多様な分野や公共施策につながることがわかるだろう。

2章では国内制度とアクティビティの歴史的変遷を辿る。道路／街路空間、公園、河川、建築空間（公開空地）、広場／駅前広場の空間タイプごとに特徴を再確認する。

3章では国内編、海外編に分けて、パブリックスペース活用の制度・ガイドラインを概説する。国内編では、都市・エリア全般、道路、公園、河川、公開空地・広場、

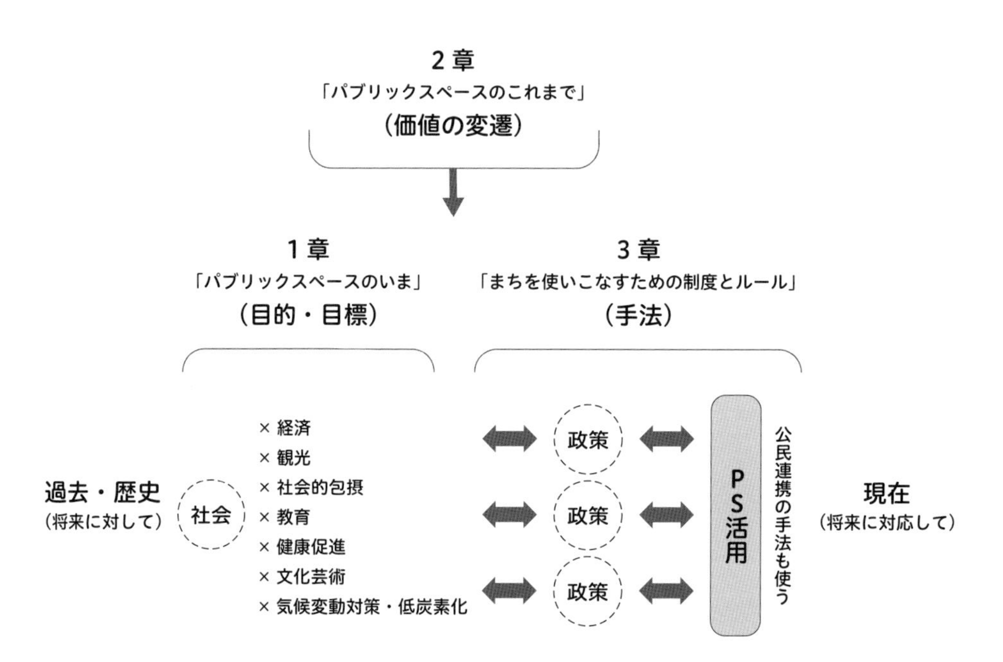

空地・駐車場、ガイド・ルール、社会実験に分け、全38の制度・ガイドラインを紹介する。海外編では、都市・エリア全般、街路ネットワーク、歩車共存道路、歩道、車道・カーブ、広場活用、文化的活用に分け、全22の制度・プログラムを紹介する。

2章の書籍年表、巻末の基礎用語解説集、参考文献などの資料もナレッジとして楽しみ、実践に使っていただきたい。

本書は、2017年に日本建築学会若手奨励特別研究委員会に位置付けられた「戦略的パブリックスペース活用学[若手奨励]特別研究委員会」(2017 − 2019)、さらに日本都市計画学会研究交流分科会Ａに位置付けられた「パブリックスペース活用学研究会」(2020 − 2022)の活動が元となっている。参加した若手実践者、アーバニストたちとの議論が本書の問題意識であり、数年の成果が本書である。深く感謝の意を表したい。

本書が日本のパブリックスペース活用の学びと実践に役立ち、豊かなパブリックスペース活用、そして、都市計画・都市デザインに寄与すれば幸いである。

2023年12月
泉山塁威（編著者・執筆者を代表して）

目 次

3-6 空地・駐車場 118

3-7 ガイド・ルール 128

3-8 社会実験 134

3章2節 海外編 海外制度・ルール総論 138

3-9 都市・エリア全般 142

3-10 街路ネットワーク 160

1章

パブリックスペースのいま

拡張し続ける
パブリックスペースの価値

パブリックスペースは都市、社会の鏡

市民や不特定多数の利用者が利用するパブリックスペースには、都市や社会の状況が鏡のように映し出される。もしパブリックスペースのコンディションが悪く利用者が不幸せそうだったら、都市や社会が不健康な状態かもしれない。

逆にいえば、パブリックスペースを豊かに良い状態に持っていくことで、その利用者や市民生活が豊かになり、結果、都市や社会が健康体になりうるかもしれない。都市の医者の目線になって、パブリックスペースの健康診断をしていくことは大事なところだ。

戦後の高度経済成長期の都市構造・社会システムは一定の役割を担った。問題は人口減少社会に対応するには制度疲労を起こしていること、そして、当時の世代の価値観で都市構造、社会システムがつくられていることである。2020年でのミレニアル世代の日本の人口は37％。2050年には生産年齢人口のすべてがミレニアル世代以降になる。デジタルネイティブ、さらには次のZ世代、α世代と、スマホネイティブ、さらにテクノロジーが発達した社会で育つ世代の価値観はさらに変化し、パブリックスペースはもちろん都市、社会の対応力が求められる。

パブリックスペース活用の目的は変化している

これまでは賑わいという経済偏重な価値観と訴求であったが、これに加えて、Happy Cityに代表されるように市民生活の幸福度、またリバブルシティ（Liveable City）・住みやすい都市にもあるようにQOL（生活の質）を求める志向が高まっている。

経済も商業的な賑わいから地域経済や社会、地球環境に訴求する、ローカルエコノミー、シェアリングエコノミー、サーキュラーエコノミー等、

経済の捉え方も進化し、より地域、都市、社会、あるいは地球環境への意識も強まっている。この志向はパブリックスペースにも同じ傾向が出てくるし、兆しは見え始めている。

制度疲労した都市や社会システムに立ち向かおうとする規制緩和やそれに向けたアクションは、タクティカル・アーバニズム(Tactical Urbanism)が台頭するように、全世界的に展開されつつある。この一つの手段やフィールドにパブリックスペースも関わってくるだろう。

パブリックライフ

これまで道路、公園、広場等の空間や建築等、ハード整備に主眼が置かれた都市計画・都市デザインがなされていた。しかし、本来その空間や建築を使う人が蔑ろにされており、いつの間にか手段と目的が入れ替わっていたのである。コペンハーゲンのパブリックスペースの大家のヤン・ゲールは、Life、Space、Buildingのヒエラルキーを逆転させ、人や人が利用するパブリックライフを最優先に置き、人や人のアクティビティから想像し、空間や建築、都市をつくりだす、人が最優先の都市計画・都市デザインを説いている。つまり、1.建築、2.空間、3.人ではなく、1.人、2.空間、3.建築の優先順位の逆転が必要である。

これまでは「いい空間をつくれば人が使う」ことが信じられた時代だった。これからはいい「空間」に加えて、人々が「場」を使いこなし調節可能な家具やツールをセットし、「人」が多様な目的とアクティビティを楽しむ。3点が揃った時に、パブリックライフのあるパブリックスペースが形成される。

そんな場を地域や市民と対話をしながらつくっていく「プレイスメイキング」が世界中で議論、展開されており、そこではプレイスメイカーと呼ばれる人たちが、市民とともに場を耕し、場を使いこなす人を育てている。

拡張するパブリックスペースの価値

国内では近年、海外都市では10年以上前からウォーカブルシティ(p.64)が都市政策で注目されている。ウォーカビリティとは、高密度かつ多様性に満ちた施設に人々が徒歩でアクセス可能な近隣地域(ネイバーフッド)をつくる計画概念である。

これらには、道路や公園、広場、民地、そして建築をシームレスに歩行者空間をつくることと、Link & Place理論(p.160)等で、交通と歩行者空間の機能分担による検討等の交通戦略と連動した街路ネットワークの構築が不可欠である。

ウォーカブルシティの市街地像は少し変わってくる。商業地は商業だけでなく、職住近接や都心居住も展開され、商業と住宅、オフィス等土地利用がミックスされた多様性のある建築密度のある市街地像をつくっていくことが求められる。そしてそれらに面するストリートと建築(特にアイレベル：低層階)の関係性が重要である。ストリートは実際、都市の30%程度を占めるため、ストリートを制するものはウォーカビリティを制すといえる。

これから、機能や空間、建築よりも人が最優先される時に、人々の幸福度やQOL(生活の質)を考えたパブリックスペースの価値はさらに高まっていくだろう。商業地にも子どもが歩き、遊ぶ。オフィスで働くワーカーは働き方の多様化により、平日のビジネスタイムにも時には遊び、ワーケーションをする。観光客が遊びに来てもフラっと仕事をする。人のライフスタイルが変わり、流動性を増していくと、パブリックスペースで行われるアクティビティは変容してくる。ここはさらに拡張するだろう。

そして、ミレニアル世代、Z世代、α世代と、次々と新時代の世代が都市に登場すると、ライフスタイルだけでなく、趣向が変わってくる。コンクリートと木材を使ったパブリックスペース、どちらが使われるだろうか。環境や地球に優しい素材や製品、空間、取組みはより選択されていく。企業や行政もSDGsの取組みを促進していく。人が最優先にされる都市計画・都市デザインではライフスタイル、価値観、趣向の変化により、パブリックスペースのつくりかた、使いかたも変容していくだろう。人が、市民が求めるパブリックスペースの価値を創造していくことが一層求められる。

多様なパブリックスペース活用のタッチポイントと広がり

次節では、パブリックスペース活用が単に賑わいやまちづくりだけでなく、いかに多分野の領域や公共施策・サービスにつながっていくかを紐解き、その広がりを感じ取っていただきたい。パブリックスペース活用は、多様な分野と関係し、そのタッチポイントはたくさんあるが、ここでは経済、観光、社会的包摂、教育、健康促進、文化芸術、気候変動対策・低炭素化に焦点を当てて解説していきたい。

（泉山塁威）

参考文献：

- harles Montgomery（2013）, *Happy City: Transforming Our Lives Through Urban Design*, Farrar, Straus and Giroux
- Khee Giap Tan, Wing Thye Woo, Kong Yam Tan, Linda Low , Grace Ee Ling AwRanking（2012）, *The Liveability Of The World's Major Cities: The Global Liveable Cities Index (Glci)*, World Scientific
- 泉山塁威ほか編著（2021）『タクティカル・アーバニズム：小さなアクションから都市を大きく変える』学芸出版社

社会と政策の優れたタッチポイント①
経済

パブリックスペース活用による経済的波及効果の創出

パブリックスペースの活用を通して、人々が滞留し回遊する機会が増加することで、周辺エリアの商業への経済的波及効果も期待されている。

海外の例をみると、アメリカ・ニューヨーク市で実施された「プラザ・プログラム」(p.196)は、2008年以降にニューヨーク市の70箇所以上に配置された広場を対象に、自由に動かせる可動イスや、車止めになる植栽鉢等を設置することで、道路空間を居場所として設え直し、滞留性を生み出し自由に活用できる場として整備する取組みである。カフェの営業や、市民団体等による様々なイベントが行われる他、食事や休憩、公共交通機関の待ち時間等日常的な活用もされている。ブルームバーグ市長(当時)の徹底した定量的な効果検証により、周辺地域への経済的な波及効果も明らかとなっており、国内外のパブリックスペース活用にとっても大きな示唆を与える事例となった。

また、カリフォルニア州マウンテンビュー市のカストロストリートで適用されている「フレキシブルゾーン」は、車道と歩道の間の路上駐車帯を、駐車場にも店舗飲食スペースにも活用できることにした手法である。経済活性化を目的に導入されたところ、実際に民間の新規開業を後押しするに至っている。

また、アメリカ・ニューヨーク市の中心部に位置するセントラルパークは、受益者負担の考えの下、周辺に立地する企業によって投資がされ整備された広大な公園である。現在は市内外あるいは国内外から人々が訪れ、連日のように賑わいをみせているのみならず、周辺エリアでの消費増加や、地価上昇といった経済的波及効果も創出されている。ニューヨーク市の事例を発端として、いまや世界の各都市で、パブリックスペースの整備や活用がされるに至っている。

また、我が国の場合、パブリックスペース活用を通した経済的波及効果の可能性として、公募設置管理制度(Park-PFI)(p.94)が挙げられる。一例として福島県で最初に導入された須賀川市の翠ヶ丘公園は、市中心部に位置する緑に囲まれた公園であり、「Fun the Green」をコンセプトとし、温浴施設や飲食・物販等の便益施設の整備等が整備指針として掲げられている。2022年11月3日には「Jadegreen cafe」が、2023年4月28日には温浴施設「Sauna & Spa Green」がオープンし、市内外から多くの人々を引き寄せ、新たな賑わい創出に至っている。こうした賑わいを維持しながら、今後は中心市街地との回遊性向上や、商業施設への波及効果といった経済的波及効果を創出していく必要がある。

我が国においては人口減少や経済の停滞から、多くの自治体で税収減といった課題を抱えており、パブリックスペースの維持管理が危機的状況に陥っている例や、新たな投資を行いにくい例がみられている。しかしそれらの課題を背景として近年、パブリックスペース活用の活性化を見込んだ制度が構築されたり、規制が緩和される動きがみられている。こうした積極的な変革が、パブリックスペース活用のさらなる活性化や、周辺の商業施設等の消費拡大をはじめとした経済的波及効果の創出につながるのではないだろうか。

(村上早紀子)

社会と政策の優れたタッチポイント②
観光

賑わい創出・観光資源としての価値

パブリックスペース活用を通して、観光資源としての魅力を生み出す可能性も窺える。

例えば道路空間を活用して実施される「路上イベント」(p.68)は、賑わい創出や景観向上が期待される取組みであり、一例として長野市の善光寺表参道地区では、イベントをはじめとした多様な取組みが展開されており、観光地としての賑わい創出が図られている。

また近年各地で取組まれている「ウォーカブルなまちづくり」(p.64)をとってみても、パブリックスペースを取巻く日常的活用はもちろんのこと、市内外の人々を引き寄せる観光としての活用も有益なものとなっている。一例として、ウォーカブル推進都市である福島県須賀川市では、南部地区(第2期)都市再生整備計画が「まちなかウォーカブル推進事業」に移行されており、整備計画には都市再生推進法人(p.54)に指定されている株式会社テダソチマ(以下:テダソチマ)の事業が反映されている。基幹事業として、風流のはじめ館に隣接する民間空地が、テダソチマにより整備され広場化されており、この広場において、まちづくり団体等による様々なイベント

須賀川市の街中に位置する「等躬の庭」では、Rojima開催時、ヒトとモノの様々な交流が生み出されている

須賀川市本町軒の栗通りは、Rojima開催時に車両通行止が行われ、歩行者が自由に行き交う空間となる

が展開されている。そのうちの1つ「すかがわ路地deマーケット『Rojima』」は、須賀川市の中心部に点在する空き地や駐車場の他、先述した広場等を活用した、手作りのマーケットである。筆者も継続して訪れてきたところ、出店数が毎回のように増加し、空き施設も含めたさらなる空間活用が拡がりをみせている。来場者数も市内外・県内外問わず増加する中、リピーターもみられており、人々の回遊性向上に少しずつ寄与しているようである。

このように、普段は落ち着きがあり、ともすれば寂しささえ感じてしまう空間が、パブリックスペース活用を通して賑わい創出や観光資源として輝きを放つ可能性を有している。

（村上早紀子）

須賀川市のJadegreen caféは、緑豊かな翠ヶ丘公園の敷地内にオープンした開放的な場所となっている

Jadegreen caféにはテラス席も設けられており、ペットを連れた人でもゆっくり過ごすことができる

社会と政策の優れたタッチポイント③
社会的包摂

インクルーシブな社会づくり

2006年、内閣府は「ダイバーシティマネジメントガイドライン」を発表。同年に総務省から「地域における多文化共生推進プラン」が発表されている。その後2015年に女性活躍推進法が施行されると、2016年に内閣府は「ニッポン一億総活躍プラン」を発表。2019年には日本SDGsモデル宣言が発表され、「誰ひとり取り残さない社会」という目標が共有される。2020年、「地域における多文化共生推進プラン」はSDGs採択を背景に改訂され「多様性と包摂生のある社会の実現」が追記されている。

多様性への意識の高まりの背景には少子高齢化、人口減少がある。生産年齢人口の減少に対する労働力の確保のため、従来の労働市場から排除される傾向にあった層へのアプローチが必要とされた。外国人はその1カテゴリーであり、グローバリゼーションの影響にも鑑みて、総人口ピークアウトの翌2006年に発表されたのが多文化共生推進プランである。また同年国連により初めて発表された「ジェンダーギャップレポート」で日本のジェンダーギャップ指数の低さが明るみになったこともグローバリゼーションの影響と言えるだろう。同様に、プライドパレードをはじめとする国際的なムーブメントが国内にも流入し、これまで潜在していた社会的マイノリティの人権の保証に関する課題があぶり出されている。

こうした社会的要請に応えるうえで、障害者の社会的包摂をめぐる議論の中で培われた「医学モデル」と「社会モデル」が参考になる。かつては、障害を障害者個人が持つ課題と捉え、医学的アプローチで解決、改善を目指す「医学モデル」が推進されていた。しかし今日においては、別々の特性を持った人どうしがインタラクションするとき、その間に存在するものが障害であると捉え、社会的なアプローチで解決／改善を目指す「社会モデル」が推進されている。社会モデルでは、法制度や組織体制を整えるなどのソフトデザインに加え、ユニバーサルデザインなどのハードデザインが大きな役割を担っている。

近年我が国でも注目を集め、社会モデルによる多様性の担保に貢献する概念としてプレイスメイキングがある。プレイスメイキングで語られるプレイスは、多様な価値観、特性をもつ人々が自分らしく過ごすことができる居場所を意味する。プレイスメイキングを世界で牽引する組織Project for Public Spaces(PPS)の設立者フレッド・ケント氏が「パブリックスペースはデモクラシーにとってなくてはならない存在である」と主張するように、地域で暮らす一人ひとりの存在が尊重される社会の達成のためには、プレイスメイキングによる民主的なパブリックスペースが醸成された都市空間の形成は 必要不可欠なので ある。

一方で、社会学者の岩渕功一氏は「経済的に有用な特定の人材に向けられたダイバーシティであり、組織内の様々な不平等を撤廃するという本来のダイバーシティの目的とはずれてしまっている」と日本政府が推進するダイバーシティ・マネジメントの在り方に警鐘を鳴らしている。また臨床心理学者の東畑開人氏は、精神科デイケアを空間的メタファを用いて「通過型」と「居場所型」に分類しており、必ずしも社会復帰を前提とせず利用者がデイケアに留まり続ける居場所型デイケアをエビデンスや効率性の観点から評価することを否定している。

遍く物事が計測可能になり透明性が高まる現代において、ダイバーシティの達成度合いを可視化しようとする力学が生じることは想像に難くない。しかし、エビデンスや効率性とは違う次元で社会と向き合いプレイスメイキングするマインドセットを持つことが求められている。（矢野拓洋）

参考文献：

- Fred Kent (2017) 'Open Letter: This is What Democracy Looks Like' PPSウェブサイト(https://www.pps.org/article/open-letter-democracy-looks-like)
- 岩渕功一(2021)『多様性との対話：ダイバーシティ推進が見えなくするもの』青弓社
- 東畑開人(2019)『居るのはつらいよ：ケアとセラピーについての覚書』医学書院
- 熊谷晋一朗(2015)「当事者研究への招待：知識と技術のバリアフリーをめざして」『生産研究』Vol. 57, No.5, pp. 467-474

社会と政策の優れたタッチポイント④
教育

高校生・大学生のキャリア形成の舞台としてのパブリックスペース

パブリックスペース活用の可能性は教育面にも拡がる。文部科学省が定める学習指導要領では、2022年度より高校で「総合的な探究の時間」を新たに設け、社会で求められる力＝「生きる力」の育成を求めているが、この力は壁で囲まれた教室の中ではなく、多くの人が行き交うパブリックスペースでこそ最大限可能性が引き出される。

筆者は、札幌都心部の象徴、大通公園で2021年度から市内高校生による「プレイスメイキング実証実験」を主催している。公募により集まった30〜50名の高校生と市内企業、行政職員がテーマごとに混成グループをつくり、6〜9月頃の数ヶ月間企画づくりを協働し、その成果を公園で披露する。「世界一女子高生が入りたくなる防災トイレ」「野菜の不可食部分で作ったスープ販売」「二酸化炭素量が瞬時に計測されるゴミ箱」「超絶敷居の低い国際交流用の簡易和室」「フリースクール生によるスケボーパーク」等生徒の個性が輝く。

また、同じく札幌の中心部を流れる一級河川豊平川では、新たな夏の風物詩を作るべく「川見」というマルシェを継続開催している。札幌青年会議

コロナ禍で発表の機会を失っていた書道部生徒が、生き生きと書道パフォーマンスを披露

「迷惑行為」ではなく「若者の居場所」としてのスケボーパークを一夜限りで実現させた中学生

所の一事業として始まった取組みを自走化させるべく株式会社川見を設立し、興味を持った大学生も会社経営に携わる。基本的な仕組みは上記の高校生プログラムと同様で、8月末の開催に向けて数ヶ月間、大学生がグループをつくり河川の魅力を最大活用する事業計画を拵え、行政・企業・投資家等にプレゼンする。そこで調達した資金をもとに事業を実施し、結果を検証する。学校の教室ではなく、約2万人が訪れる河川敷マルシェの中で探究の成果を披露するという体験は、若者の才能を覚醒させ、その後の進路に大きな影響をもたらす。

このように、パブリックスペースは一時的な賑わいをつくる「イベント会場」ではなく、高校生・大学生の一連の教育プロセスの中で自らテーマを見つけ、多様な人と関わり、価値観や行動をアップデートさせる貴重な「キャリア形成の舞台」となっている。

（林匡宏）

豊平川を魅力化するための事業を数ヶ月かけて企画し、資金調達までする学生のビジネススクールを開校

2日間で約1万人が訪れた実証実験「川見」。高校生や大学生の企画やアイデアの表現の舞台となっている

社会と政策の優れたタッチポイント⑤
健康促進

人々の心身の健康のために

我が国は世界有数の長寿命国家である。経済成長期を経て成熟社会へと転換して以来、健康上の問題に制限されることなく暮らすことができる期間「健康寿命」への受容は高まっている。WHOが定義した「健康」とは、「身体的・精神的・社会的に完全に良好な状態」であり、どの側面においてもパブリックスペースが果たす役割は大きい。

そもそも米国でパブリックスペースの整備が進んでいる裏には、身体的な健康が深刻な社会課題となっている背景がある。書籍『Walkable City: How Downtown Can Save America, One Step at a Time』で国際的に認知されているジェフ・スペック氏は、都市をウォーカブルにする理由として人々の健康を挙げている。特に、身体的な活動の不足が肥満、糖尿病、心臓病など疾患の原因であると述べており、都市をウォーカブルにすることとは人々の日常生活の中に身体的な活動機会を増やし、健康状態を改善することであると主張している。

我が国においては肥満を中心とする健康問題は深刻ではないが、高齢化社会という課題に対し高齢者の健康寿命を延伸する施策として身体的な活動が促進されている。室永芳久氏は熊本市内に住む高齢者のパーソントリップ調査の結果をもとに、市域内を高齢者の外出行動が活発な地域（活発地域）とそうでない地域（非活発地域）に分類し、両者の相違を分析しており、高齢者の在宅志向などには活発地域、非活発地域に違いは見られない一方で、活発地域には散歩しやすい環境や、無目的に立ち寄れる場があることを明らかにしている。つまり高齢者の身体的な活動を促進するには、ハードデザインが大きな役割を担っていると言える。

また我が国では2000年代半ばから社会的孤立／孤独が精神的・社会的健康に深刻な影響を与えているとして注目されている。デイビッド・シム氏は、著書『Soft City』のなかで、パブリックスペースに配された巨大チェス盤を、中高年男性が外出し他者と交流するための「正当な口実を与える設え」と表現しており、社会的孤立／孤独に対するパブリックスペースの可能性を示している。内平隆之、中嶌一憲両氏 は、駅前で実施したマルシェの来場者への孤立／孤独状況を把握するアンケート調査の結果、10%の来場者が孤立かつ孤独状態だったことを報告している。この事実はパブリックスペース活用が人々の精神的・社会的健康を改善するポテンシャルを有していることを示唆している。

人々の健康に深い相関を持つ概念として、幸福が挙げられる。幸福は身体的・精神的健康を促進する重要な要素であり、アンドリュー・ステプトー、ジェーン・ウォードル両氏の報告によれば、52歳から79歳までの男女約3900人を幸福度に応じて3分類し、各分類ごとの5年以内の死亡率について調査したところ、最も幸福度の高いグループ3.6%だったのに対し、中間グループが4.6%、最低グループが7.3%だった。またロバート・J・B・グーディ氏らの研究では、幸福度と交通事故率に負の相関が見られた。「居心地の良いパブリックスペースをつくる」という抽象的な目的意識は、価値が見出されにくいことから合意形成のための別の目的を設定することで潜在的に達成するものとされる傾向にある。しかしながら、人々の幸福が健康に直結した課題である以上、居心地の良い場所づくりは十分な社会的意義を有していると言える 。

（矢野拓洋）

参考文献：

- Jeff Speck (2013), *WALKABLE CITY: How Downtown Can Save America, One Step at a Time*, North Point Press
  邦訳：ジェフ・スペック著、松浦健治郎監訳(2022)『ウォーカブルシティ入門――10のステップでつくる歩きたくなるまちなか』学芸出版社
- 室永芳久, 両角光男(2003)「地区環境に応じた高齢者の外出行動の相違に関する事例研究：熊本市における外出活発地区・非活発地区の比較分析」『日本建築学会計画系論文集』
- David Sim (2019), *Soft City: Building Density for Everyday Life*, Island Press
  邦訳：ディビッド・シム 著、北原理雄訳(2021)『ソフトシティ：人間の街をつくる』鹿島出版会
- 内平隆之・中嶌一憲(2021)「孤立予防に資する社会的処方のあり方：その1:駅前マルシェの可能性」
- Andrew Steptoe and Jane Wardle (2011) "Positive affect measured using ecological momentary assessment and survival in older men and women", *PNAS*, Vol. 108, No. 45, pp. 18245-18248
- Robert J. B. Goudie, et al (2014) "Happiness as a Driver of Risk-avoiding Behaviour: Theory and an Empirical Study of Seatbelt Wearing and Automobile Accidents", *Economica*, Volume 81, Issue 324, pp. 674-697

社会と政策の優れたタッチポイント⑥
文化芸術

地域ならではの文化・芸術を次代に継承する団地内広場

年齢を問わず、生涯にわたり感性を磨き続ける。地球上の生物でこれができるのは人間を除き他になく、その感性は長い年月をかけて蓄積され、地域ならではの文化や芸術といった形で表現されてきた。地域の祭りやパブリックアート等、人間が人間らしく生きていくための表現・行為が、そこに暮らす人々が常に触れるパブリックな場にあるということは、その地域の創造性と、そこに暮らす人々の人間性を育むことになる。

日本各地に存在する団地内の広場は、まさにそこに暮らす人々の文化や芸術を表現することのできる最も身近なパブリックスペースであると言える。札幌市南区には多くの団地が立地するも、高齢化、独居、空室増加が深刻化しており、地域の祭りやイベントも近年は縮小傾向である。この状況を打開すべく、多くの団地を所有するUR都市機構は、2017年度に札幌市立大学とまちの活性化を目的とする連携関係を構築。当時サラリーマンをしながら同大学で博士論文を執筆していた著者は、「真駒内あけぼの団地」のコミュニティ再生プログラムに研究員として係ることになった。

あけぼの団地自治会も高齢化と人手不足は深刻だが、それでも管理棟と

廃材を活用したアートモニュメント／SDGsをテーマにした高校生自作のヒーローショー「藻岩戦隊ファイブビーズ」は例年子ども達に大人気

高校太鼓部による演奏の様子。コロナ禍で発表の機会がなくなってしまった3年生の最後の舞台となった

その周辺の広場で行う「あけテラ芸術祭」は毎年盛況である。2021年度は除雪業者の協力で雪山を作り、団地の夜を照らすアイスキャンドル企画を高校生発意で行った。2022年度は雑貨アート、書道、音楽、和太鼓、舞踊等々表現は様々であるが、団地住民と近隣大学生、市内高校生が織りなす手作りアートマルシェに、冷たい雨が降りしきる中1,000人近い来場者が訪れた。地元ならではの「手作りアート」が高齢化団地の人と文化をつなぐ。

団地敷地内の広場や道路は、都市公園や公道と異なり普段行き交う人々は居住者に限られるが、都市公園法や道路交通法の適用外であるため（もちろん安全面は徹底した上で）より自由度の高い条件下で地域ならではの魅力を表現できる可能性がある。言い換えると、日本中の団地にチャンスが眠っているかもしれない。民地内のパブリックスペースだからこそ手作り感満載の芸術祭を今後も続けていこうと思う。

（林匡宏）

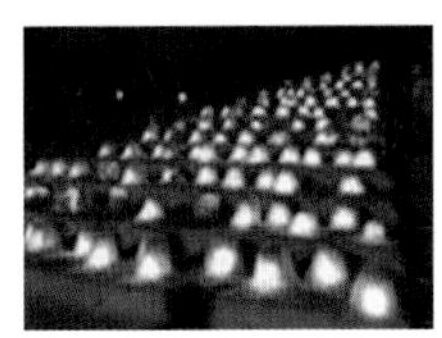

除雪業者の協力により雪山が完成。団地内広場で雪と氷のアートイルミネーションを実施

団地内広場を活用した「芸術祭」。雨のなか約1,000人の来場者が高校生と大学生の企画を楽しんだ

社会と政策の優れたタッチポイント⑦
気候変動対策・低炭素化

都市を支えるインフラ・ネットワークとしてのパブリックスペースの価値

本書で紹介する、日本のウォーカブル施策や、海外の人中心のまちづくり施策の根底にある目的の1つが、気候変動対策や低炭素への取組みの視点である。

パブリックスペースは、都市の様々な活動（経済、観光、福祉等）を支えるフィールドであり、人の移動を可能にするネットワークである。さらに、その下には、多くの公共インフラ（上下水、電気、ガス、通信等）が埋設されたインフラ・ネットワークでもある。そのため、気候変動対策や低炭素政策の初手を打てる公共領域であることに加え、移動とインフラのネットワークへの取組みとして海外を中心に施策が展開されているといえる。

パリの「15分都市」（p.148）では、安全な歩行環境の実現を目的にパリ市内の道路の再整備が進んでおり、歩行者空間化に加えて、通過交通の排除等、自動車社会からの転換が進められている。また特徴的なのは街路の緑化も合わせて目指されており、街路上に公園的な空間利用や共同家庭菜園等が計画されている等、街路をグリーンインフラのネットワークとして捉え、歩行者の安全で居心地の良い歩行環境づくりとともに、都市の低炭素

©Nicolas Bascop

❶市民の憩いの場となる交差点　❷市民の集いの場
❸児童公園　❹共同家庭菜園　❺フレッシュエリア

パリ15分都市（p.149）

モントルゲイユ地区の一方方向の道路整備（p.149）

化を図っている点である。

もう1つの気候変動リスクは水害である。ゲリラ豪雨や高潮、ハリケーン等への対応策として、都市全体の取組みが進んでいる。ニューヨークでは、2005年のハリケーン「サンディ」の被害がきっかけとなり、マンハッタンのU字の沿岸部約10マイルを堤防の役割として高台で囲み、洪水や海水面の上昇から守るという計画「BIGU」が進められている。

本書ファーニッシングゾーンのページ(p.174)で事例紹介しているポートランドのグリーンストリート政策(p.177)では、歩道の一部分であるファーニッシングゾーン全体を活用し、雨水貯留を目的とした浸透植栽枡やレインガーデン、ポケットパーク等を組み込んだ、道路ネットワークにおける雨水貯留の仕組みとして、2009年に策定された、Climate Change Action Plan(気候変動対策計画)に基づきながら、包括的な道の整備が、公共事業や民間開発で積極的に進められている。

日本においては、気候変動対策としてのパブリックスペース活用は都市全体ではなく、一部での取組みに未だ限定されている状況であり、今後都市政策として気候変動対策をパブリックスペースを舞台として取組んでいくことが必要である。

(大藪善久)

ポートランド 12th アベニューグリーンストリート(p.175)

メルボルン ロンズデール・ストリート(p.178)

Column

パブリックスペース活用の潮流

歴史は繰り返す／歴史があるから今がある

パブリックスペース活用は最近始まったわけではない。先人たちは都市の魅力や価値向上、あるいは適切な都市計画・都市デザインのために、実践を積み重ねてきた。ホコ天イベント、オープンカフェ、マーケット…大きな声ではいえないが、僕たちがやっていることの源流を遡ると、レジェンドたちに行きあたる。加藤源、篠原修、北原理雄ら、彼らの特に2000年代の実践が2010年代、2020年代につながっている。

アマゾンで「公共空間活用」と検索すると、『公共空間の活用と賑わいまちづくり─オープンカフェ/朝市/屋台/イベント』(注1)が一番にヒットする。これは海外都市や国内で実践されたオープンカフェ、朝市、屋台、イベント等の実践的事例から、パブリックスペース活用の手続きや体制、実践者らの苦労を体系的にまとめた手引書である。

しかし、一方では16年の月日が流れた現代、パブリックスペース活用の状況は一変している。

激しい規制緩和と公民連携が進んだ2010年代

パブリックスペース活用のために数々の規制緩和がなされた。道路法、都市公園法、河川法、都市再生特別措置法がそれにあたる。さらに、各自治体も独自の制度やガイドラインをローカライズさせ、公民連携、エリアマネジメントが展開されている。少子高齢化社会における厳しい財政状況の中、自治体、民間企業、地域団体が一緒に議論、実践するのが当たり前になった。

多様なムーブメントの高まり

同時に、全国まちなか広場研究会(注2)、ミズベリング(注3)、ソトノバ(注4)等、様々な団体が、メディア、ネットワーキング等を通じて意識啓発、ナレッジシェア、ローカル及びグローバル人材交流等を行っており、パブリックスペース活用のムーブメントを押し上げている。

変革を展開する海外都市

海外ではもはやオープンカフェだけではなく、路上駐車場の活用や道路の広場化等様々な展開を見せている。ダイナミックな行政のリーダーシップと意思決定、各種調整により、ビジョン、計画、プログラム、マネジメントがもたらす実践は市民を魅了している。

コロナ禍による都市像の更新、ウォーカブルシティへの訴求

そして、新型コロナウイルス感染症(COVID-19)は、屋外・パブリックスペース活用のニーズをさらに押し上げ、公園に限らずパブリックスペースの再価値化、路上駐車場等、車道空間への飲食店の展開等、様々な実践を加速させた。

さらに、15分都市、20分ネイバーフッドはクロノアーバニズムと呼ばれ、ステイホーム、リモートワークの推進や働き方改革等が、身の回りの居場所や徒歩圏と可処分時間を大事にする都市像を普及させた。街全体を一体として考え、車よりも人や公共交通を重視するウォーカブルシティへの訴求へとつながっている。

（泉山塁威）

注釈：

注1 篠原修・加藤源・北原理雄・都市づくりパブリックデザインセンター(2007)『公共空間の活用と賑わいまちづくり─オープンカフェ/朝市/屋台/イベント』学芸出版社

注2 全国まちなか広場研究会は年1回の全国大会を各地で開催し、まちなか広場関係者が集い交流している。http://machinakahiroba.main.jp/

注3 ミズベリングは、河川法規制緩和に端を発し河川活用のムーブメントを起こしている。https://mizbering.jp/

注4 ソトノバは、屋外・パブリックスペースのプラットフォーム。メディア、コミュニティ、プロジェクト、アワード等の活動を行うスタートアップ。https://sotonoba.place/

2章
パブリックスペースのこれまで

日本のパブリックスペースと活用

日本のパブリックスペース

下の見開き図より、時代別アクティビティの傾向を示す。

各空間タイプの変遷から国内において、最も早い段階でパブリックスペースとして使用されていたのは、物流や交流の結節点であるみち(道路/街路)と河川である。これらは聖域としてもみなされていたことで、大衆文化が栄える前から、身分を問わず空間を共有する文化があった。河川に面したみちや橋詰には、高札所や市が形成され、水辺と一体的に広場的な場として成熟した。

このように、道路/街路や河川では、余所者や非日常のアクティビティと出会える一方、身近な暮らしのアクティビティの場となったのは、建築まわりのみちである。町屋のように、家々の間口がみちに面するようになることで、それまで寺社や屋敷内部で行われていた祭礼や遊びが外部で行われるようになった。

江戸以前から「河川まわりのみち」や「建築まわりのみち」等の異なる空間タイプの一体的使用が定着し、江戸ではさらにそこでの自由な使用行為が活発化していった。その要因としては、政治的安定とそれによる地域間交流の活発化、都市住民の増加や、当時の人口規模をカバーした衛生管理等々が挙げられる。利用者、あるいは営利目的等の使用者側が管理にも関わることで比較的自由なアクティビティが許容されていたとみられる。

明治後期から昭和初期にかけて、①公有地と私有地の区分を厳密に記録し、現在の利用者(納税者)－管理者の関係性に近づけた地租改正、②欧米を参考に導入した「公園」と衛生概念、③陸上交通ネットワークの発展等により、公有地の機能分化とその管理の空間的区分が進んだ。これに沿って、使用のアクティビティも空間タイプ別に誘導かつ取締されるようになった。他方で、当時は都市の「美観」的観点から、「公園」と「建築」等の異なる空間タイプを一体的に整備・運用した事例も多い。美観を意識した空間では、“公徳心を養う”“愛護心を育む”等、市民啓蒙の目的で「活用」されることも多かった。

終戦後～高度経済成長期は環境問題が悪化し、公園や広場等に、使用及び活用のアクティビティが移行したが、70年代の自治体主導型の環境行政により、道路/街路や河川がアクティビティの場として息を吹き返した。

時代別アクティビティの傾向

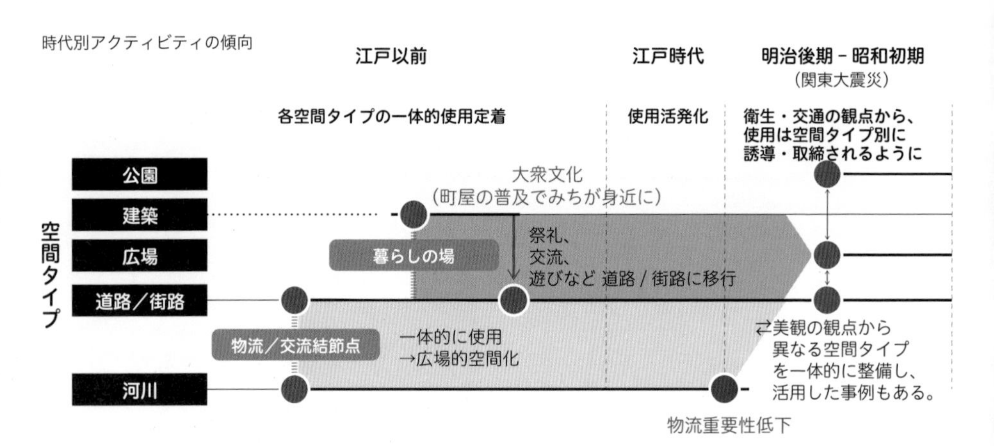

これらは、伝統的なアクティビティの場であったため、それらの再興やそれに伴う地域のアイデンティティを問う「活用」にもつながった。また、異なる空間タイプ間のアクセスも回復し、それぞれの場でのアクティビティを楽しむ余暇の過ごし方が定着した。

90 年代は阪神淡路大震災や地下鉄サリン事件等、都市型の災害・犯罪に見舞われ、パブリックスペースにおいても治安や安全が重視されるようになった。自由な使用はコントロールを受ける。また、各空間タイプの目標値には遠いながらも、ある程度のパブリックスペースの量的充足や、「建築」の内部空間等のセミパブリック空間整備が進んだ時代だ。そのため、多くの都市で日常時は、通勤ピークが生じる駅前広場等を除き、利用者密度の過密は問題にならなくなってきた。

2000 年代は、じわじわと進行していた中心市街地の空洞化が、パブリックスペースの低未利用という形で、顕在化した。コントロールが進み、自由で自発的な「使用」も普段の生活習慣から遠ざかりつつあった。まちかどから人々がいなくことによる、治安問題や地域経済の低迷に直面する恐れから、市民レベルでも「活用」が着目されるようになった。政策的には、大都市都心で進む大型再開発とそのエリアマネジメントによる国際競争力向上や、来るオリンピック等、地域にポジティブな行事をさらに後押しするためにも、規制緩和や運用の柔軟化が進められ、各空間タイプに設けられている。こうした「活用」は、飲食や文化コンテンツ等、日常的に楽しんで滞在してもらうための仕掛けが必要とされ、建築やファニチャーとセットの空間づくりがしばしば見られる。

「活用」の原点

以上より、総じて「使用」が活性化したのは江戸期であり、「使用」する空間は普段から世話も利用者自ら行い、パブリックスペースは日々の営みにより密接にあった。そもそも、１人１人の「使用」行為自体が江戸を成長させたインフラだった。全体として近代化に突き進むその後の社会では、「使用」行為と都市の成長とは切り離されがちであった。「活用」の役割は、再度、個人のアクティビティを地域に結びなおすことが、原点であると考えられる。

これからの「活用」が、アクティビティと地域の関係をもうまく結び「利用」のアクティビティの幅が広がるという幸せな循環になるように「戦略的パブリックスペース活用」が求められる。

（三浦詩乃）

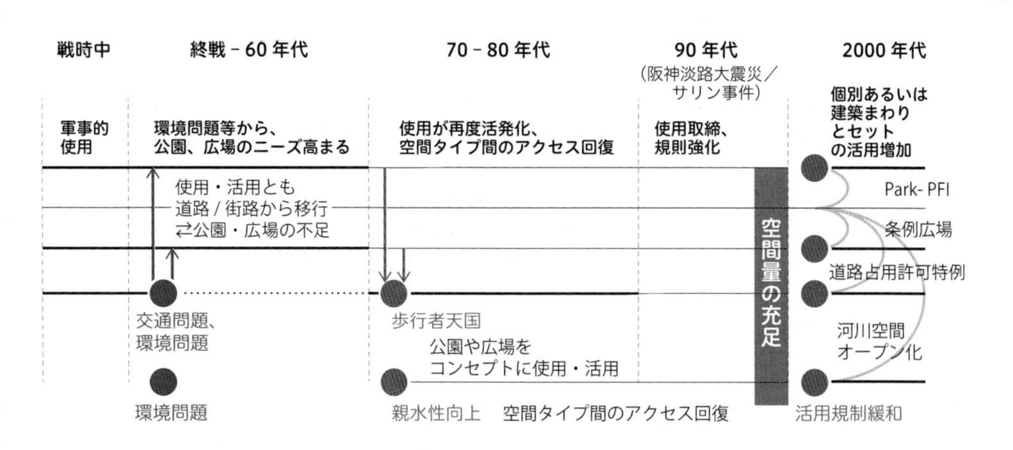

道路／街路空間 パブリックスペースの原型である「みち」

（三浦詩乃・石田祐也）

〈主要参考文献〉

- 都市デザイン研究体（2009）『日本の広場』彰国社
- 武部健一（2015）『道路の日本史 - 古代駅路から高速道路へ』中央公論新社
- 岡部佳世（1979）「江戸の屋外レクリエ ーショ ン空間に関する一考察」『日本建築学会論文報告集』第279号
- 渡辺達三（1973）「近世広場の成立・展開II 火除地広場の成立と展開（I）」『造園雑誌』vol.36

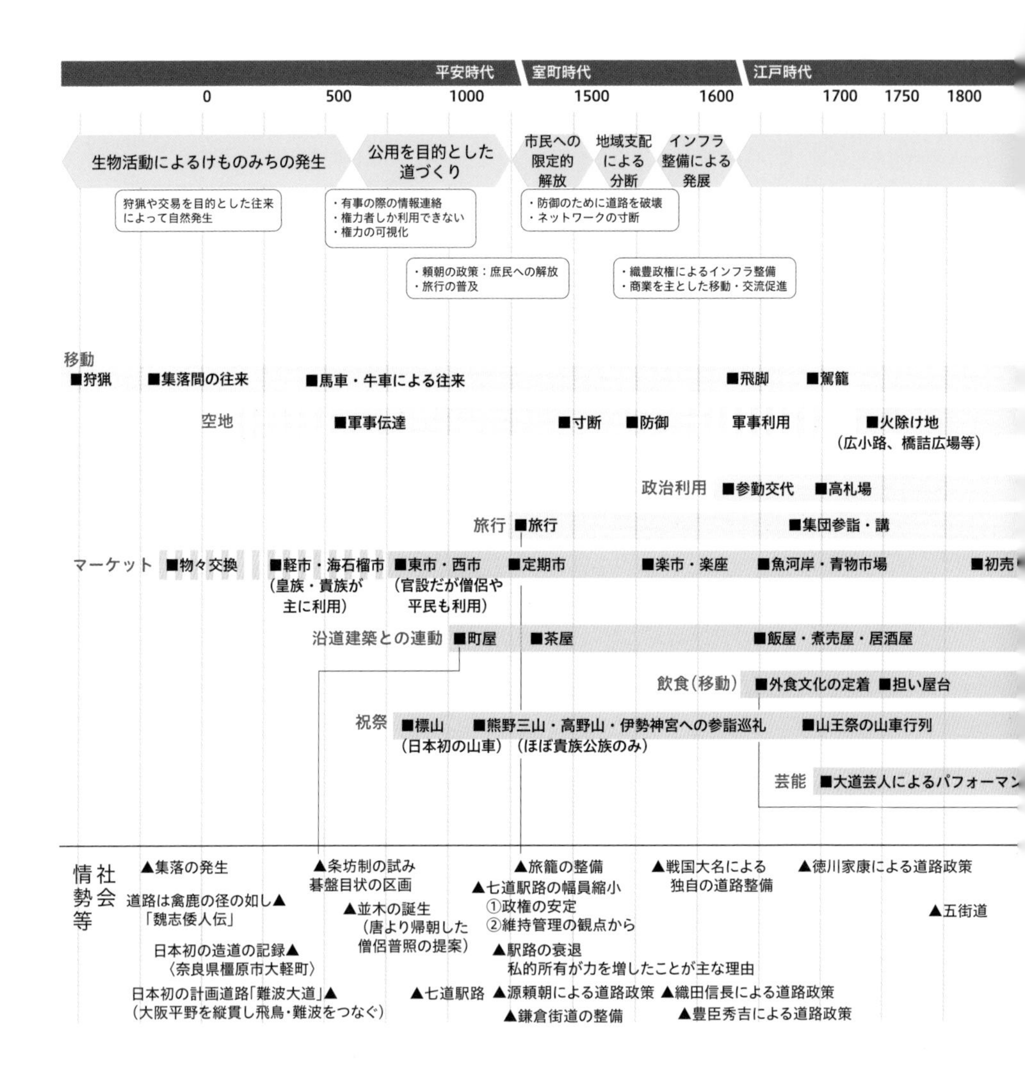

縄文・弥生時代

縄文時代には獲物を捕らえるために分け入った場所が道となり、定住が始まる弥生時代には集落間の往来で利用する動線が道となった。あくまで生物活動の延長線において自然発生的に誕生したのが、この時代の道路と言えよう。

古墳・飛鳥・平安時代

7世紀には大阪平野を縦貫する計画道路「難波大道」が整備された。日本書紀によれば、隋から来朝する客人を迎えるにあたり、朝廷が道路整備に乗り出したとされている。つまり、外国からの視線を意識し、国威発揚の目的で整備されたのである。

道路／街路空間に見られるアクティビティの特性①

人やモノが行き交う交通・交流機能をもつからこそ、道路／街路空間では文化や流行が生まれ、ユーザーがそれらを体験するメディアとしての役割を果たしてきた。そのため、他のパブリックスペースよりも情報の発信力があり、政治的使用がみられることが1つの特徴だ。路上でのアクティビティは、建築空間に関する年表でも触れているが、住居や店舗の外部空間への接続状態や仮設建築の存在に支えられてきたと同時に交通・物流手段のあり方から大きな影響を受けてきた。

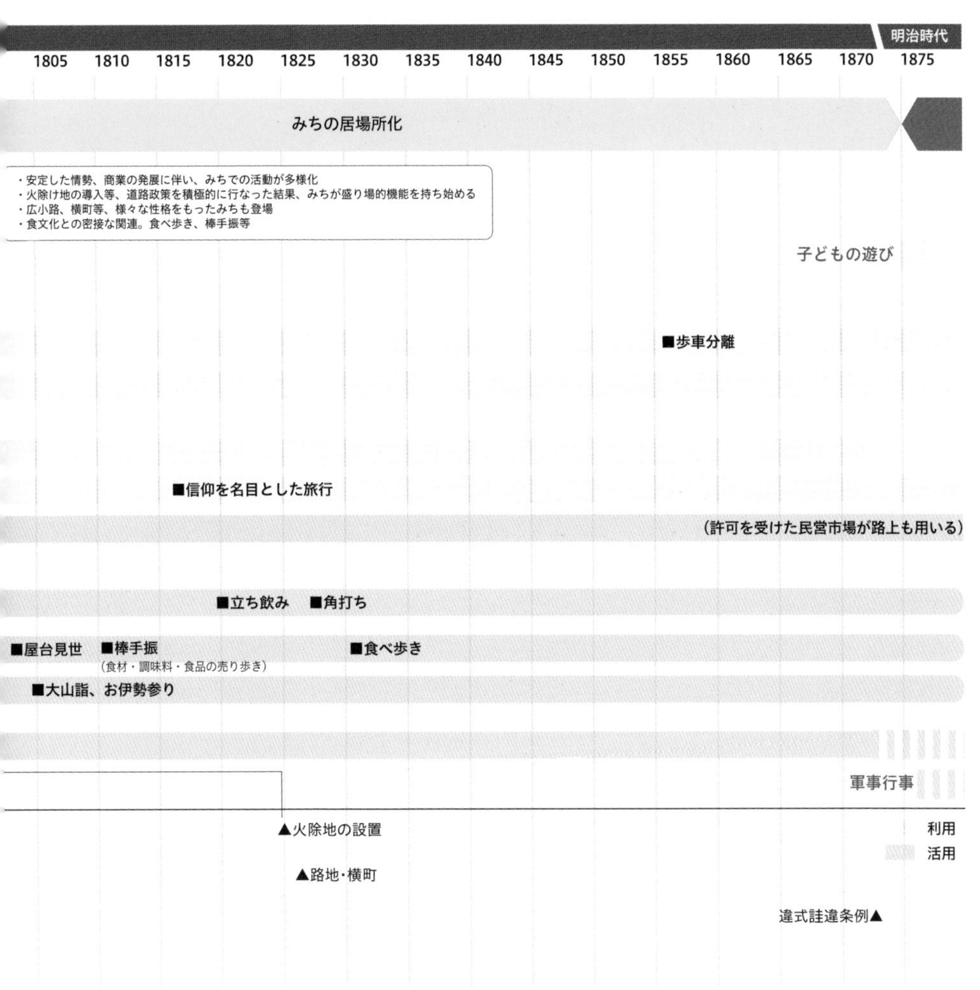

鎌倉・室町・安土桃山時代

鎌倉以降、利用者はかなり限定的だったものの、民間の旅宿が誕生し旅行が普及し始めたほか、京都―鎌倉間の旅行の様子を記した旅日記文学が流行した。織田信長による天下統一以降、民衆の公益を目的として道路づくりが始まることになる。

江戸時代

道路が盛り場として使用されるようになった江戸時代。盛り場の様相を呈したのは幕府が延焼防止のために設けた道路空間である。幕府による活性化を図るための介入が行なわれることはなく、江戸時代の華々しいストリート文化は町民自ら作り上げたものである。

〈主要参考文献〉

- 田附遼・西成典久・斎藤潮(2009)「江戸の火除地における設置前後の空間利用実態とその変容」『日本都市計画学会都市計画論文集』No.44-1
- 波床正敏(1998)「明治期以降の交通網整備が我が国の地域構造に及ぼした影響に関する研究」(京都大学博士論文)
- 山田朋子(2003)「石川栄耀の盛り場論 と名古屋における実践」『人文地理』55 ,5 ,pp. 22-44

図版：
- THE NEW YORK PUBLIC LIBRARY DIGITAL COLLECTIONS(https://digitalcollections.nypl.org/)
- 国立国会図書館デジタルコレクション(http://dl.ndl.go.jp/)

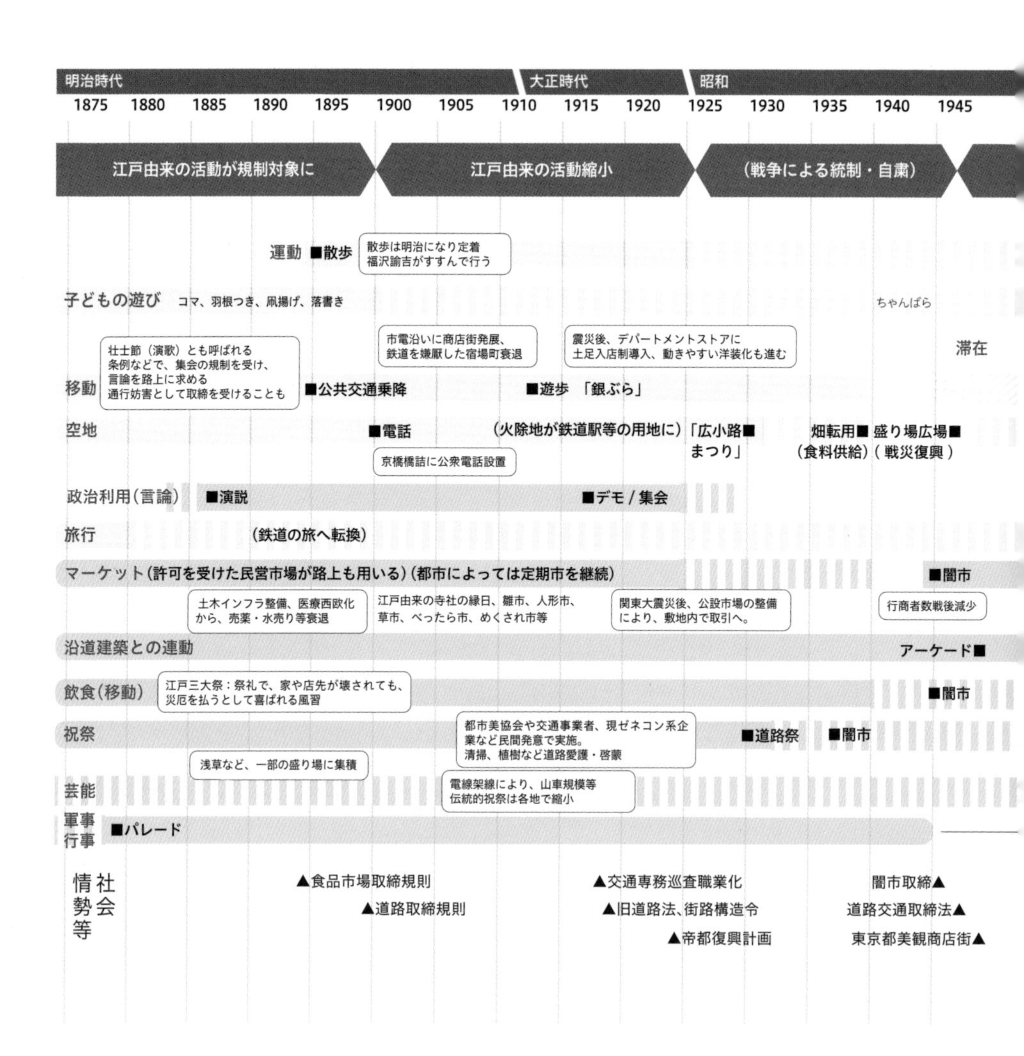

明治時代

電気・通信、水道などの近代化インフラや医療行為の西欧化は、路上の商行為に影響を与えた。売薬、水売りは役目を終え、路上で行われていた民間食品市場取引も次第に、警察による取締を受けない公設市場施設内に取り込まれた。

甚大な被害を被った関東大震災の後は、特に物資輸送や延焼防止機能の面から近代街路や道路が再評価された。愛護思想を広めようと、都市美協会や建設系企業等民間発意で実施された「道路祭」が象徴的である。

道路／街路空間に見られるアクティビティの特性②

現在、地域によっては、まちなかを行き交う人やモノが減ってきた中で、その量を回復する「にぎわい創出」、あるいは、さらなる滞在空間充実を目指す活用が盛んだ。また、ユーザー側もインターネットの普及により、地縁に関わらず、趣味や興味でコミュニティを形成し、それを路上で実現する動きもある。今後、道路／街路のアクティビティは「移動」を軸としながらも多様化する素地は整ってきたと言える。

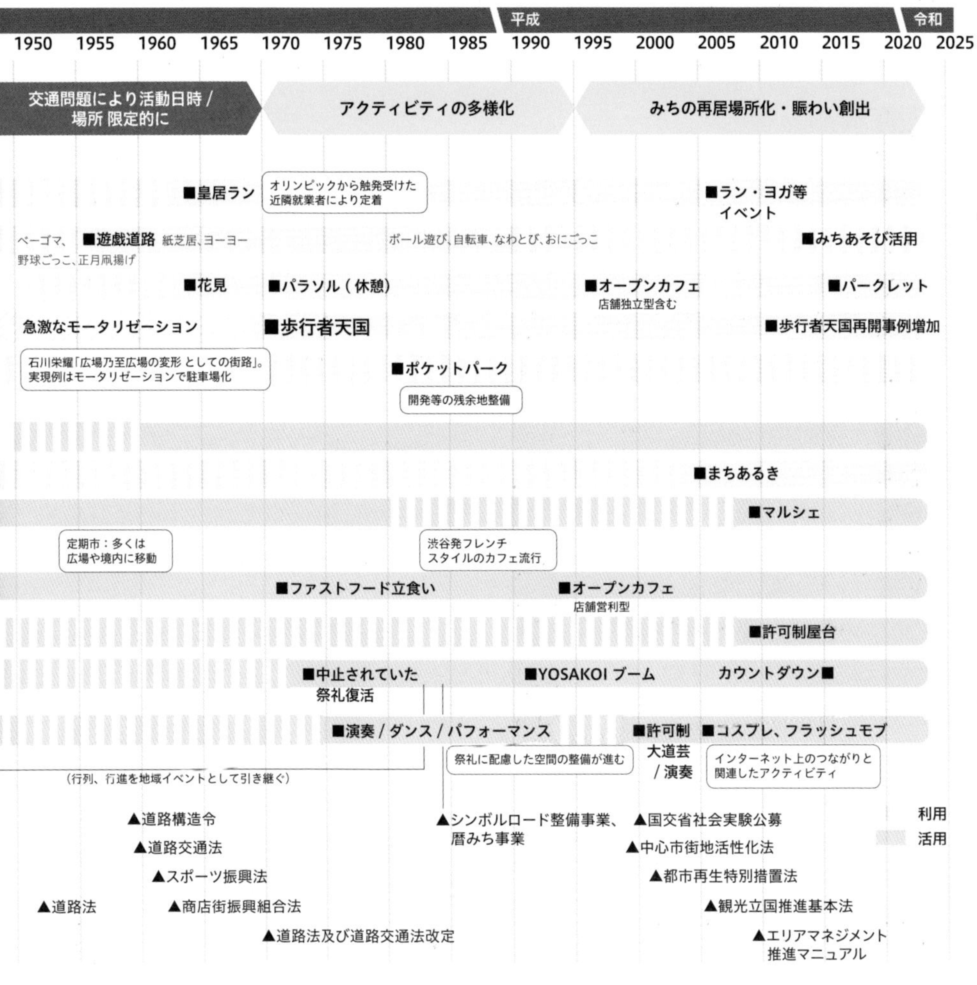

戦後

戦後、急速に路上の主役は自動車へと移行したが、そうした状況を一変させたのが 70 年代の歩行者天国や歩行者専用道路導入だ。最終的には交通管理者や地元による規制対象となったがダンス、食事等、様々な行為が路上に戻る契機となった。

2000年代以降

中心市街地の空洞化が社会問題化した後、まちの賑わい創出や空間の質を高める手段として、滞在空間の充実が注目されている。まちづくり団体などが担う無料の座り場づくりが盛んだ。近年はパークレットなど新しいコンセプトのものも導入されつつある。

幅広い利用を受け入れ続けるおおらかな公共空間

（山崎嵩拓）

〈主要参考文献〉

- 品田穣（1974）『都市の自然史：人間と自然のかかわり合い』中公新書
- 品田穣（2004）『ヒトと緑の空間：かかわりの原構造』東海大学出版会
- 白幡洋三郎（2000）『花見と桜〈日本的なるもの〉再考』PHP新書
- 飯沼二郎・白幡洋三郎（1993）『日本文化としての公園』八坂書房
- 金子忠一（1990）「わが国における都市公園管理関連制度の変遷に関する基礎的研究」『造園雑誌』54巻5号、pp.317-322
- ヨミダス歴史館　https://database.yomiuri.co.jp/about/rekishikan/

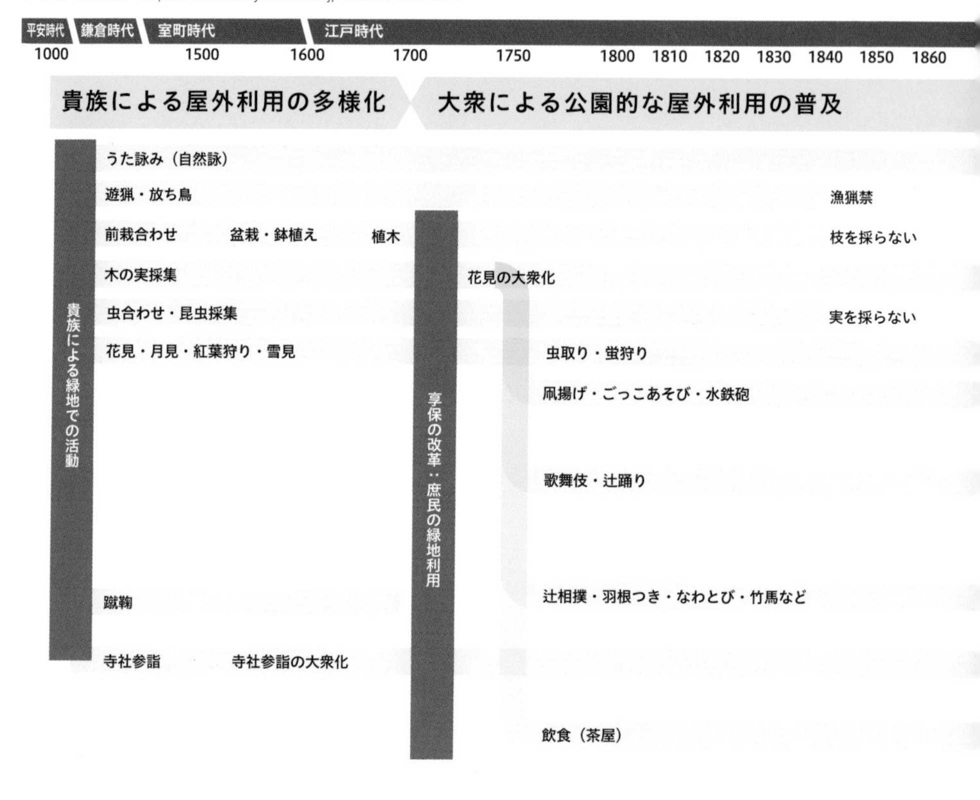

社会情勢等

▲大宰府で「梅花の宴」が開かれる（730）

▲公共遊園の発生：飛鳥山などが花見の名所化（1700~）

▲水戸偕楽園「入園者心得」（1842）

平安時代・室町時代・江戸時代前期

平安から江戸前期の公園利用は、貴族による活動に特徴づけられる。その内容は、遊猟や昆虫採集、花見、うた詠み等幅広く、現在の利用とも共通点がある。一方で庶民の利用に関する記録は、寺社地等への巡礼等に限られていた。

江戸時代中期・後期

徳川吉宗は享保の改革を進め、庶民に質素な生活を求めた。その一方、上野をはじめ江戸5か所に桜の群植を進め、息抜きとして花見というレクリエーションを普及させた。花見は階級を問わず「貴賤群衆」で楽しめる場であり、アクティビティが多様化するきっかけとなった。

公園におけるアクティビティの特性

「公園」という概念は、欧米から明治の日本に輸入された。一方で、明治以前から、日本の都市には公共アクセス可能な緑地が存在している。この年表は、明治以前においては広義の意味で、明治以後においては狭義の意味で「公園」を用いる。都市生態学者の品田穣は、平安京以降、都市化が自然を求める行動を促すという関係を指摘し、造園学者の白幡洋三郎は、日本の公園の起源について、世界的にも類を見ない大衆的公園が江戸ですでに成立していたと述べている。そこで、平安（貴族主体の利用）・江戸（大衆利用）・明治（公園の拡充）を中心に、公園におけるアクティビティの幅が広がっていく動向をみていく。

明治時代 | 大正時代 | 昭和 | 平成 | 令和

1870 1880 1890 1900 1910 1920 1930 1940 1950 1960 1970 1980 1990 2000 2010 2020

公園の普及と利用の多様化 | **民間参入の一般化・コンテンツ多様化**

太政官布達：「公園」概念の本格的輸入・定着

分区園　ガーデニング

バードウォッチング　環境教育

ゲーム

国家イベントへの参加（万国博覧会ほか）　東京五輪　東京五輪

大道芸・路上ライブ

遊具：遊具あそび（ブランコ・滑り台・砂場など）　複合遊具　インクルーシブ遊具

冒険遊び（プレーパーク）

運動：野球・陸上・水泳・サッカーなど　運動施設

博物館・美術館・動物園での観覧

公民連携（Park-PFI 等）

インフォーマルな販売　モール

商業施設：飲食（軽飲食店）　飲食（レストラン）

購買（売店）　購買（自動販売機）　購買（物販店）

インフォーマルな居住　宿泊

△横浜山手公園（1870）
△上野恩賜公園・芝公園（1873）
△札幌大通公園・神戸東遊園地・高松栗林公園（1875）
△奈良公園（1880）
△日比谷公園（1903）
△新宿御苑（1906）
△福岡大濠公園（1929）
△大阪城公園・名城公園（1931）
△広島平和記念公園（1954）
△羽根木公園（1979）
△富岩運河環水公園（1997）

▲太政官布告（1873）
▲都市公園法施行（1956）
▲公園施設の柔軟化（1993）
▲PFI法（1999）
▲指定管理者制度（2003）
▲Park-PFI（2017）

利用
活用

明治・大正

太政官布告により全国に「公園」概念が流布され、寺社や城址が公園として公開される。これに伴いアクティビティの幅も広がり、イベントやスポーツが一般化していった。一方で一部の利用を禁止する動きも進み、例えば商業活動は制限された。

昭和から現在

都市の拡大に伴い、公園の量が充実していく。「ブランコ」「すべり台」「砂場」を備えた公園が全国各地で整備される。人口減少期に転じた現在は、指定管理者制度やPark-PFIをはじめとする公民連携プロジェクトによりコンテンツが多様化している。

河川　文化とともに移り変わる親水空間の役割

（林 匡宏）

〈主要参考文献〉

- 「景観デザイン規範事例集（河川・海岸・港湾編）」『国総研資料』第434号、2008年
- 国土交通省水管理・国土保全局（2016）「河川空間のオープン化活用事例集」
- ミズベリングプロジェクト公式HP（https://mizbering.jp）
- 京都鴨川納涼床協同組合公式HP（https://www.kyoto-yuka.com/about/history.html）
- 京都観光協会公式HP（https://www.kyokanko.or.jp）

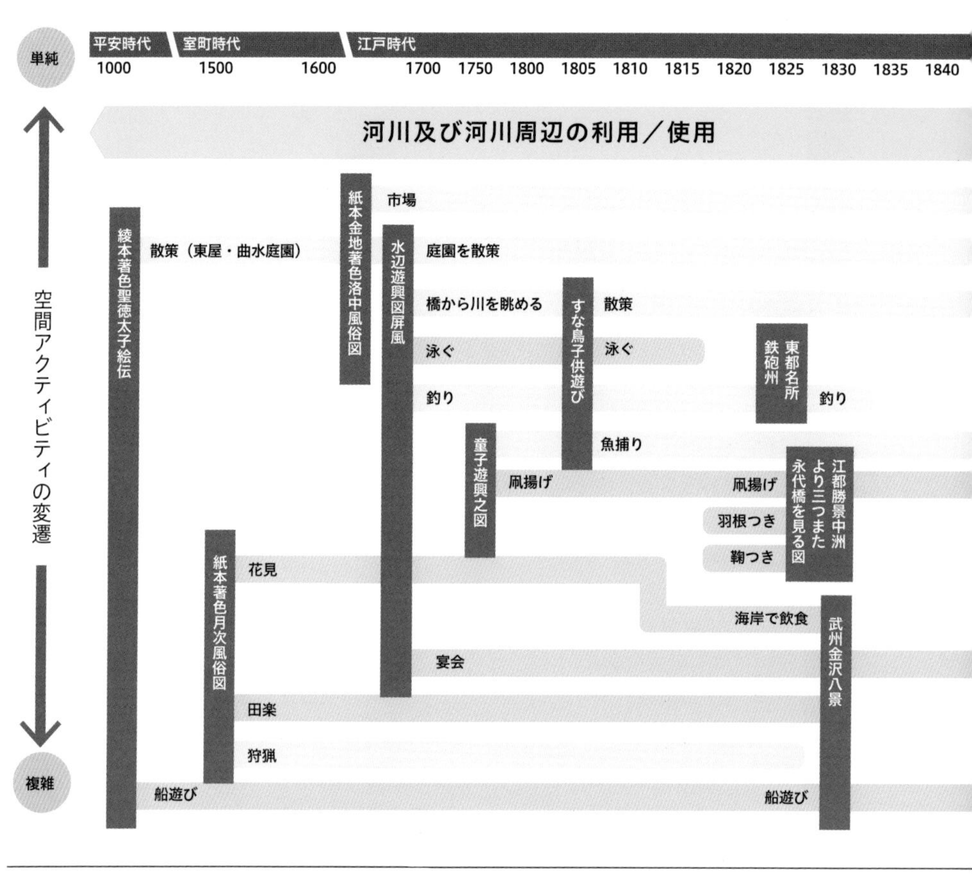

平安時代・室町時代・江戸時代前期

河川が本来の目的に沿って使われることを「利用」、その他自己目的のために使われることを「使用」、その内公益性を持った戦略的な使用を「活用」とすると、河川及びその周囲では、主体者が不特定多数の参加者を対象として場を活用するより個としての幸福度を高める娯楽的なアクティビティ、すなわち「使用」が多くみられる。また、江戸時代には江戸幕府により馬車や大河川への架橋が禁止されると、必然的に水路の需要が高まり水運が発達した。

河川にみられるアクティビティの特性①

平安時代から現代までの河川空間におけるアクティビティを絵巻等から追った。結果、散策や釣り、花見等、河川空間に整備された物理的要素を活かしたアクティビティは古く平安時代から現代にかけて一貫してみられ、一方で河川に関係する祭事やレジャーは社会的背景とともに多様に変化するという傾向がみられた。また、第二次世界大戦前は農耕行事から派生した「田楽」や厄除けの意を持つ「潮干狩り」等生活に密着した活用が主であった。

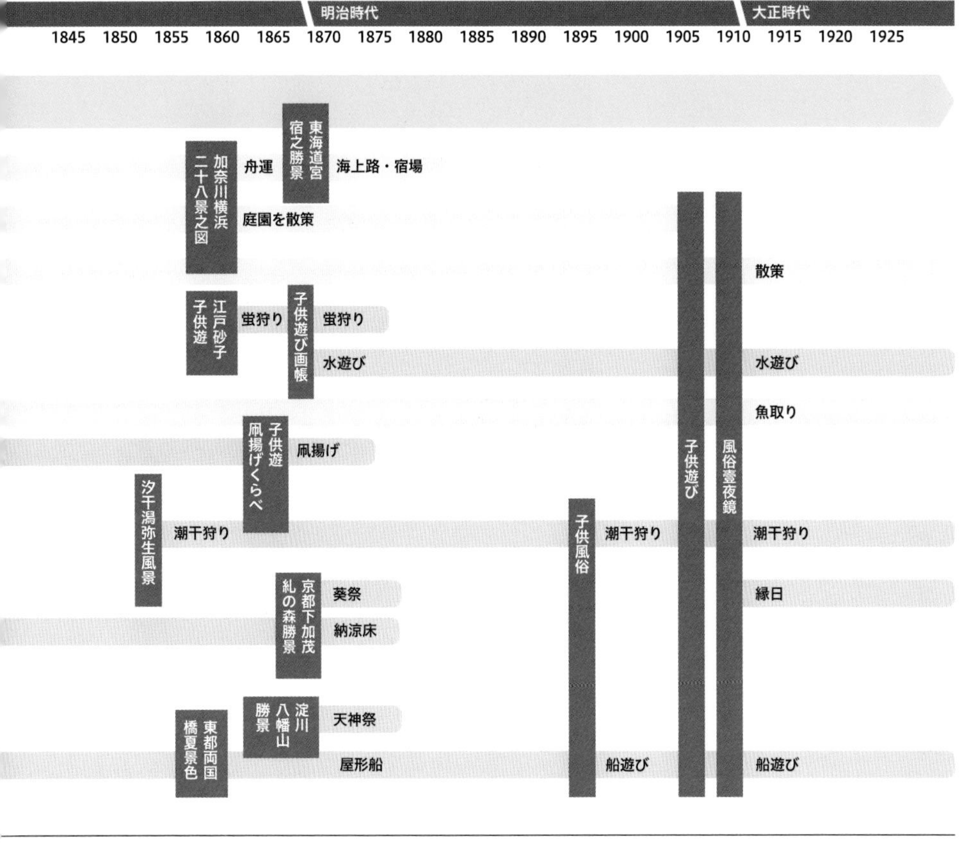

▲鉄道路線開通(1872)
▲淀川・明治大洪水(1885)
▲河川法(1896)

利用
使用／活用

江戸時代後期・明治時代

祭事や屋形船、花火、縁日等、アクティビティが徐々に複雑化・多様化し、公共的な戦略を持った「活用」がみられる。水辺のアクティビティを通した企画により空間活用する主催者と、場を使用する参加者という属性が存在し始めた。

大正時代・昭和時代(戦前)

野外ステージやテニスコート、野球場等、沿川使用の目的性が明確化してくる。また、釣りや水遊びといった河川を活かした憩い・レジャーのアクティビティは継続してみられた。

〈主要参考文献〉

- 「景観デザイン規範事例集(河川・海岸・港湾編)」『国総研資料』第434号、2008年
- 国土交通省水管理・国土保全局(2016)「河川空間のオープン化活用事例集」
- ミズベリングプロジェクト公式HP(https://mizbering.jp)
- 京都鴨川納涼床協同組合公式HP(https://www.kyoto-yuka.com/about/history.html)
- 京都観光協会公式HP(https://www.kyokanko.or.jp)

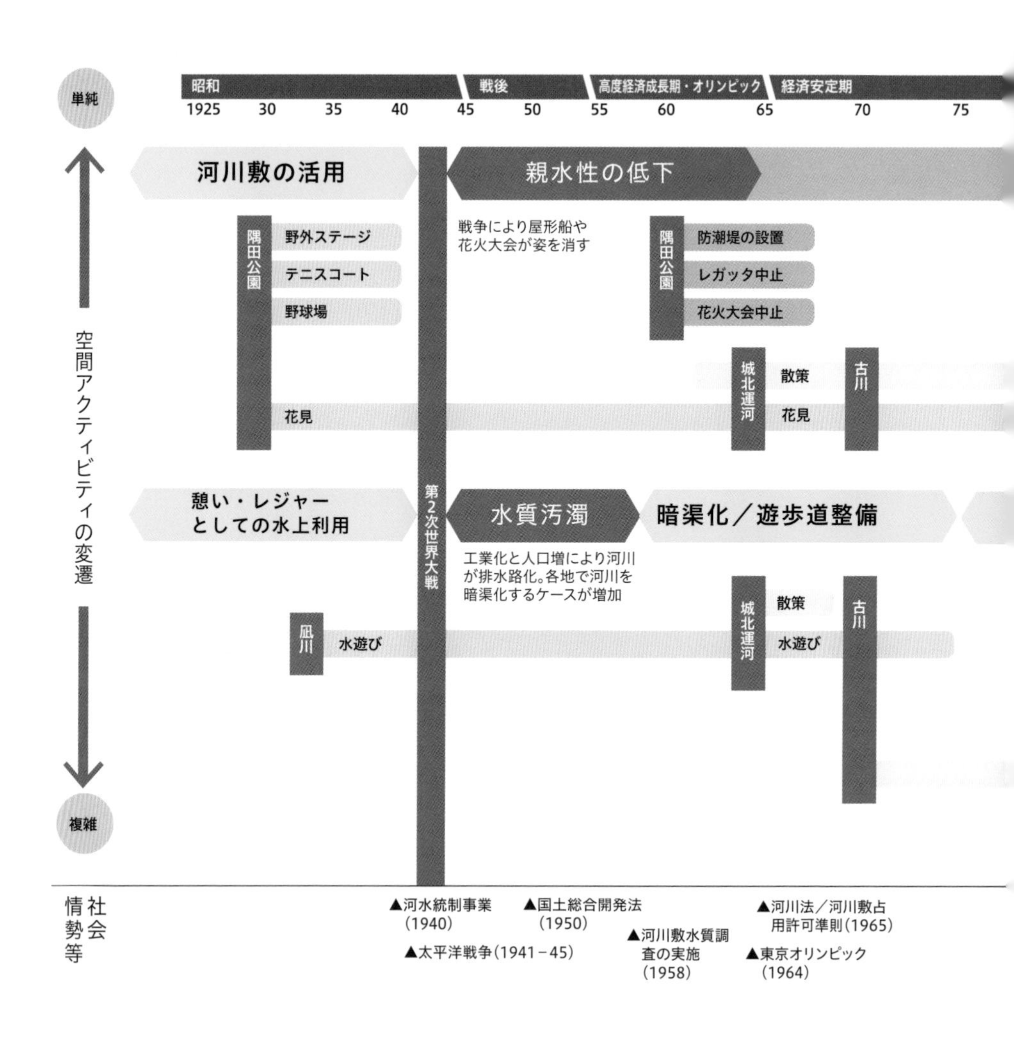

昭和(戦後)、高度経済成長期

戦後復興や工業化を背景に、河川は排水路化、暗渠化するケースが増加した。また、戦争によって断絶してしまう祭事も多くみられた。一方で高度経済成長期には庶民層の生活に余裕が生まれたことを背景にレジャーブームが到来する。

平成

水質汚濁の改善から親水性が向上し、多自然型川づくりの推進もみられた。ふるさとの川整備事業やマイタウン・マイリバー事業等、特に郊外や地方都市において河川空間の環境を見直し、レジャーに留まらずまちづくりの一端としての河川整備が進められた。その背景には生物多様性条約や環境基本法の制定がある。

河川にみられるアクティビティの特性②

第二次世界大戦後は復興や工業化に伴う水質改善、親水環境の整備等により、遊歩道等沿川空間の質は向上したものの、アクティビティの多様性は戦前に比べ比較的落着き、しかしその後、高度経済成長・経済安定期に入るとカヌーやボート、屋形船や遊覧船等再度多様な河川使用がみられるようになった。さらに近年は「ミズベリングプロジェクト」や「河川敷地占用許可制度」等河川法の規制緩和等を背景に、より多様なアクティビティや河川使用の仕組みが生まれている。

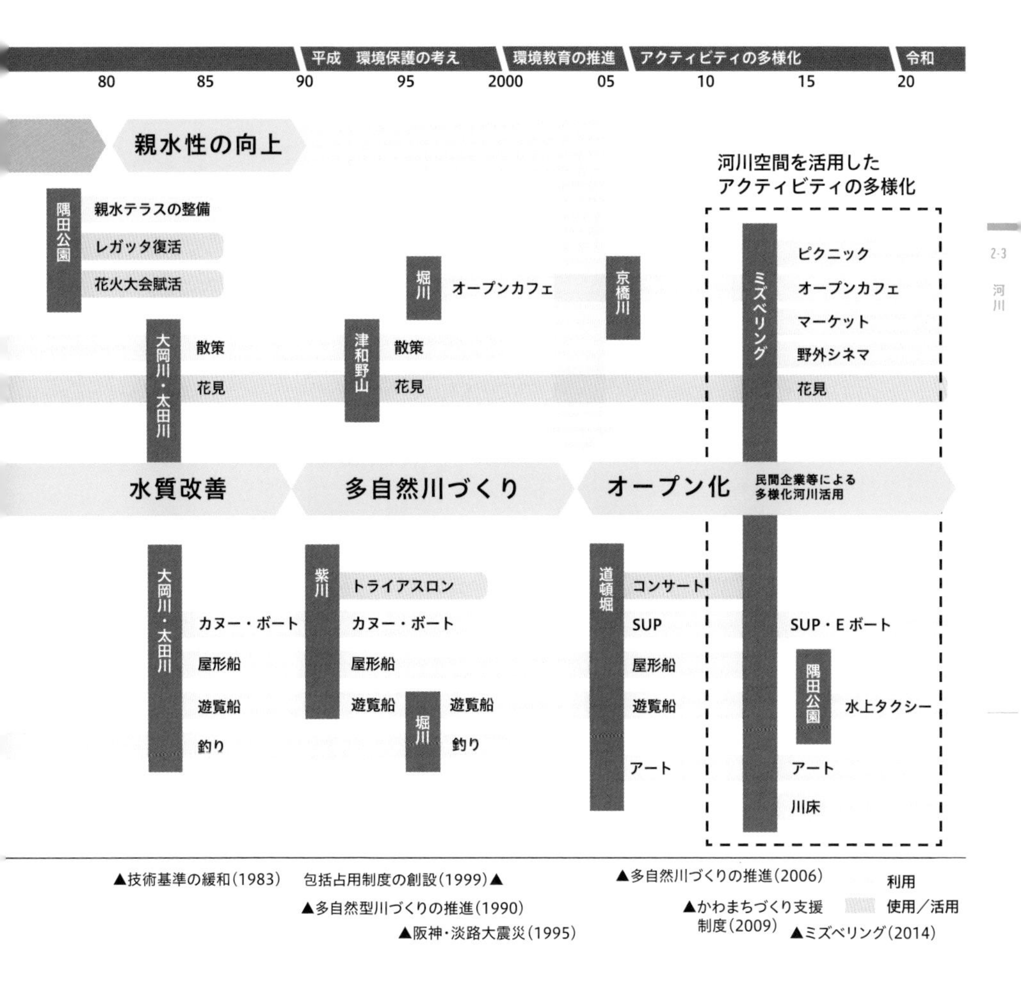

現在

河川法の改正に伴う規制緩和等により、河川周辺のアクティビティはより加速的に多様化する。2000年以降は、国と自治体が一体となってより豊かな河川空間の創出を行う「かわまちづくり支援制度」や、民間企業が河川空間で継続的な事業を行うことで、空間の魅力化と効率的な維持管理を図る「河川敷地占用許可制度」なども創設され、これらの支援制度を活用した「ミズベリングプロジェクト」が全国で急増する。水上アクティビティと河川敷のオープンカフェを同時に行う企画等、これまでアクティビティが切り離されて存在することが多かった河川と沿川は、多様な主体及び事業により一体的かつ戦略的に使用・活用され、街に新たな価値をもたらす一要素として、その存在価値を高めていると考えられる。

建築空間（公開空地）

各時代の建築様式や制度の変遷から生まれる空間アクティビティ　（宋 俊煥）

〈主要参考文献〉

- 都市デザイン研究体（2009）『日本の広場』彰国社
- 全国街路事業促進協議会・日本交通計画協会（1995）『都市と交通』No.36
- 吉田崇・天野光一（1990）「駅前広場空間の設計思想及び手法に関する史的研究」『土木史研究』第10号
- 出口敦・宋俊煥（2015）「公開空地等の公共空間ストック形成の潮流と変遷」『都市計画』317、Vol.64、No.5

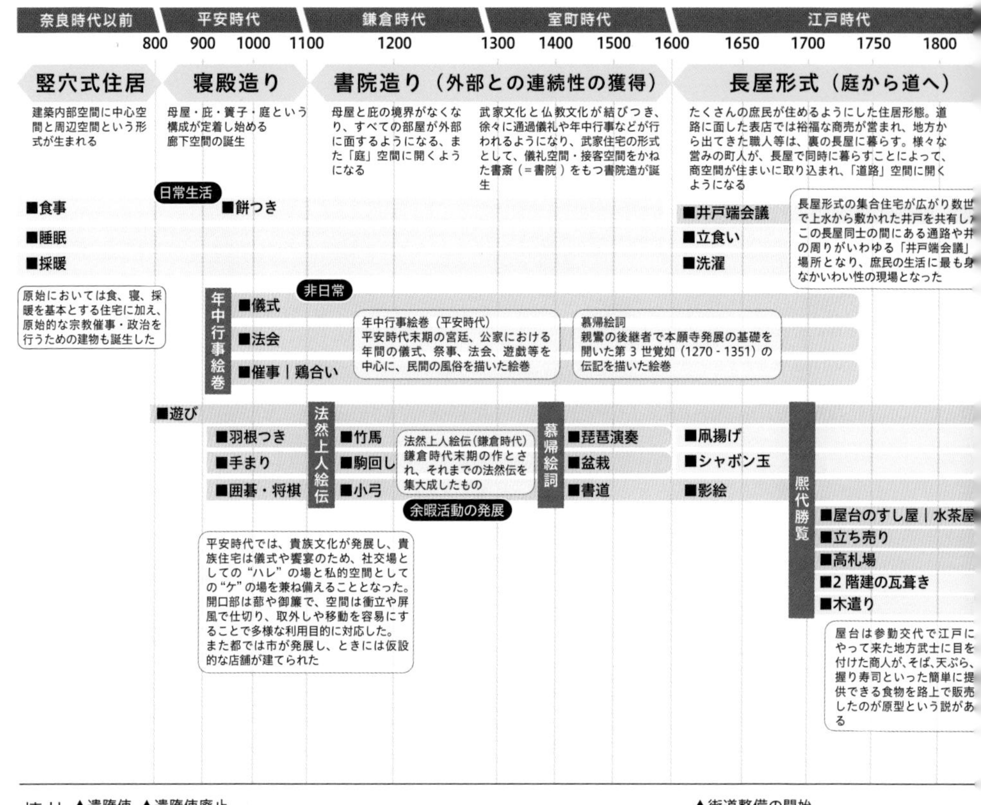

平安・江戸時代

江戸時代まで絵巻・絵伝等をもとに、建築空間におけるアクティビティ変遷を推察した。奈良時代以前に日常生活に止まっていた空間構成が、平安時代になると貴族文化の発展から住宅に儀式や饗宴のための空間が生まれる。鎌倉時代では、「書院造り」様式から、庭等外部空間に開いた儀礼・接客空間が誕生し、余暇活動がさらに発展した。江戸時代では、日本全国を結ぶ街道の整備により、ヒト・モノ・情報の交流が増え、参勤交代とともに商人による屋台が増えている。また、「長屋形式」により、いろいろアクティビティが道にあふれ出し、井戸を共有する暮らしから井戸端会議や洗濯という空間アクティビティが生まれる。

建築にみられるアクティビティの特性

衣食住の基本的な日常生活を担う建築空間に、仏教や国風文化、儀礼・儀式の導入により、非日常性が生まれる。平安時代から江戸時代まで、建築様式の変化により、廊下、庭、そして道路空間へ様々な余暇活動が溢れだすことになる。特に江戸時代の長屋形式は、道路に面した商店に関わるアクティビティと、裏側で数世帯が共に暮らす空間でのアクティビティが見られる一方、街道の整備とともに参勤交代により屋台形式が生まれる。戦後から人口増加に応じた都市開発に伴い出来あがる公開空地等のパブリックスペースをいかに使いこなすかという視点とともに、建物グランドレベルのアクティビティのオープン化・可視化が重要視されている。

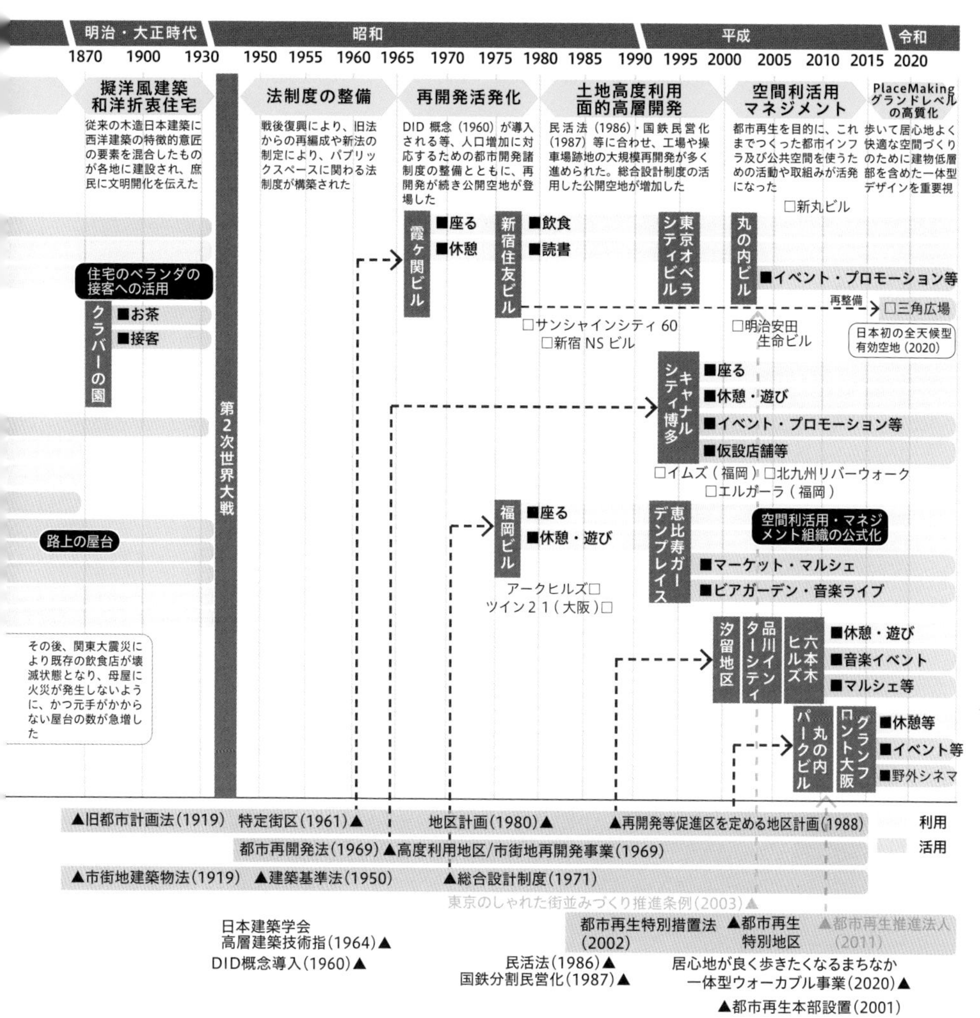

戦後から現在

戦後から1960年代まで都市開発関連制度が整備され、都心部の人口増加に伴い都市再開発が活発化した。特に1980年代後半には、民活法の制定、国鉄の民営化とともに、工場跡地や鉄道操車場跡地等を対象とする面的な大規模開発が進められる。2000年代の人口減少時代に入り、これまでつくってきた都市インフラや公開空地等をいかに有効活用するかが重要視され、関連法制度の整備に伴うマネジメント組織のお墨付きによりパブリックスペースの活用がさらに活発化した。近年では、小さなパブリックスペースから始まるプレイスメイキングや歩いて快適なまちづくりに向けた低層部のオープン化等が注目されている。

広場／駅前広場

各時代の社会的要請から
多様な使われ方をされる「まちの中心」

（大藪善久）

〈主要参考文献〉

- 都市デザイン研究体（2009）『日本の広場』彰国社
- 全国街路事業促進協議会・日本交通計画協会（1995）『都市と交通』No.36
- 吉田崇・天野光一（1990）「駅前広場空間の設計思想及び手法に関する史的研究」『土木史研究』第10号
- 西島千咲（2016）「駅舎と駅前広場に関する研究 - 歴史的変遷と新潮流 -」『法政大学大学院デザイン工学部研究科紀要』Vol.5

明治時代　大正時代　昭和

1870　1875　1880　1885　1890　1895　1900　1905　1910　1915　1920　1925　1930　1935　1940　1945

名所・名称としての駅　国威を示す等、戦争利用　震災復興　交通増大 / 戦争利用　戦災復

旧道路法により、交通処理機能を分化して捉えられるようになる

待合・憩い
■待合・待ち合わせ

渋谷駅にハチ公が置かれる

駅前特有　■街頭演説　■ビラ配り　■行商

自由民権運動を発端に演説活動が活発化

震災による物資不足解消のため、行商列車が運行

商業利用
■茶屋（飲食、休息）　■私鉄　駅ビルの登場　■キオスク

自動車交通量も少なく、休憩のための茶屋などもある歩行者のための親密な空間。非常に象徴性の高い時期であり、駅舎の前庭的性格

軍事・集会　■パレード、出征、凱旋　■避難所利用

日清日露戦争以降、世相を反映した使われ方に。軍事利用が始まる

遊び場　■遊び場

□新橋駅（1872：M5）　□上野駅開業（1883：M16）

コミュニティの場　■休憩・社交場

区画整理などで、街園やポケットパークが名古屋・大阪を中心に出現

マーケット
イベント　■闇市

□大阪梅田駅（1874:M7）
■池を利用した親水空間

■駅前広場に待合店（1900~）
（例：臨池亭仲熊）

□万世橋駅（1912:M45）
■広瀬中佐銅像

戦災復興で多くの駅前広場が整備される

新宿駅都決（1934年時：S9）□
大塚・池袋・渋谷駅都決（1936年時：S11）□
駒込・巣鴨・目白・目黒・五反田・大井町・鎌田□
駅都決（1939年時：S14）
東京駅（1938年時：S13）□

・面積、車道、歩道、駐車などの計画記載される

社会情勢等

▲東京市区改正条例（1888）
▲旧都市計画法（1919）　▲都市計画標準（1933）
▲旧道路法（1919）
駅前広場に関する計画標準（1946）（戦災復興計画）▲
※3年後に面積が見直し

駅前広場は鉄道省の単独事業

戦後、高度経済成長期

高度経済成長期に入ると、交通需要が増大し、駅前広場ではいかに交通を安全に処理するかが大きなテーマとなった。
同時に、安保闘争時には、駅前広場はデモや集会の舞台になり、ベトナム戦争反対運動などが若者を中心に広がった。

1970-80年代

70年代に入ると歩車をいかに分離するかがキーワードとなった。1969年建運協定や連続立体交差事業の制度化により、ペデストリアンデッキが登場し、その後全国に広がっている。駅前に歩行者空間が生まれ、ペデ上イベント広場が整備された。

広場/駅前広場にみられるアクティビティの特性

駅前広場については、人々が集まる場所として自然発生的に、そして都市計画上もまちの中心となり、各時代の要請から様々な使われ方をしているのが読み取れる。一方で、まちなかにおける広場については、『日本の広場』(都市デザイン研究体)に「いまだかつてもったことはなかった」とあるように、体系的・戦略的に広場が生み出されてきておらず、戦前の御園やポケットパーク、石川栄耀による取組み等、散発的な動きに留まっていた。まちづくりの戦略としての広場は平成に入るまで待たねばならない。

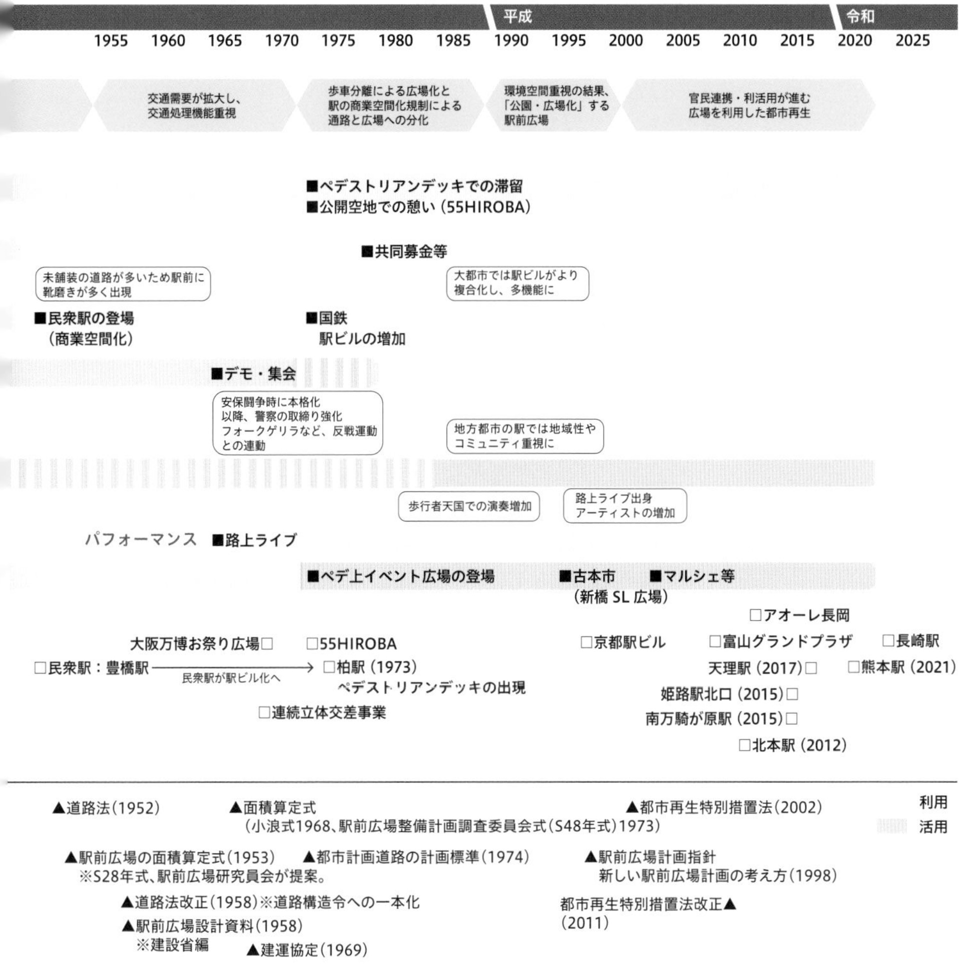

平成　令和

1955　1960　1965　1970　1975　1980　1985　1990　1995　2000　2005　2010　2015　2020　2025

交通需要が拡大し、交通処理機能重視

歩車分離による広場化と駅の商業空間化規制による通路と広場への分化

環境空間重視の結果、「公園・広場化」する駅前広場

官民連携・利活用が進む広場を利用した都市再生

■ペデストリアンデッキでの滞留
■公開空地での憩い(55HIROBA)

■共同募金等

未舗装の道路が多いため駅前に靴磨きが多く出現

大都市では駅ビルがより複合化し、多機能に

■民衆駅の登場
(商業空間化)

■国鉄
駅ビルの増加

■デモ・集会

安保闘争時に本格化
以降、警察の取締り強化
フォークゲリラなど、反戦運動との連動

地方都市の駅では地域性やコミュニティ重視に

歩行者天国での演奏増加

路上ライブ出身アーティストの増加

パフォーマンス　■路上ライブ

■ペデ上イベント広場の登場　■古本市(新橋 SL 広場)　■マルシェ等

□アオーレ長岡

大阪万博お祭り広場□　□55HIROBA　□京都駅ビル　□富山グランドプラザ　□長崎駅

□民衆駅：豊橋駅 ——民衆駅が駅ビル化へ——→ □柏駅(1973)
ペデストリアンデッキの出現

天理駅(2017)□　□熊本駅(2021)

姫路駅北口(2015)□

□連続立体交差事業

南万騎が原駅(2015)□

□北本駅(2012)

▲道路法(1952)

▲面積算定式
(小浪式1968、駅前広場整備計画調査委員会式(S48年式)1973)

▲都市再生特別措置法(2002)

利用
活用

▲駅前広場の面積算定式(1953)
※S28年式、駅前広場研究員会が提案。

▲都市計画道路の計画標準(1974)

▲駅前広場計画指針
新しい駅前広場計画の考え方(1998)

▲道路法改正(1958)※道路構造令への一本化

都市再生特別措置法改正▲
(2011)

▲駅前広場設計資料(1958)
※建設省編

▲建運協定(1969)

1990年代

1998年駅前広場計画指針によって環境空間が定義され、駅前広場がまさに「公園・広場化」していき、地方では地域性やコミュニティを重視したものとして、駅前での地域イベントが多く開かれることとなった。

現在

2000年代に入ると、都市再生特別措置法が登場し駅前広場やまちなか広場の利活用を都市再生の起爆剤とする流れを加速させている。交通機能とともに人びとが自由に使える広場とセットで計画され、さらに住民が広場の利活用を主体的に取組めるように官民連携が進んでいる。

都市理念の変遷と潮流（パブリックスペースを読み解く書籍年表）

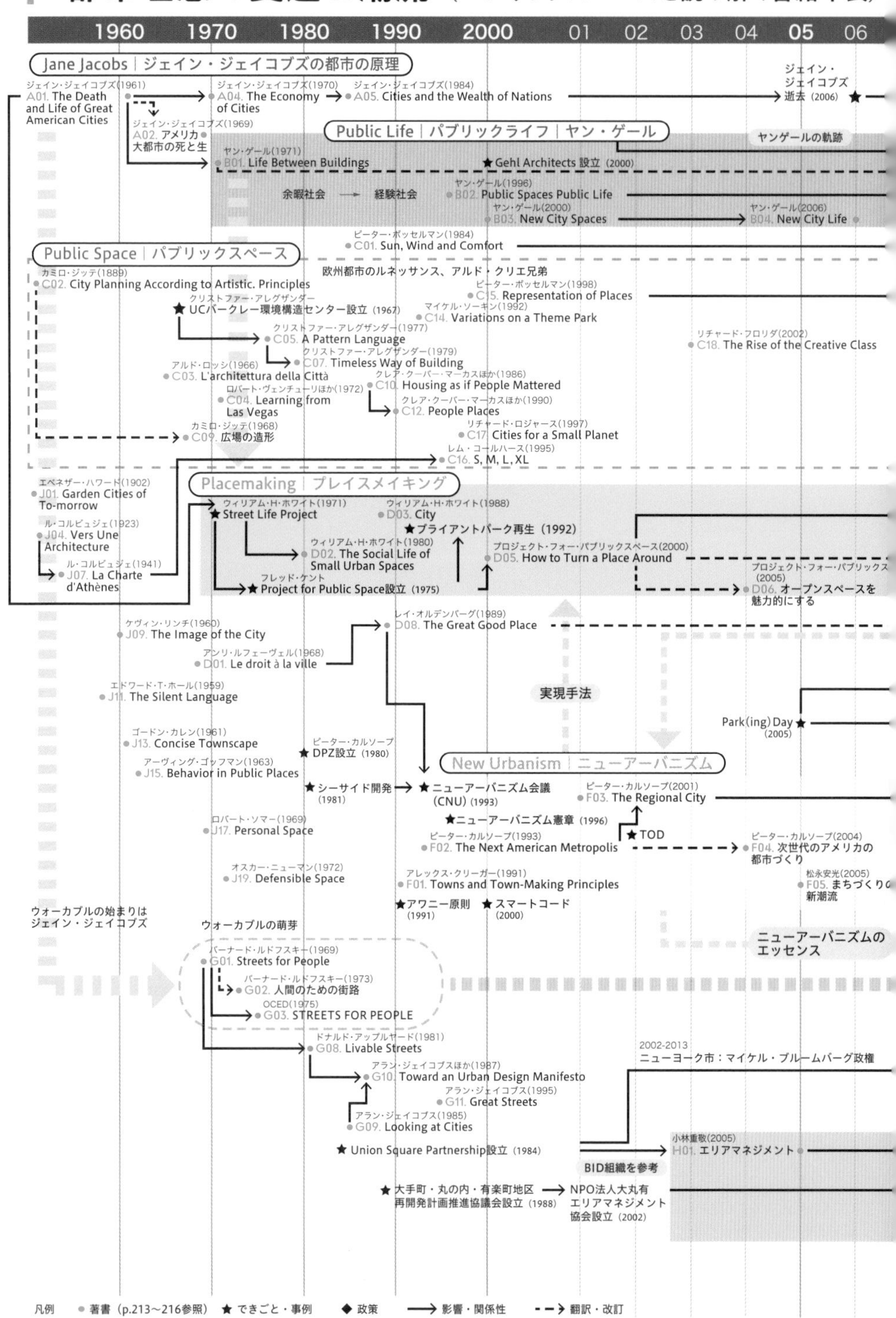

（泉山塁威＋日本大学理工学部建築学科都市計画研究室〈泉山ゼミ〉・大藪善久・宋 俊煥）

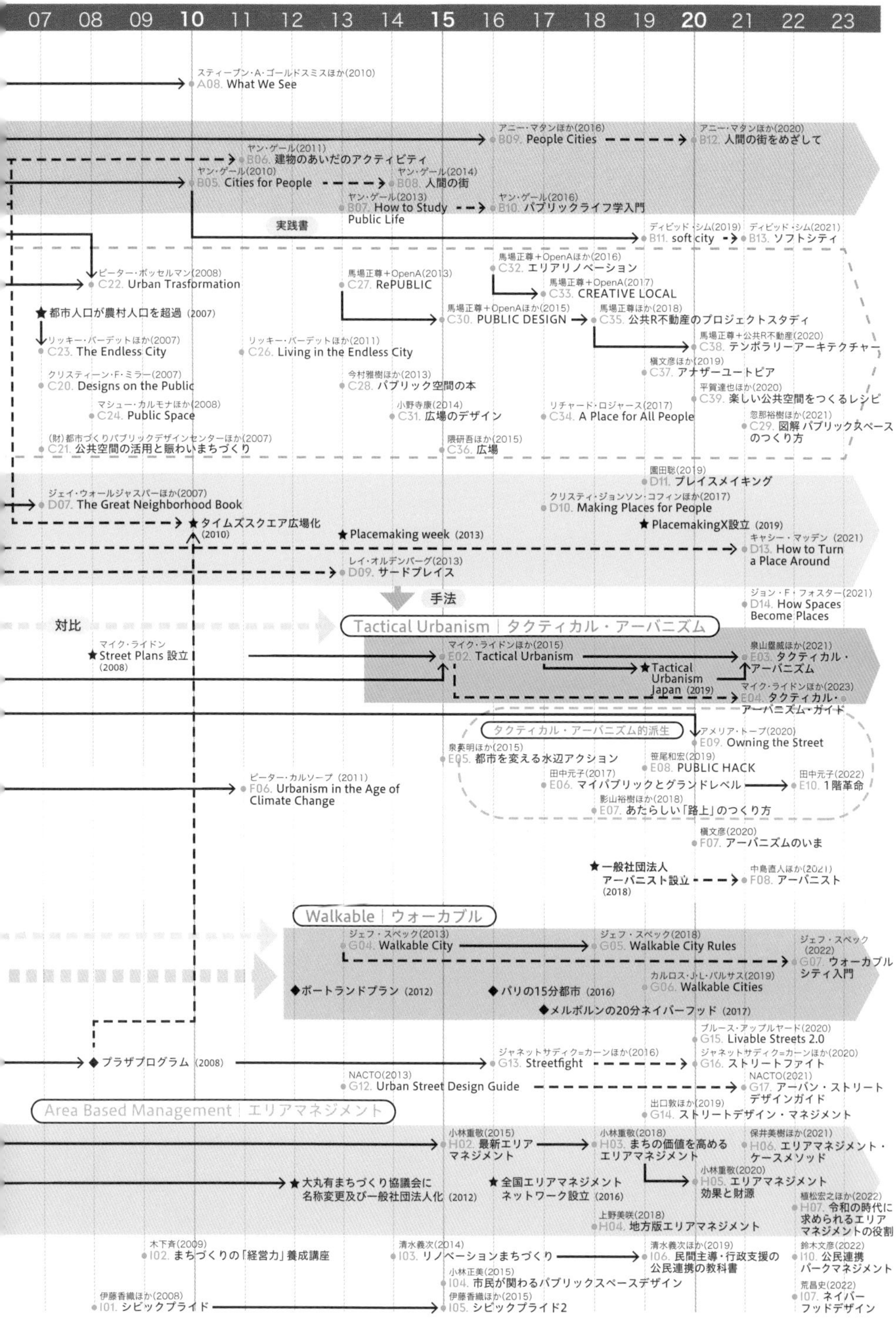

07 08 09 10 11 12 13 14 15 16 17 18 19 20 21 22 23

スティーブン・A・ゴールドスミスほか(2010) A08. What We See

アニー・マタンほか(2016) B09. People Cities → アニー・マタンほか(2020) B12. 人間の街をめざして
ヤン・ゲール(2011) B06. 建物のあいだのアクティビティ
ヤン・ゲール(2010) B05. Cities for People → ヤン・ゲール(2014) B08. 人間の街
ヤン・ゲール(2013) B07. How to Study Public Life → ヤン・ゲール(2016) B10. パブリックライフ学入門
実践書
ディビッド・シム(2019) B11. soft city → ディビッド・シム(2021) B13. ソフトシティ

馬場正尋＋OpenAほか(2016) C32. エリアリノベーション
ピーター・ボッセルマン(2008) C22. Urban Trasformation
馬場正尋＋OpenA(2013) C27. RePUBLIC
馬場正尋＋OpenA(2017) C33. CREATIVE LOCAL
★都市人口が農村人口を超過（2007）
馬場正尋＋OpenAほか(2015) C30. PUBLIC DESIGN → 馬場正尋ほか(2018) C35. 公共R不動産のプロジェクトスタディ
リッキー・バーデットほか(2007) C23. The Endless City
リッキー・バーデットほか(2011) C26. Living in the Endless City
馬場正尋＋公共R不動産(2020) C38. テンポラリーアーキテクチャー
横文彦ほか(2019) C37. アナザーユートピア
クリスティーン・F・ミラー(2007) C20. Designs on the Public
今村雅樹ほか(2013) C28. パブリック空間の本
平賀達也ほか(2020) C39. 楽しい公共空間をつくるレシピ
マシュー・カルモナほか(2008) C24. Public Space
小野寺康(2014) C31. 広場のデザイン
リチャード・ロジャース(2017) C34. A Place for All People
忽那裕樹ほか(2021) C29. 図解 パブリックスペースのつくり方
(財)都市づくりパブリックデザインセンターほか(2007) C21. 公共空間の活用と賑わいまちづくり
隈研吾ほか(2015) C36. 広場

園田聡(2019) D11. プレイスメイキング
ジェイ・ウォールジャスパーほか(2007) D07. The Great Neighborhood Book
クリスティ・ジョンソン・コフィンほか(2017) D10. Making Places for People
★タイムズスクエア広場化（2010）
★PlacemakingX設立（2019）
★Placemaking week（2013）
キャシー・マッデン（2021） D13. How to Turn a Place Around
レイ・オルデンバーグ(2013) D09. サードプレイス
手法
ジョン・F・フォスター(2021) D14. How Spaces Become Places

対比

Tactical Urbanism｜タクティカル・アーバニズム

マイク・ライドン ★Street Plans 設立（2008）
マイク・ライドンほか(2015) E02. Tactical Urbanism
★Tactical Urbanism Japan（2019）
泉山塁威ほか(2021) E03. タクティカル・アーバニズム
マイク・ライドンほか(2023) E04. タクティカル・アーバニズム・ガイド

タクティカル・アーバニズム的派生
アメリア・トープ(2020) E09. Owning the Street
泉英明ほか(2015) E05. 都市を変える水辺アクション
笹尾和宏(2019) E08. PUBLIC HACK
ピーター・カルソープ（2011） F06. Urbanism in the Age of Climate Change
田中元子(2017) E06. マイパブリックとグランドレベル → 田中元子(2022) E10. 1階革命
影山裕樹ほか(2018) E07. あたらしい「路上」のつくり方
横文彦(2020) F07. アーバニズムのいま
★一般社団法人アーバニスト設立（2018） → 中島直人ほか(2021) F08. アーバニスト

Walkable｜ウォーカブル

ジェフ・スペック(2013) G04. Walkable City → ジェフ・スペック(2018) G05. Walkable City Rules
ジェフ・スペック（2022） G07. ウォーカブルシティ入門
カルロス・J・L・バルサス(2019) G06. Walkable Cities
◆ポートランドプラン（2012）
◆パリの15分都市（2016）
◆メルボルンの20分ネイバーフッド（2017）
ブルース・アップルヤード(2020) G15. Livable Streets 2.0
◆プラザプログラム（2008）
ジャネットサディク=カーンほか(2016) G13. Streetfight → ジャネットサディク=カーンほか(2020) G16. ストリートファイト
NACTO(2013) G12. Urban Street Design Guide → NACTO(2021) G17. アーバン・ストリートデザインガイド
出口敦ほか(2019) G14. ストリートデザイン・マネジメント

Area Based Management｜エリアマネジメント

小林重敬(2015) H02. 最新エリアマネジメント → 小林重敬(2018) H03. まちの価値を高めるエリアマネジメント
保井美樹ほか(2021) H06. エリアマネジメント・ケースメソッド
小林重敬(2020) H05. エリアマネジメント効果と財源
★大丸有まちづくり協議会に名称変更及び一般社団法人化（2012）
★全国エリアマネジメントネットワーク設立（2016）
植松宏之ほか(2022) H07. 令和の時代に求められるエリアマネジメントの役割
上野美咲(2018) H04. 地方版エリアマネジメント
木下斉(2009) I02. まちづくりの「経営力」養成講座
清水義次(2014) I03. リノベーションまちづくり → 清水義次ほか(2019) I06. 民間主導・行政支援の公民連携の教科書
鈴木文彦(2022) I10. 公民連携パークマネジメント
小林正美(2015) I04. 市民が関わるパブリックスペースデザイン
荒昌史(2022) I07. ネイバーフッドデザイン
伊藤香織ほか(2008) I01. シビックプライド → 伊藤香織ほか(2015) I05. シビックプライド2

解説 都市理念の変遷からみるパブリックスペースをめぐる言説

書籍年表の見方

パブリックスペースにまつわる書籍を年表にまとめることで、その背景にある理念や出来事を加え、大極の流れを掴もうというものである。ここでは、大きく下記7つのカテゴリーが見えてきた。それらを詳述するほど誌面に余裕がないので、巻末の参考文献らに譲りたい。この年表は、日本大学理工学部建築学科都市計画研究室(泉山ゼミ)にある書籍を中心にリストアップして作成した。抜けや漏れがあればぜひお寄せいただきたい。

①ジェイン・ジェイコブス｜都市の原理：彼女は、アメリカの高速道路等の都市開発に対して、界隈性のある都市の原理等を社会運動や執筆活動を通して提唱し、後に多くのアーバニストや都市研究者に影響を与えた。特に都市の多様性の4つの条件は今日のウォーカブルシティの指標の基盤となり、他にも歩行者中心のストリートや市民・ソーシャルキャピタルの重要性はプレイスメイキングに、小さな計画、徐々にお金をつける等は、タクティカル・アーバニズムへと結びついた。

②ヤン・ゲール｜パブリックライフ：ヤン・ゲールは、ジェイコブスの人中心の街の考え方と同様に、建築や空間ではなく、人中心の生活(パブリックライフ)こそ重要であると『Life Between Buildings』から一貫して主張している。書籍だけでなくGehl Architects(現：Gehl)の事務所により、本拠地のコペンハーゲンをはじめ、アメリカやオーストラリア等彼らのプロジェクトやリサーチは世界中で展開される。その方法論は『How to Study Public Life』にまとめられ、今日には、世界各地でアクティビティ調査の実践も広がったといえよう。

③プレイスメイキング：その始まりは、Project for Public Spaces(PPS)の活動と実践であるが、そのメンターであった社会学者ウィリアム・ホワイトの存在は大きい。ビデオカメラで公開空地等の人々の行動を記録し、調査したことが有名である。彼は、雑誌『Fortune』の編集長であった。ジェイン・ジェイコブスが『アメリカの大都市の死と生』を出す前に、同誌に寄稿しており、彼にも影響したと考える。その後、PPSやPlacemakingXの実践の展開によって、パブリックスペースに市民や地域コミュニティが関わるプロセスや理念、手法を次々と編み出している。

④ニューアーバニズム：ニューアーバニズムは1980年代からの都市デザインの運動であり、ニューアーバニズム会議(CNU)から、アワニー原則、TOD(公共交通指向型開発)等の持続可能な都市と地域の開発のあり方を実践とともに議論したものである。これらは、ウォーカブルシティ、タクティカル・アーバニズムへと影響を与えていく。

⑤タクティカル・アーバニズム：ニューアーバニズムの次世代の考え方として、タクティカル・アーバニズムがある。プレイスメイキングのLQC(手軽に、素早く、安価に)にも類似しているが、むしろプレイスメイキングにタクティカル・アーバニズムの要素が備わったともいえる。短期間で実施可能な小さなアクションや実験から始めていくダイナミクスと方法論が注目されている。

⑥ウォーカブルシティ：歩行者中心の街路や人のための空間、ニューアーバニズム運動等を経て、都市もしくはエリア全体を歩きたくなる都市、ウォーカブルシティへと展開する動きが加速している。

⑦エリアマネジメント：エリアマネジメントは日本独自に発展、進化を遂げたものであるが、米国らのBID(ビジネス改善地区)の取組みが参考とされている。近年では、道路や公園、広場活用等のパブリックスペース活用の動きと、地域で持続的に稼ぎ、収益を再投資していく仕組みとして、公民連携の象徴でもある。

(泉山塁威)

3章
まちを使いこなすための制度とルール

国内編

国内制度・ガイドライン総論

3章では、国内、海外都市のパブリックスペース活用の制度・ガイドライン等を実践者や初学者が体系的にとらえ、調べることができる事典の中枢的な章になっている。一部の制度はすでに役目を終え、新制度に移行予定のものもあるが、アーカイブとして理解することも重要と考え残してある。
国内編では、都市・エリア全般、道路、公園、河川、公開空地・広場、空地・駐車場、ガイド・ルール、社会実験というカテゴリーに分けた。

都市・エリア全般：
エリアマネジメントとウォーカブルシティ

都市・エリアのスケールで扱うもの、また、個別の空間だけでなく複数の空間で活用可能なものを5つのメニューにまとめている。
特にエリアマネジメントを行う上で、自治体から団体指定を受け公的位置付けを付与する「都市再生推進法人」、自治体と地権者や都市再生推進法人であるエリアマネジメント団体が整備や管理のルールや負担金額を法定協定として結ぶ「都市利便増進協定」がある。これらは、近年のエリアマネジメントの必勝法ともいうべき制度になっている。
また、エリアマネジメントの高度な制度・仕組みとして、アメリカ、カナダ、ヨーロッパ各都市等で展開されるBID（Business Improvement District：ビジネス改善地区）の日本の試行的制度化として、「地域再生エリアマネジメント負担金制度（日本版BID）」がある。さらに、大阪市の独自条例として、「大阪版BID」がある。これらはエリアマネジメントの財源確保の安定化とフリーライダーへの対応がある。事例はわずかではあるが、こういった仕組みとともに、具体的な活動がパブリックスペース活用となっている。
さらに、近年、自治体を中心に注目を集めているのが、「まちなかウォーカブル推進プログラム」である。通称「まちなかウォーカブル区域」を指定すれば、駐車場の集約化、アイレベル（沿道建築の1階や空地等）等のガラス張り化等の補助や税制優遇、都市公園のパークマネジメント、公有地活用（普通財産）、パブリックスペースの家具設置費用等の金融支援、社会実験補助等の支援メニューがある。これらは道路空間活用の制度と併用するとさらに効果的である。

道路：道路空間活用と交通マネジメント

道路では、主に、道路空間活用に関する道路法・道路占用許可関係の制度・ガイドラインが7つ、道路交通法に関係する道路交通マネジメントに関するものが4つになっている。
道路空間活用では、まず、基本的な道路占用許可、道路使用許可に関する事項を整理した「路上イベントガイドライン」がある。これにより、交通が基本的な機能と位置付けられる道路において、イベントやオープンカフェ等の人が滞留する空間を道路占用許可、道路使用許可に位置付け、整理を行ったものである。これが日本全国の道路空間活用のスタンダードな基準、考え方になっている。
次に、道路占用許可の特例等の道路空間活用を行う上での許可の特例系を紹介していく。「道路占用許可の特例」（都市再生特措法、中活法）、「道路内建築物」、「国家戦略道路占用事業」、「道路協力団体」、「コロナ道路占用特例」、「歩行者利便増進道路（ほこみち）」である。
なお、コロナ禍の路上客席の時限措置の「国家戦略道路占用事業」と「コロナ道路占用特例」は、役割を終え、「歩行者利便増進道路（ほこみち）」に移行された。アーカイブとして残しておくが、規制緩和とコロナ禍の時限措置で生まれた制度は道路空間活用の多様さとシーンごとの制度趣旨の使い分けの理解を助けるだろう。どれを使用すればいいのかは、それぞれの地域事情や担当部署の政策等にもよるが、自治体の都市計画系やウォーカブル部署の場合は、都市再生特別措置法の都市再生整備計画に位置付けられる「道路占用許可の特例」、道路系部署は、道路法の「道路協力団体」か「歩行者利便増進道路（ほこみち）」が多い。「歩行者利便増進道路（ほこみち）」の道路占用許可の違いは一定の整理がなされている[文1]。ただ、道路占用主体の公募による20年の道路占用許可や道路整備時の道路構造基準に利便増進施設（滞留空間等）をハード整備に設けられるのは「歩行者利便増進道路（ほこみち）」であり、唯一の機能である。それ以外の道路占用物件の種類には大差がない。ただ、現段階では、「歩行者利便増進道路（ほこみち）」は道路管理者から発意する制度であり、実例も多いわけではなく、導入可能であれば、「歩行者利便増進道路（ほこみち）」であるが、難しい場合は、「道路占用許可の特例」になるだろう。この辺りのベストプラクティスは、模索した実践知の共有が必要な点である。

道路交通マネジメントは、「歩行者天国」「パーキング・メーター等休止申請」「ゾーン30・ゾーン30プラス」の3点である。道路空間活用を行う上で、歩車分離を確保する等、自動車の交通空間との棲み分けが重要である。日本の道路は特に道路幅員が狭いことが多いため、道路交通マネジメントは欠かせない。「歩行者天国」は、車をすべて一定の期間止めて、人の滞留空間を創出する、道路の広場化といえる。「パーキング・メーター等休止申請」は、路上駐車場、パーキングメーターを1日だけ停止するもので、道路使用許可に加えて提出すると使える。最近では、路肩（カーブサイド）マネジメントといい、道路の路肩（空間としては車道）を道路空間活用する例が、パーキングデー（Park(ing) Day）やパークレット等で増えている。「ゾーン30・ゾーン30プラス」は、特に小学校区等の通学路等で、自動車速度を30km以下に制限する交通規制である。

公園：パークマネジメント

公園は、「設置管理許可」「Park-PFI（公募設置管理制度）」「滞在快適性等向上公園施設設置管理協定（都市公園リノベーション協定制度）」「都市公園占用許可」「立体都市公園制度」「土地区画整理事業と指定管理者制度」の6点である。

これまでは、自治体がパブリックスペースである都市公園を所有・整備・管理運営をするという前提だったが、「設置管理許可」「Park-PFI（公募設置管理制度）」「滞在快適性等向上公園施設設置管理協定制度（都市公園リノベーション協定制度）」を導入することで、民間企業が都市公園内に施設整備や管理運営を行い、自治体が行う公園経営（パークマネジメント）に貢献しようというものである。それらの違いは、諸所あるものの、「設置管理許可」は都市公園内の公園施設となる建築物を設置し管理運営を許可するもの、「Park-PFI（公募設置管理制度）」は、指定された都市公園区域（一部もしくは全域）内の収益施設（公募対象公園施設）の設置または管理者を公募し、事業者は収益により都市公園の整備または管理に還元するもの、「滞在快適性等向上公園施設設置管理協定（都市公園リノベーション協定制度）」は、先述の通称「まちなかウォーカブル区域」内にあたり、非公募で都市再生推進法人に「Park-PFI（公募設置管理制度）」と同等のことができる。いずれも都市公園内の建蔽率の制限緩和や期間が異なる。それぞれの条件を確認し、検討されたい。

「都市公園占用許可」は、都市公園内に保育所や社会福祉施設を設置できるようになるもので、最初は国家戦略特区の制度であったが、2017年に都市公園法全般に適用された。

「立体都市公園制度」は、都市公園の土地を高度利用し、自治体、民間の施設を設置できる制度である。地下利用もあるが、近年、屋上設置型が注目されている。
「土地区画整理事業と指定管理者制度」は、土地区画整理事業で創出される都市公園を指定管理者制度にて、民間や地域団体に管理運営を委ねるものである。それぞれは別の制度ではあるが、組み合わせて、一体的に使用しようというものだ。

河川：リバーマネジメント

河川は、「河川敷地占用許可制度」「かわまちづくり計画の登録」の2点である。「河川敷地占用許可制度」は、河川占用許可を行うもので、都市・地域再生等利用区域の指定を行うことで、オープンカフェ等の活用ができる。これに対して、「かわまちづくり計画の登録」は、河川活用の「河川敷地占用許可制度」に加えて、まちづくりと一体となった河川整備を行うことができる。

公開空地・広場マネジメント：

公開空地は「東京のしゃれた街並みづくり推進条例・まちづくり団体の登録制度」「公開空地等活用計画の登録制度」の2点、広場は、「パブリックスペース活用制度(つくばペデカフェ推進要項)」「地区独自のまちづくりルールによる規制緩和(札幌市都心における地区まちづくり推進要綱)」の2点である。
公開空地マネジメントとしては、全国で使用できる制度はなく、自治体独自に条例や制度を設けて運用しているのが現状である。「東京のしゃれた街並みづくり推進条例・まちづくり団体の登録制度」は、東京都条例のため、東京都内に限られるが、エリアマネジメント団体や不動産デベロッパー等が登録を行うと要件にあった公開空地を活用することができる。収益を伴うイベントやオープンカフェ等公開空地を活用することが可能となる。「公開空地等活用計画の登録制度」は福岡市の独自制度であり、「福岡市地域まちづくり推進要綱・福岡市公開空地等を活用した賑わいづくり推進要綱」と自治体の要綱に位置付ける。都市開発諸制度の公開空地、有効空地に加え、地区計画の地区施設も適用可能になっている。
広場マネジメントとしては、公開空地同様に、広場法等があるわけではなく、自治体独自の制度設計になっている。「パブリックスペース活用制度(つくばペデカフェ推進要項)」は、つくば市の独自制度であり、広場空間に広場条例を制定し、広場の使用許可等を可能にした。
「地区独自のまちづくりルールによる規制緩和(札幌市都心における地区まちづくり推進要綱)」は、札幌市独自の取組みである。広場条例は広場空間の使用許可等の管理の根拠を設けるものである。

空地・駐車場マネジメント：

大きく空地と駐車場に分かれ、ともに民間の土地であることが他のパブリックスペースと大きく異なる。空地マネジメントは、「低未利用土地利用促進協定」「立地誘導促進施設協定(コモンズ協定)」「誘導施設整備区」「カシニワ制度」の4点である。駐車場マネジメントは、「荷捌き駐車の集約化及び地域ルール」「駐車場附置義務条例の地域ルール」「都市再生駐車施設配置計画」の3点である。
空地マネジメントについては「低未利用土地利用促進協定」は、都市再生整備計画区域内の民間の低未利用地を自治体や都市再生推進法人が整備や管理を行う際の協定であり、都市再生特別措置法に基づく法定協定になる。「立地誘導促進施設協定(コモンズ協定)」は、立地適正化計画の都市機能誘導区域や居住誘導区域内で、土地所有者・借地権者の合意により整備や管理をする都市再生特別措置法に基づく法定協定である。「誘導施設整備区」は、立地適正化計画内の土地区画整理事業において、都市機能誘導区域を含む空き地等の集約化を図る事業である。これに対して、「カシニワ制度」は、柏市独自の制度であるが、カシニワ情報バンクに登録した土地所有者と活動支援者をマッチングし、活動助成を行い、ガーデニング等の空き地活用を行う。
駐車場マネジメントについては、「荷捌き駐車の集約化及び地域ルール」は荷捌き駐車場の集約化である。「まちなかウォーカブル推進プログラム」にも制度化されたが、条例等でこれまでも適用がある。駐車場をコントロールできれば、道路空間活用はより柔軟にできるようになる。商業地においては特に荷捌き車の集約化や時間帯コントロールができれば、歩行者空間を十分に確保しやすくなる。さらに、「駐車場附置義務条例の地域ルール」は、東京都条例であるが、開発等に伴い附置義務駐車場が整備されるが、近年は開発も多く、附置義務駐車場が過剰になっている。地域ルールを設けることで、都心部の場合は開発に附置義務駐車場を集約化し、周辺の中小ビルには駐車場を最小限にする等、歩行者空間を確保しやすい仕組みができている。そして、「都市再生駐車施設配置計画」では、都市再生緊急整備地域内に限られるが、駐車場の集約化等の計画と運用が可能になっている。

ガイド・ルール：
パブリックスペース活用ガイド

最後に、法制度ではないが、特徴的なパブリックスペース活用ガイドを紹介しよう。横浜市の「横浜・公共空間活用手引き」、静岡市の「エリアマネジメントガイドライン」、沼津市の「沼津・都市空間デザインガイドライン」の3点である。いずれも自治体独自のガイド、ルールである。
「横浜・公共空間活用手引き」は、道路、公園、河川、港湾緑地、公開空地等、数多くのパブリックスペースの許認可手続きを横浜市の一括窓口（共創フロント）が担い、それぞれの手続きのフロー等を手引きにまとめ、市民や民間事業者がパブリックスペースを活用しやすくするものである。静岡市の「エリアマネジメントガイドライン」は、横浜同様に、多くの種類のパブリックスペースの手続きと窓口をまとめるガイドラインである。「沼津・都市空間デザインガイドライン」は、まちなか空間の指標による評価を行いながら、実行及びフィールドワークとして、社会実験やパブリックスペース活用のアクションを行うため、アイデアを参考に実行フェーズに促すことを主旨としたものである。
いずれも自治体が独自のガイドをつくり、窓口と手続きフローをまとめ、アクションを促しやすい工夫を行っている。

社会実験：

社会実験は、元々社会科学の研究方法の1つで、特定の政策やプログラム等が人々の行動や社会への影響を評価するもので、経済学、心理学、社会学、公共政策等で用いられている。古くは、1969年の北海道旭川市平和通買物公園の社会実験があるが、以降、1998年以降の国土交通省道路局の社会実験補助の公募で広く、道路の滞留空間創出や交通実験、ICT等が展開されている。さらには近年、自治体に限らず、エリアマネジメント団体等全国各地で社会実験や実証実験、チャレンジが展開されている。
これら社会実験が急激に増加する動きはタクティカル・アーバニズムの潮流ともいえる。海外でも、Pilot Projectと呼ばれ同様に展開されている。本稿では、社会実験自体は制度でも自治他の条例でもないが、広くパブリックスペース活用の中で浸透している手法の1つと定着しているため、その方法の概略を紹介する。

（泉山塁威）

参考文献：
文1　泉山塁威、宇於﨑勝也（2023）「道路占用許可関連制度の網羅的傾向と変遷からみた緩和規定の特徴及び課題—道路占用許可の特例、国家戦略道路占用事業及び道路協力団体制度を対象として—」『日本建築学会計画系論文集』第88巻 第804号、pp.568-579

都市再生推進法人

官民連携の下でミッションを遂行するまちづくり団体

（村上早紀子）

基礎情報 施工年：2007年／法令：都市再生特別措置法／実績数：105団体(2022年10月末時点)

制度概要 都市再生推進法人は、行政の補完的機能を担う団体として市町村より指定される。まちづくりの豊富な情報・ノウハウをもつ団体として公的な位置づけを与えることで、公共公益施設の整備等を促進するためである。また、自らの活動根拠となる都市再生整備計画を作成し、市町村に提案することができる。

まちなかで何が課題となっているか？ そのための都市再生推進法人の役割とは？

深刻化する空き店舗等の増加に対処するため、都市再生特別措置法の一部改正(2007年)により本制度が創設された。以降、まちづくり会社等新たな主体が地権者や民間デベロッパーらと連携し、道路空間を活用した事業やエリアマネジメントを多数展開している。今後もまちづくり会社等の、多様な技術やノウハウ、スピード感を活かしたさらなる展開が期待される。

メリット

- 指定された団体は、まちづくりの担い手として公的位置づけが付与され、信用度や認知度の向上が期待できる。
- 国の各種補助や融資、税制特例等が活用できる。
- 都市利便増進協定等による公共空間のさらなる活用や、賑わい創出が期待できる。

要件・基準

- 都市再生推進法人に指定できる団体は、一般社団法人(公益社団法人を含む)、一般財団法人(公益財団法人を含む)、NPO法人、まちづくり会社である。
- 市区町村長は、業務を適正かつ確実に行うことができると認められる団体を、その申請により、都市再生推進法人として指定することができる。

手続きフロー

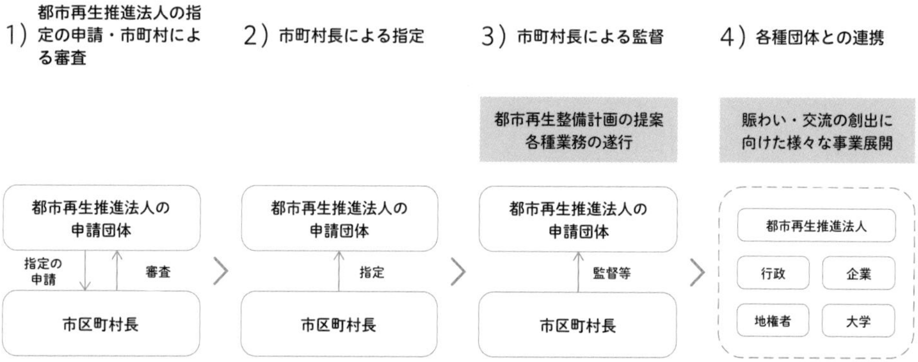

1）都市再生推進法人の指定の申請・市町村による審査

都市再生推進法人の申請団体
指定の申請 ↓ ↑ 審査
市区町村長

都市再生推進法人になろうとする法人が、市町村長に指定の申請を行う。申請団体が都市再生推進法人の業務を適正かつ確実に行えるか、市町村が審査を行う。

2）市町村長による指定

都市再生推進法人の申請団体
↑ 指定
市区町村長

都市再生推進法人に指定されると、都市再生整備計画を提案することができる。賑わい・交流を創出する施設の整備や管理運営、都市開発事業とその支援、専門家の派遣といった業務を担う。

3）市町村長による監督

都市再生整備計画の提案
各種業務の遂行

都市再生推進法人の申請団体
↑ 監督等
市区町村長

市町村長は必要に応じて、都市再生推進法人からの業務報告を要請できる。必要な業務を適正かつ確実に実施していないと判断した場合、業務改善命令を出すこともできる。命令に違反したら法人指定を取消す場合もある。

4）各種団体との連携

賑わい・交流の創出に向けた様々な事業展開

都市再生推進法人
行政 企業
地権者 大学

都市再生推進法人は、賑わい・交流の創出に向けた様々な事業を展開するにあたり、行政や企業、地権者、大学等の団体と連携していくこととなる。

活用ポイント

必要に応じた支援制度を活用できるよう常にアンテナを張り、様々な団体と連携していくことが重要である。例えば国土交通省の「官民連携まちなか再生推進事業」は、エリアプラットフォームの構築や、未来ビジョンの策定、自立・自走型システム構築を支援する制度である。こうした支援制度の活用にも、まず都市再生推進法人が基軸となって、行政や企業、地権者、大学等様々な団体が参画・連携できる体制づくりが欠かせない。

Case study | 株式会社テダソチマ（須賀川市）

福島県初の都市再生推進法人・株式会社テダソチマ（代表取締役 大木和彦氏）は、2019年12月18日に須賀川市より指定を受けた。現在、須賀川市との連携による空き家バンクの運営、市街地内の未利用地の活用、空き店舗や遊休施設を活用した経営支援といった事業を展開している。空き店舗活用でこれまで手掛けた例として、「観光物産館flatto（旧永宝屋店舗）」「シェアスペース STEPS（旧桔梗屋）」「サテライトオフィスpalette（旧文房具まふね）」が挙げられ、いずれもオープン以降、市内外から人を呼び込む交流拠点となっている。さらに須賀川市への移住または二拠点生活を検討する人が「お試し移住」として居住生活を体験できるプロジェクトも展開しており、移住者の呼び込みにもつながっている。

図：シェアスペース STEPSでの須賀川南部地区エリアプラットフォーム会議の様子

Other cases

札幌大通まちづくり株式会社（札幌市）／株式会社キャッセン大船渡（大船渡市）／株式会社街づくりまんぼう（石巻市）／一般社団法人荒井タウンマネジメント（仙台市）

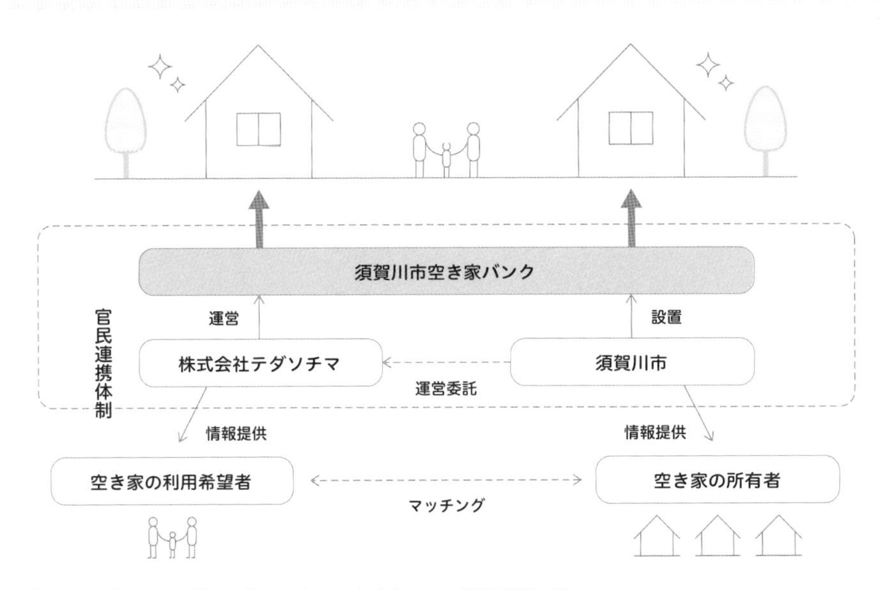

参考文献：国土交通省ホームページ（https://www.mlit.go.jp/toshi/common/001039904.pdf）

都市利便増進協定

地域や都市再生法人主体で広場や施設をつくる・つかう

（松下佳広）

基礎情報　施行年：2011年（改正）／法令：都市再生特別措置法／実績数：30カ所（2022年10月）

制度概要　地域のまちづくりルールを地域住民や都市再生推進法人らが自主的に定め、運用するための協定制度である。賑わいや交流の創出に寄与する各種施設を地域で一体的に整備・管理するとともに、施設の運用で得られる収益により、質の高いパブリックスペースの持続的な運営が可能となる。

「パブリックスペースで稼ぐ」を支援する制度の創設が求められた

道路占用許可制度の柔軟化措置とともに、都市利便増進協定制度は創設された。人口減少下の日本のパブリックスペースは、維持管理コストの削減と都市間競争に生き残るための高質化という、一見矛盾する要求に直面してきた。そのコスト削減と高質化を両立する解決策のひとつとして定められたのが、収益活動を認めることで民間主導のまちづくりに取組みやすくする本制度である。

メリット

- 協定の範囲や対象施設の設定が柔軟で、自治体や都市再生推進法人等の意図に応じて自由度高く活用できる。
- パブリックスペースで上げた収益で自治体の維持管理コストを削減したり、空間の高質化に還元したりと公共空間を活用した収支の工夫が可能。
- 都市再生推進法人の公的な位置づけを活かすと、さらに自治体からの支援が得やすくなる。

要件・基準

- 協定には対象となる区域（都市再生整備計画の区域内）や都市利便増進施設と、その一体的な整備・管理について記載する。
- 締結者は区域内の土地の所有者・借地権者、建築物の所有者（土地所有者等）の“相当部分”であり、全員参加する必要はない。
- 都市再生推進法人の参加は制度上任意であるが、実態としてはすべての実績（2021年時点）において都市再生推進法人が参加している。

※一体型ウォーカブル事業については要件の特例措置がある。

手続きフロー

1）**都市利便増進協定事項の発意と素案づくり（協定締結者）**

2）**都市再生整備計画の作成または変更（市区町村）**

3）**都市利便増進協定の作成と締結（協定締結者）**

4）**都市利便増進協定の申請と認定（市区町村）**

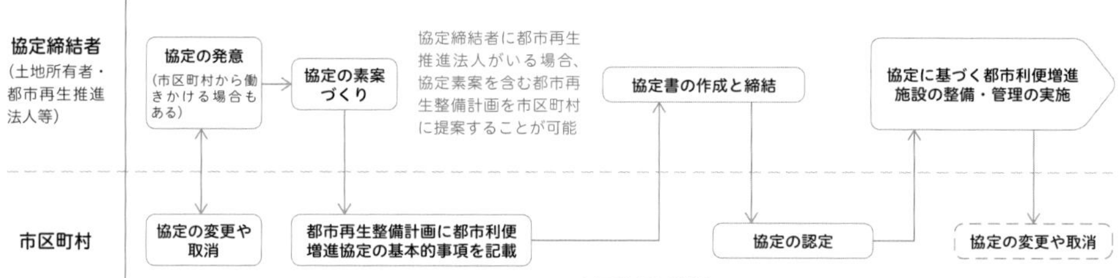

1）発意した締結者間で、協定の素案づくりを行う。主な事項は目的、協定区域、財産区分、都市利便増進協定の種類や位置、整備・管理と費用負担の方法、変更・廃止の方法、協定の有効期間等。

2）都市再生整備計画に都市利便増進協定の基本的事項（協定区域や対象施設等）を記載することが必要となるため、市区町村が都市再生整備計画の新規作成または変更を行う。

3）【主要な認定基準】
- 土地所有者等の相当部分が参加
- 整備・管理の方法、費用の負担方法が適切
- 都市再生整備計画と整合など

関係する土地所有者等の相当数の同意のもと、都市利便増進協定を作成し、締結する。

4）協定締結者から市区町村長に対して認定の申請を行い、市区町村は同意や協定内容、都市再生整備計画との整合性が適切である場合には協定を認定する。

※市区町村が所有する空間や施設を対象とする場合、協定締結者には市区町村も含まれる。

Case study | 荒井東１号公園(仙台市)

荒井東１号公園は、地下鉄東西線荒井駅周辺に土地区画整理事業によって確保された街区公園である。都市再生推進法人である(一社)荒井タウンマネジメントと土地所有者である仙台市が、公園全体を対象区域として都市利便増進協定を結び、都市利便増進施設として運動施設(フットサル・テニスコート)を設置している。さらに、荒井タウンマネジメントが運動施設をテナントの(一社)仙台スポーツネットワーク(SPiA)に貸付けることで、賃料を得ている。この収益を活用して、荒井タウンマネジメントは協定区域である公園全体の日常的な維持管理を、仙台市に代わって行っている。運動施設は、協定を結んだうえで公園施設設置管理許可を取得し、荒井タウンマネジメントが整備している。これにより、公園施設設置管理許可だけの場合に発生する公園の使用料が、協定を併用することで減免となっている。このような効果的な制度の併用にも注目したい。

Other cases

札幌駅前通(札幌市)／ニワタスおよび草津川跡地公園(草津市)／OM TERRACE(さいたま市)／グランフロント大阪および周辺道路(大阪市)／駿府ホリノテラス(静岡市)

参考事例：荒井東１号公園(仙台市)

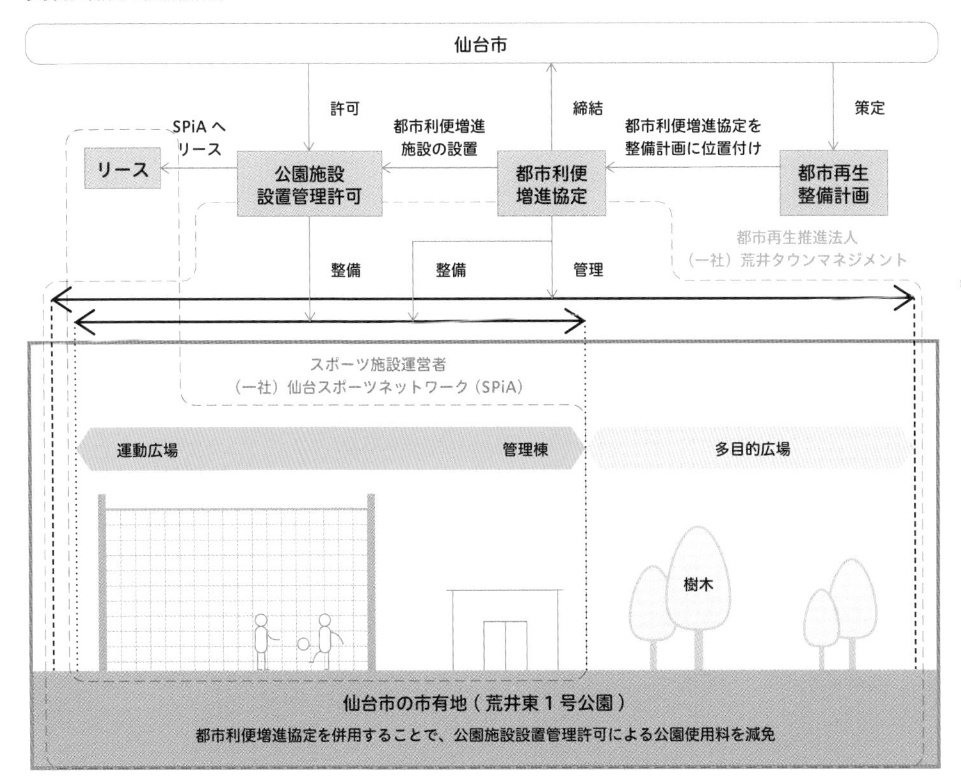

柔軟な発想を法定の協定として担保できることが強み

都市再生推進法人と自治体との2者間協定がほとんど

都市利便増進協定はもともと「地域のまちづくりのルールを地域住民が自主的に定めるための協定制度」であり、都市再生推進法人は「必要に応じて参加」できる制度である。しかし実際の活用実績をみると、すべての事例で都市再生推進法人が参加している。また自治体は協定の対象となるパブリックスペースの所有者として参加している事例がほとんどで、自治体（または国）以外の地権者が協定締結者となっているのはグランフロント大阪（大阪市）と栄ミナミ（名古屋市）の事例のみである。制度の運用実態から言えば、自治体や国が所有する公共空間を都市再生推進法人が活用するための協定制度というのが現状だ。

協定の使い方は事例によって様々

都市利便増進協定は非常に自由度の高い協定制度であると言える。2022年10月時点で30の活動実績があるが、対象とするパブリックスペースの種別（道路、公園、駅前広場等）、都市利便増進施設の種類や整備・管理の役割分担は事例ごとに千差万別である。最も多い例は、都市再生推進法人がパブリックスペースに賑わいを創出する購買施設等を設置し、その運用で得た収益の一部を活用してパブリックスペースの維持管理や高質化を担う形態である。しかしその場合もパブリックスペースの種別は上記のとおり様々である。

「パブリックスペースで稼ぐ」も「官民連携によるパブリックスペースの高質化」も可能

多様で柔軟な協定の活用法のなかでも特に参考にしたいのが、仙台市の荒井東1号公園での活用例と、大阪市のグランフロント大阪での活用例だ。荒井東1号公園での活用例は前述のとおり、街区公園内に運動施設を設置し、運動施設の運営から得られる収益の一部を用いて公園全体の維持管理費が賄われている。グランフロント大阪では歩道に設置した多機能照明、オープンカフェ施設、防犯カメラ等を整備・維持管理するルールとして都市利便増進協定が適用され、都心部にふさわしい高質なパブリックスペースが整備・維持管理されている。

グランフロント大阪の多機能照明（道路照明に防犯カメラ、スピーカー、広告板、バナー広告を一体化）

他の制度・契約・ルールと併用することで活きる協定

都市利便増進協定を活用する際のキモと言えるのが、どんな制度・契約・ルールを組み合わせるか、である。購買施設を道路上の都市利便増進施設とする場合は道路占用許可と組み合わせ、公園の場合は公園施設設置管理許可と組み合わせることが多い。仙台市の荒井東1号公園や柏市の北柏ふるさと公園のように、購買施設をほかの事業者に貸し出す場合は、協定とは別に民民の賃貸借契約が必要となる。また、さいたま市のOM TERRACEのように一般利用者を含む市民・民間へのスペース貸しを行う場合は、利用ルールを利用者へ適切に伝えるガイドライン等が必要となる。グランフロント大阪では、土地所有者らが捻出する分担金を活用して、民間がエリア内の施設管理（高質な歩行空間の管理等）を行う「エリアマネジメント活動促進制度」がある。この制度のなかで定める民間と公物管理者の

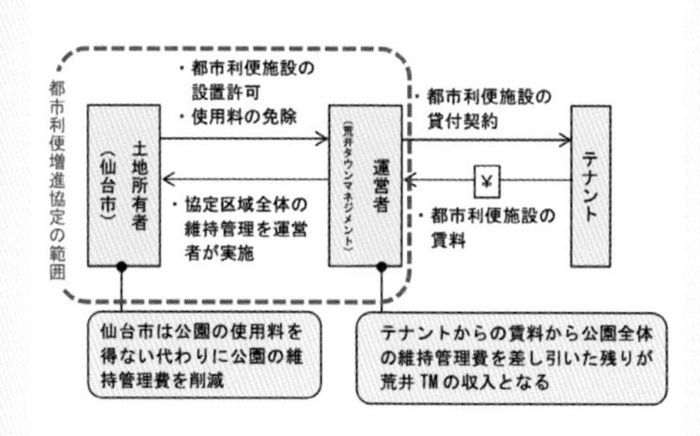

仙台市　荒井東１号公園のスキーム

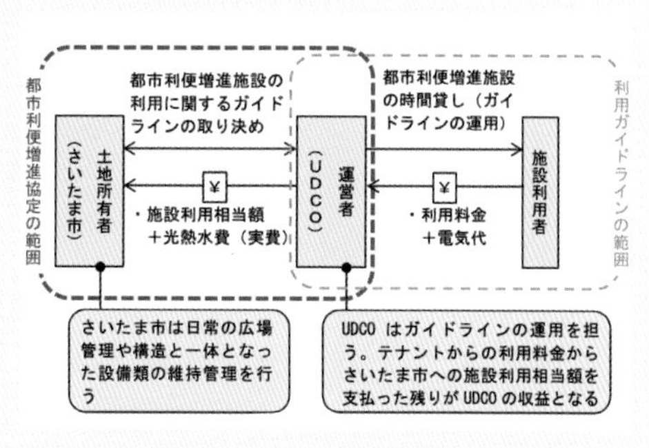

さいたま市　OM TERRACEのスキーム

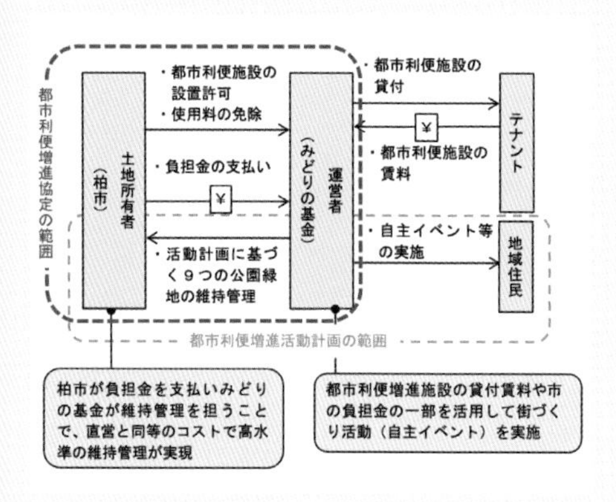

柏市　北柏ふるさと公園のスキーム

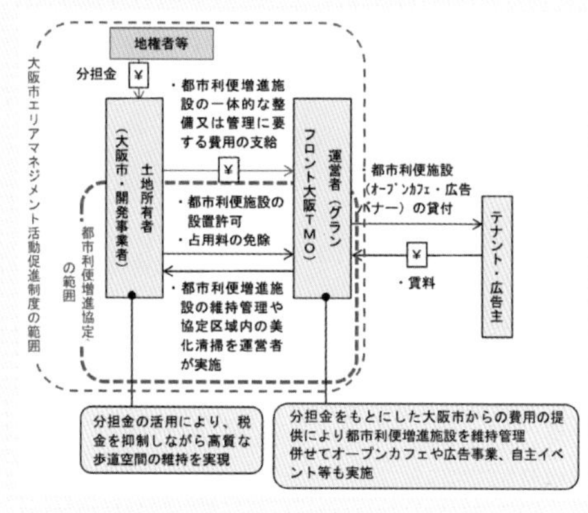

大阪市　グランフロント大阪のスキーム

図：各種事例の都市利便増進協定の範囲と他の制度・契約・ルールとの補完関係

間のルールの位置づけを明確にするため、法定協定である都市利便増進協定を活用した例である。このように都市利便増進協定は単独で使われることはあまりなく、目的に応じて様々な制度・契約・ルールと組み合わせることで活きてくる協定制度と言える。

自治体は「維持管理費削減」ではなく「エリア価値向上」のための協定活用を

都市利便増進協定を用いればパブリックスペースの維持管理費を民間から捻出できる、というのが自治体側のメリットである。しかし浮いた維持管理費を削減するというだけでは、自治体の予算は軽減されるがエリアの価値向上は見込めない。浮いた維持管理費を活用してエリア内のパブリックスペースの質をさらに高めたり、都市再生推進法人と連携してイベントやソフトの企画を充実させたり、シェア型モビリティを導入して移動の充実に活用したりと、よりエリア価値を高めるために、協定をフル活用していただきたい。

地域再生エリアマネジメント負担金制度（日本版BID）

地域再生を支える安定的な財源の確保

（宋 俊煥）

基礎情報　**施工年**：2018年（改正）／**法令**：地域再生法／**実績数**：1カ所（大阪市大阪駅周辺地区）
事業期間：5年（地域により設定可能）

制度概要　3分の2以上の受益事業者の同意を条件として、市区町村が、地域再生に資するエリアマネジメント活動に要する費用を活動区域内の受益事業者から徴収し、これをエリアマネジメント団体に交付する官民連携制度である。

「3分の2以上の受益事業者の同意」はなぜ必要になったのか？

各地で引く手あまたのエリアマネジメントだが、エリアの価値向上の恩恵を受けつつ負担金を払わないフリーライダーも多く、安定的な財源の確保が課題とされてきた。そこで、一定の賛成多数のもとであれば、エリア内の事業者から負担金を強制的に徴収できるようにしたのが本制度である。事業者の受益を定量（金銭）的に評価するのが必須条件である。

メリット

- エリアマネジメントに必要な活動費用を安定的に確保できる。
- 資金計画・受益者範囲等の指標設定により、受益事業者への説得力向上やフリーライダーの問題解決が期待できる。

要件・基準

- 来訪者増が事業機会や収益性を高める対象地域を設定する必要がある。住宅地等、事業者の非集積地域は対象外。
- 市区町村が徴収した負担金を適切に管理・交付する法人格のエリアマネジメント団体を組織すること。
- エリアマネジメント団体による「地域来訪者等利便増進活動計画」の策定とともに、市町村からの認定、さらに負担金条例の策定が必要となる。
- 総受益事業者の3分の2以上、かつ負担金の合計額の3分の2以上となる受益事業者の同意を得なければならない。
- エリア特性や年間受益の限度に応じて、受益者の負担金の水準を決めることができる。
- 地域再生計画により、区域・活動目標・活動内容・見込まれる利益の内容と程度・事業者の範囲・計画期間等の具体的な記載が求められている。

手続きフロー

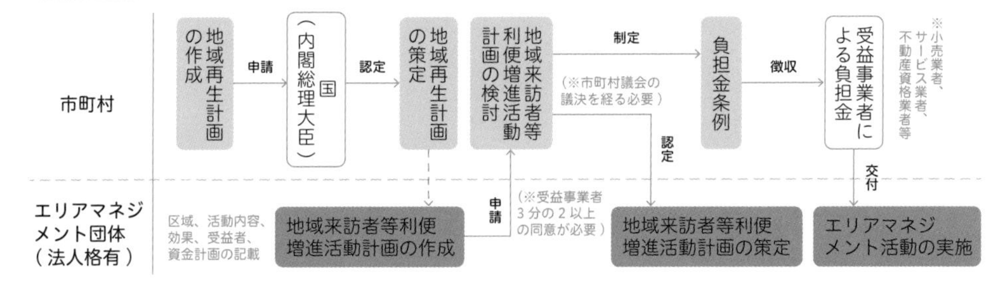

1）地域再生計画および地域来訪者等利便増進活動計画の策定

市町村が地域再生計画を作成し、国（内閣総理大臣）の認定を受ける。エリアマネジメント団体は「地域来訪者等利便増進活動計画」を作成し市町村の認定をもらう。「地域来訪者等利便増進活動計画」の認定には、区域・活用内容、受益者、資金計画等の記載と、受益事業者の3分の2以上同意が必要である。

2）負担金条例の制定と受益事業者からの負担金徴収

「地域来訪者等利便増進活動計画」に基づいて市町村は負担金条例をつくり、議会議決を得られれば受益事業者から負担金を徴収できる。受益事業者には小売業・サービス業、不動産資格業者等が該当し、非受益者である住民等は対象外となる。

3）エリアマネジメント団体による活動実施

徴収された負担金は、エリアマネジメント団体に交付され、安定的な財源の下で地域再生に資する活動を実施する。活動には、イベント系、公共空間整備運営系、情報発信系、公共サービス系、経済活動基盤強化系の事業が考えられる。

活用ポイント

活動の最初期から受益事業者の3分の2以上同意を得ることは難しい。官民連携が必須不可欠な取組みであり、行政側としては、これまで様々な社会実験や実践を通じて一定の実績があるエリアマネジメント団体かつ、周辺地域を含めた賑わい創出や新ビジネスの創出、快適な就業・滞在環境の改善等の環境、経済、社会の統合的向上が見込まれるエリアを、先導的に取り上げ、活動・制度を積極的に支援し地域の合意形成へつなげることが望ましい。

Case study | 梅田あるくフェス(大阪市)

エリアマネジメント団体の財源確保および官民連携のまちづくりの推進を図るために、大阪市では、「大阪市地域再生エリアマネジメント計画(2020)」を策定した。先導的に大阪駅周辺地区を対象に地方創生推進交付金を活用し、エリアマネジメント団体が実施する社会実験(梅田あるくフェス:「健康・医療」)に係る経費の補助等を通じて、来訪者増加や新事業・起業創出等に向けた活動を実施している。社会実験による実証を通じて、活動計画に対する関係者の合意形成や実効性の検討を進め、今後地域再生エリアマネジメント負担金制度の導入を予定している。本制度を導入することで、地域来訪者等利便増進活動実施団体は法制度に基づいた安定した財源確保の仕組みの下で、地方創生推進交付金の終了後も関連事業を継続して自走させることを目指している。

梅田あるくフェス2022 (提供:一般社団法人大阪梅田エリアマネジメント)

Other cases

大阪市のみ

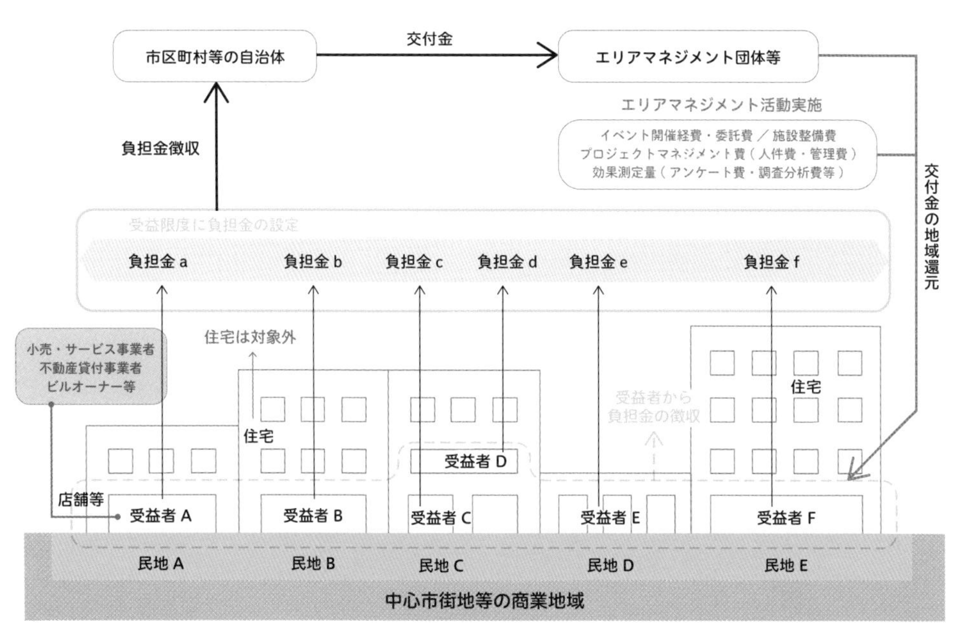

大阪版BID　大阪市がパブリックスペースの活用にむけて条例化

（上野美咲）

基礎情報

条例名：2014年4月に施行した「大阪市エリアマネジメント活動促進条例」

制度名：2015年4月からうめきた先行開発地区において運用された「大阪市エリアマネジメント活動促進制度」（上記条例に基づき創設され、都市再生特別措置法の都市再生推進法人等の仕組みの利用および地方自治法の分担金が財源となる）

実績数：一般社団法人グランフロント大阪TMO（以下、TMO）のみ1件（2022年5月時点）

制度概要

大阪版BID（Business Improvement District）は条例でパッケージ化した仕組みと財源等を活用することによって、一定エリア内の土地所有者等より得られた事業分担金をもとに民間団体は継続的で自由度の高い活動を道路等のパブリックスペースにおいて実現可能となる制度である。

欧米諸都市の賑わいを生んだBID

欧米では活気ある中心市街地が増えている。その背景にはBIDの存在が大きい。各国様々な形態で運営されているが、アメリカでは州法に基づいて特別区で実施されており、活動資金は地区内資産所有者から負担金として市が徴収している[文1]。日本においても人口減少時代の成熟型都市経営を考えるなかで「既存ストックの有効活用等、維持管理・運営の必要性」「環境や安全・安心への関心の高まり」等の背景から、現在の大阪版BIDの仕組みを検討するに至った。

メリット

- 大阪市エリアマネジメント活動促進制度により整備または管理を行う都市利便増進施設については、道路占用料が全額免除となる。
- 分担金により公物管理に係る基礎的な財源が確保できる。パブリックスペース（道路等）を活用したオープンカフェ等の事業収益により自主財源が確保しやすくなる。

要件・基準

- 大阪市による都市再生推進法人の指定が必要。
- 都市利便増進協定による地権者全員の合意が必要。
- 都市再生整備計画素案の提案、地区運営計画および年度計画の作成。（都市計画法に基づく地区計画への位置づけがない場合）地区計画素案の提案も必要。

手続きフロー

出典：文2、文3を基に著者作成

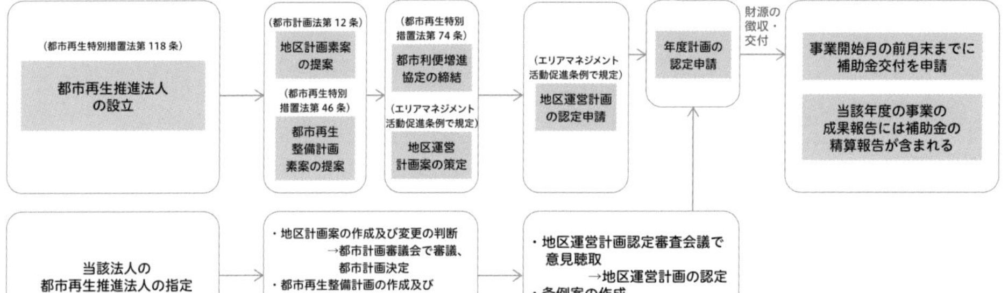

1）都市再生推進法人の指定

まちづくりを目的とする法人を設立し、次いでその法人が大阪市によって都市再生推進法人の指定を受ける必要がある。

2）地区の決定、計画の策定、合意形成

都市再生推進法人の地区計画素案を大阪市が都市計画審議会に諮り都市計画決定に至る。都市再生整備計画案も提案し、大阪市が計画の作成・変更後に公表。都市利便増進協定の認定申請は「大阪市都市利便増進協定認定要領」に基づく。

3）地区運営計画、年度計画の認定申請

「収支計画を含む事業計画」とも言え、分担金の徴収・交付を定める地区運営計画や年度計画の申請・認定には、対象となる事業の計画期間の収支予算書と地区運営計画の説明書を、年度計画の申請・認定には、翌年度の収支予算書を添える必要がある。

4）事業開始後の進行管理等

年度ごとに、大阪市が徴収した分担金は大阪市から都市再生推進法人に交付される。都市再生推進法人は、補助金の精算を含む年度の実績を事業の成果報告に記載する。

活用ポイント

BID実施の大前提として必要なのが、都市再生推進法人の指定を受けることである。大阪市ではスタートアップ支援として大阪市独自の制度である都市再生推進法人準備団体認定制度の活用を推進している。こういった支援を上手く利用してスタート台に立つことが先決である。その後最も労力を割くことが予想される関係者の合意形成に関しては、制度理解が円滑に進むよう、信頼できる事業者が主体となって調整を行うことがキーポイントとなる。

Case study ｜ うめきた先行開発地区（大阪市）

日本におけるBIDの取組みは、他に先行して大阪市うめきた先行開発地区として実現した。大阪市より都市再生推進法人の指定を受けたTMOは、パブリックスペースでオープンカフェ・広告の管理等の自主財源事業や歩道空間の管理（屋外ベンチの設置を含む）までを一手に担っており、継続的で自由度の高い活動を実施している。道路占用料の免除を活用したオープンカフェは、若者から高齢者まで連日賑わいを見せている。分担金対象事業については、事業費3211万6000円（補助金ベース）をもとに都市利便増進施設の管理を行いエリアの活性化に寄与している（2021年度実績ベース）。こうした制度活用の実現は、迅速に条例化を進める大阪市の機動力が大きな追い風となっている。

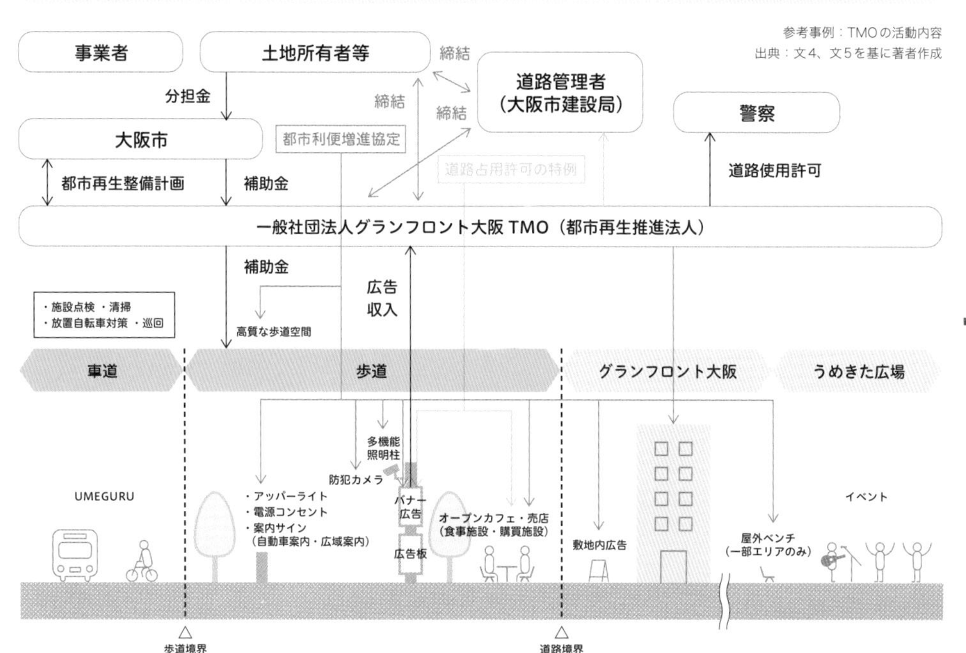

参考事例：TMOの活動内容
出典：文4、文5を基に著者作成

参考文献：

文1　小林重敬編著（2005）『エリアマネジメント～地区組織による計画と管理運営～』学芸出版社、p.25
文2　大阪市計画調整局「大阪市エリアマネジメント活動促進制度活用ガイドライン（改訂版）【第4版】」2021年11月発行、pp.4-33
文3　大阪市計画調整局「エリアマネジメント活動促進制度の概要」
文4　一般社団法人グランフロント大阪TMO「グランフロント大阪TMOの自主財源事業と分担金対象事業」
文5　大阪市計画調整局「施設の整備等のイメージを示す図書<屋外ベンチ>」

協力：大阪市計画調整局計画部都市計画課（エリアマネジメント支援担当）、一般社団法人グランフロント大阪TMO

まちなかウォーカブル推進プログラム

居心地が良く歩きたくなるまちなか

（泉山塁威・森本あんな）

基礎情報　施行年：2020年（都市再生特別措置法）

制度概要　自治体の歩道整備に活用できる予算や税制特例、ガイドライン、地域の事例をまとめたもの。**A.** 公有地と民地の一体的活用に関する制度、**B.** まちなかウォーカブル推進事業、**C.** 駐車場法の特例等に関する制度、**D.** 都市公園法の特例等に関する制度、**E.** 普通財産の活用に関する制度、**F.** まちなか公共空間等活用支援事業の6制度が主なものとなる。

> **「人中心のまちなか」が注目されている理由**
>
> 国土交通省が官民連携でWalkable（歩きたくなる）、Eye level（まちに開かれた1階）、Diversity（多様性）、Open（開かれたまち）の4要素をもつ街路空間整備を目指す背景には、少子高齢化に伴う働き手や企業の多様な生産活動へのニーズがある。歩きやすく快適なだけでなく、人々が思い思いに活動できる沿道の一体的な活用は、出会いや交流を促し、多様性とイノベーションを創出するとして、注目されている。

メリット　6制度それぞれを組み合わせることで、地域に沿った形で事業を行うことができる。これまでの民間開発や行政主導型のまちづくり手法と違い、公民連携で街路空間を再整備することに重点を置いている点がポイントである。

要件・基準

- 一体型滞在快適性等向上事業の実施主体は、土地所有者または借地権等を有するもの、建築物の所有者または建築物に関して賃借権その他の使用及び収益を目的とする権利を有するものとする。
- 市区町村は、都市再生整備計画を策定し、土地所有者等に滞在快適性等向上区域を周知する。
- 市区町村は、計画期間終了後に事後評価を行い、その結果を公表する。

制度活用手順

※都市公園法の特例等を活用する場合	※駐車場法の特例等を活用する場合	※普通財産を使用する場合
・看板等の設置 ・滞在の拠点となる公園施設の設置又は管理 ・滞在快適性等向上公園施設の設置又は管理 について都市再生整備計画に記載	集約駐車施設の位置及び規模又は駐車場出入口制限道路について都市再生整備計画に記載	普通財産の活用について 都市再生整備計画に記載

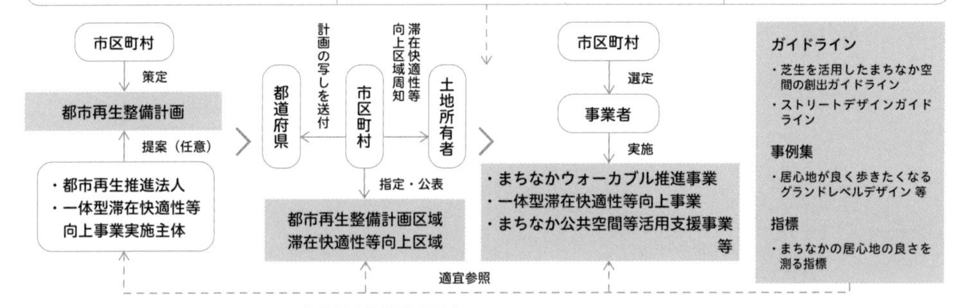

1）都市再生整備計画の策定

市区町村が協議の上計画を策定。滞在快適性等向上区域内で都市公園法の特例等、駐車場法の特例等、普通財産の活用に関する制度を活用する場合は、その旨を都市再生整備計画内に記載する。

2）都市再生整備計画区域、滞在快適性等向上区域の指定

市区町村は、都市再生整備計画を策定し、都道府県に計画の写しを送付するとともに、土地所有者等に「滞在快適性等向上区域」を周知する

3）滞在快適性等向上区域内で事業を実施

市区町村は、事業者を選定し、まちなかウォーカブル推進事業、一体型滞在快適性等向上事業、まちなか公共空間等活用支援事業等の事業を実施する

指標・ガイドライン適宜参照

都市再生整備計画策定時、滞在快適性等向上区域の指定時、一体型滞在快適性等向上事業を検討する際等に、事例集・ガイドラインを参照

A. 公有地と民地の一体的活用に関する制度

A-1 一体型滞在快適性等向上事業（通称：一体型ウォーカブル事業）

滞在快適性等向上区域において、自治体の実施事業に隣接した土地で、一体的に交流・滞在空間を創出する事業。事業主体は税制特例、法律上の特例を受けることができる。

A-2 ウォーカブル推進税制

建物低層部のオープン化・民地のオープンスペース化に係る事業が完了した年の翌年から5年間家屋の対象範囲部分の固定資産税及び都市計画税の標準額を1/2に軽減する。

B. まちなかウォーカブル推進事業

市区町村や民間事業者が主体となって、街路の広場化やパブリックスペースの芝生化等の滞在環境の向上、沿道施設の1階部分を開放するアイレベルの刷新や外観の修景整備を、補助金によって支援する。“居心地が良く歩きたくなる” 空間を実現するための社会実験やデザイン検討を支援対象とする。

C. 駐車場法の特例等に関する制度

路外駐車場の位置や規模の適正化、出入口の設置制限、附置義務駐車施設の集約化によって、安全・快適な歩行空間の創出を目指す。従来の都市再生駐車施設配置計画や立地適正化計画による駐車場配置計画を定めていない場合にも、都市再生整備計画に記載することで、単独での施行が可能となる。滞在快適性等向上区域内の路外駐車場や駐車場出入口の適正な配置計画や附置義務駐車施設の集約化によって、歩行者空間への自動車流入を抑制し、イベントや社会実験などの催しを円滑に行える。

● **特定路外駐車場の届出制度**

滞在快適性等向上区域において、市区町村の条例で定める規模以上の路外駐車場（特定路外駐車場）を設置する場合に、市区町村長への届出を義務づける。

● **路外駐車場出入口の設置制限**

滞在快適性等向上区域のうち、特に賑わいの中心となる道路について、市区町村の条例で定める規模以上の路外駐車場の出入口を設けることを制限する。

● **附置義務駐車施設の集約化・出入口設置制限**

滞在快適性等向上区域で附置義務のある駐車施設を集約化する際、附置義務条例に義務付けられている駐車施設を、建築物内や敷地内ではなく、遠隔の集約駐車施設に設けることができる。

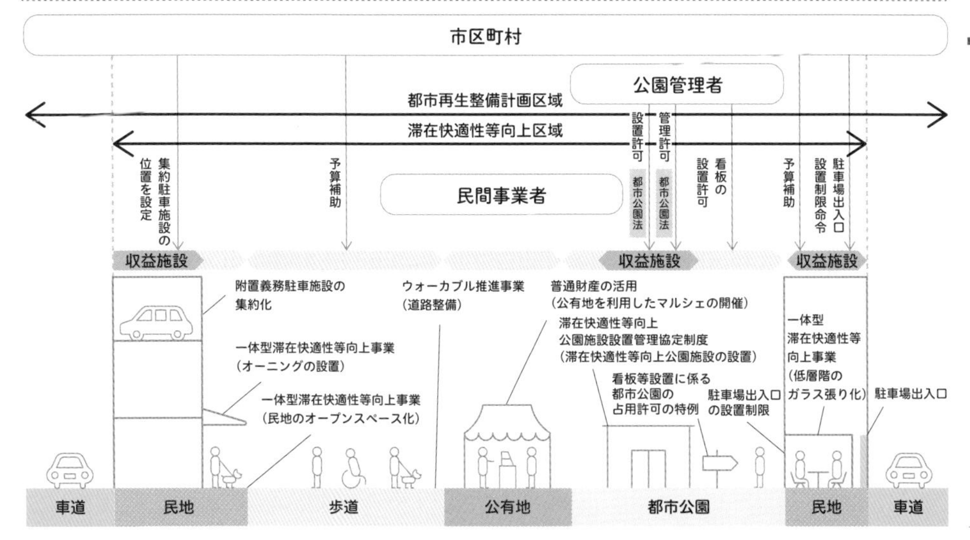

D. 都市公園法の特例等に関する制度

● **看板等設置に係る都市公園の占用許可の特例**
都市公園内で地域の催しを周知する看板・広告塔の設置について、公園の占用が認められる。

● **公園施設の設置管理許可の特例**
都市再生整備計画の記載から2年以内であれば、交流・滞在空間の創出のため、都市公園法上の設置管理許可を受けることができる。

● **公園施設設置管理協定制度(通称：都市公園リノベーション協定制度)**
都市再生推進法人または一体型滞在快適性等向上事業の実施主体が協定を締結した場合、滞在快適性等向上区域内の都市公園で新たに設置されるカフェや売店等は、建蔽率の上限緩和など特例措置を受けることができる。

E. 普通財産の活用に関する制度

民間事業者等(都市再生推進法人または一体型滞在快適性等向上事業の実施主体) がウォーカブルな市街地を形成するために市区町村が保有する広場など普通財産の安価な貸付け等を受けることができる。

F. まちなか公共空間等活用支援事業

滞在快適性等向上区域において、都市再生推進法人が実施する交流・滞在空間を充実化させる事業に対し、民間都市開発推進機構が低利貸付により支援する。カフェ等の整備と併せて、広場におけるベンチの設置や植栽等を行う事業が対象となる。

ウォーカビリティを高める制度の活用にむけて

1. 網羅的かつ段階的制度活用が必要

まちなかウォーカブル推進プログラムの制度は、滞在環境向上に向けた予算補助、税制緩和、都市公園に関する制度、駐車場整備に関する制度など、様々な事業実施等に向けて構成されている。
国内でウォーカブルな市街地を実現するには、これらの制度を網羅的かつ、段階的に活用する必要があると考える。例えば、ウォーカビリティを高めるためには、人口密度や都市機能の多様性、交通ネットワークの整備が欠かせない。そのため、制度を活用する前段階として、一定の範囲に都市機能や適正な人口を集約し、交通ネットワークの整備を計画した上で、滞在快適性等向上区域を指定し、事業実施をするなどの段階別の計画が必要である。
また、ウォーカブルな市街地形成には、自動車交通と歩行者空間の棲み分けが有効である。そのため、滞留空間を作るために、中心市街地の外周部や幹線道路へ自動車交通を集約し、市街地を安全に歩行可能とする必要がある。そこで、まちなかウォーカブル推進プログラムの制度を活用することで駐車場施設の配置適正化を実施し、周辺エリアへ自動車交通を集約した上で、歩行者の滞留空間を設けることができる。その際、特に滞留空間を設ける必要がある場所を歩行者利便増進道路とするなど、他制度も含めた横断的な制度活用も可能である。

2. 先進事例の計画動向

2-1. 姫路市ウォーカブル推進計画

先進的なウォーカブル施策を実施する好事例として、兵庫県姫路市のウォーカブル推進計画を紹介する。
姫路市では2021年3月に、ウォーカブルな市街地の形成に向けて、姫路市ウォーカブル推進計画を策定した。計画の内容は、市街地の理想像、ウォーカブル推進事業に取組む背景・目的、市街地における課題と今後の可能性、まちなかウォーカブル推進事業の具体的な実施方針、実現への道筋から構成される。

図1：エリア別推進計画（出典：姫路市ウォーカブル推進計画）

2-2. 道路空間における滞留空間整備

姫路市は、姫路市ウォーカブル推進計画の中心である姫路城と姫路駅をつなぐ空間として、2014-2019年度に大手前通りの再整備を実施した。その後大手前通りでは歩道空間を活用した社会実験を実施している。

図2：大手前通り（姫路市提供）

2-3. エリア・時間軸別に事業実施

この計画の優れている点として、広範囲へ段階的に効果を波及させる方法とした点、エリア内でまちなかウォーカブル推進プログラム以外の制度も併せて網羅的な施策を計画する点を挙げる。

また、姫路市では、ウォーカブル施策を三段階に分けて実施することで、商業エリア～居住エリアまでエリア別の施策実施を図る。第一段階では、大手前通り、中ノ門筋、駅西の三つの区域で実施した。

また、計画以外にもその他の取組みとして、ウォーカブル推進事業としてモビリティ実証実験を実施し、中心市街地における交通利便性の向上等を目指す。

図3：大手前通り自動運転モビリティ社会実験（姫路市提供）

加えて近年では、大手前通り周辺の道路を快適に歩行可能とするため、社会実験にてマルシェの実施など、地域に密着した施策展開が見られる。

このように中心部の商業エリアとその周辺に対しても回遊性の向上を図ることで、中心市街地全体をウォーカブルな空間とすることを計画している。

今後はウォーカブル推進計画が長期に向けてどのように展開されていくのか着目したい。

図4：ぶらり城下町散歩＠白鷺町（姫路市提供）

参考文献：国土交通省（2022）「ウォーカブルポータルサイト」
姫路市（2021）「姫路市ウォーカブル推進計画」

路上イベントガイドライン

道路から賑わいを生む地域アクションの促進

（泉山塁威・溝口 萌）

基礎情報 施行年：2005年／改正年：2018年

制度概要 道路を活用して多様な地域活動が継続的・反復的に行われることを推進するため、警察庁と地域の合意等を踏まえ、路上の地域活動を活発・円滑に実施するためのポイントをまとめたもの。道路法、道路交通法を補完する道路空間活用の根拠となっている。

近年注目を集める路上文化再考

「道」は従来、人の往来と様々な活動が入り混じる空間であったが、モータリゼーションの発展以降は自動車中心の道路空間となり、生活の場としての活用が減少してきた。しかし現在も祭りや縁日、パレード、ストリートライブといった路上文化の人気は根強い。海外でも道路空間の活用による地域活性化の機運は高まっており、日本でも注目を集めている。

メリット

- 地域の賑わい創出や沿道の景観向上といった取組みに関心をもつ層が増える。
- 道路空間を活用した地域活動をより身近で日常的な行為とする。
- 占用申請をはじめ、警察や消防との手続きにあった心理的ハードルを軽減。

要件・基準

- 路上イベントは、自治体および地域住民・団体等が一体となって取組むものであること。
- 道路利用者・沿道住民・沿道店舗の関係者の間で合意形成を図る必要がある。

手続きフロー

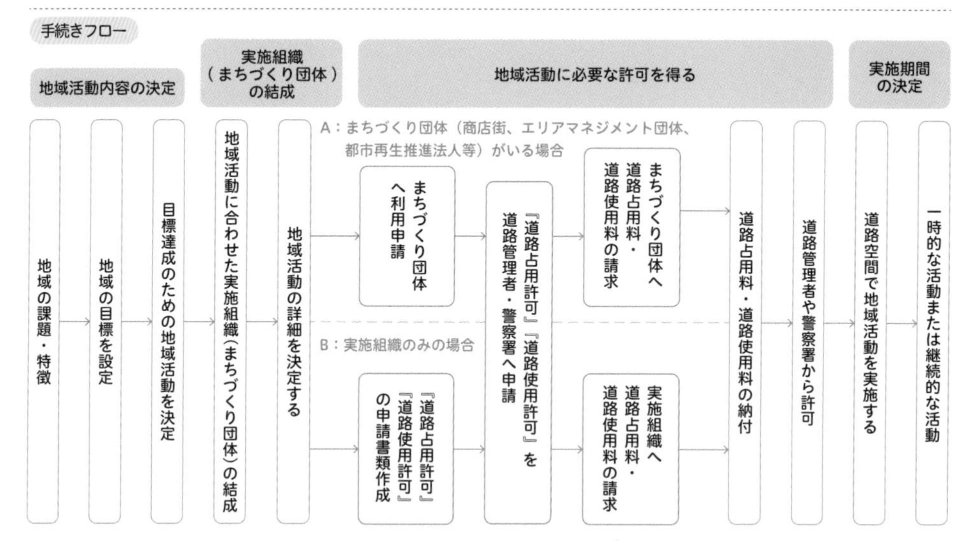

1）地域活動内容の決定

効果的な地域活動を行うため、地域の特徴、課題を踏まえた活動内容を考える。効果のみでなく想定される課題に対する配慮が求められる。地域活動の実行だけではなく、歩行者動線の確保や周辺住民への配慮を行う。

2）実施組織（まちづくり団体）の結成

道を活用した地域活動の実施組織としては、自治体が関与する団体であることが必要である。実施組織内だけでなく、関係する道路管理者や所轄の警察署と活動内容を情報交換しながら進めることで円滑に地域活動を行える。

3）地域活動に必要な許可を得る

地域活動を実施する際に、基本的に道路占用許可・道路使用許可が必要である（双方必要の場合は一括して受付可能）。活動内容の検討段階で十分な時間的余裕をもって関係機関と事前相談を行い、意思疎通を図ることが重要である。

4）実施期間の設定

一時的なものや継続的・反復的なものであっても実施可能である。街の賑わいを創出するという点では、継続的・反復的なものが効果的であるが、様々な制約があるため、初期では短期間で行い、段階を踏み進めることが望ましい。

活用ポイント

地域の特徴や課題から解決策となる目標を設定し、その効果が最大化できるように、活動内容・規模・期間形態を検討する必要がある。また、自治体の都市再生整備計画に道路を活用した地域活動を位置づけることで、地域の合意形成や道路活用者の理解が得られやすくなる。一方で、通行規制による交通渋滞の発生や歩行者の日常通行を妨げてしまうと、周辺住民から苦情が入ることもあるため多様な主体に配慮して活用することが大切である。

Case study ｜ 善光寺表参道地区（長野市）

まちづくり長野株式会社が中心となって組織する善光寺花回廊実行委員会は、長野中央通り（善光寺表参道）の道路事業と併せて多様な路上活動を実施している。歩行者優先道路化事業で車道を縮小した分拡幅した歩道空間を積極的に活用し、イベント展示やオープンカフェの事業を実施。「歩行者優先」「歩いて楽しい道」をコンセプトに、道路空間から観光地の賑わいを創出することが目的だ。
特に、地元商店会が道路の清掃活動、駐輪場の案内等の交通整理役を買って出ており、地域事業者主体で来訪者のおもてなしが実現している点に注目したい。

出典：善光寺花回廊実行委員会HP　https://www.nagano-saijiki.jp/hanakairou/

Other cases

まちなかオープンカフェ（高崎市）／新宿モア4番街（新宿区）／コミュニティサイクルももちゃり（岡山市）／久屋大通りオープンカフェ（名古屋市）／まちなか公共空間活用制度（浜松市）

参考事例：ソライロテラス（福井市）

福井市監理課（道路管理者）
道路占用許可申請書
道路占用許可
まちづくり福井株式会社（都市利便増進協定によりパブリックスペース活用）
一括して道路占用許可と道路使用許可を申請
道路使用許可申請書
道路使用許可
仮予約（利用２週間前まで）
利用申請
予約確認
利用許可
利用料の請求
消防活動上支障ある行為等の届出書
福井警察署
利用者（実施組織）
福井市中消防署
歩行者動線確保
歩行者動線確保
商業施設（百貨店）
歩行者動線
軽食販売・フリーマーケットなど出店・利用
歩行者動線
商業施設（百貨店）
民地
道路（ソライロテラス）
民地

参考文献：
●まちづくり福井（http://www.ftmo.co.jp/020_exchange/sorairoterrace.php）
●国土交通省道路局　道を活用した地域活動円滑化のためのガイドライン（https://www.mlit.go.jp/kisha/kisha05/06/060331/01.pdf）
●国土交通省道路局　道を活用した地域活動円滑化のためのガイドライン-改訂版-（https://www.mlit.go.jp/road/senyo/pdf/280331guide.pdf）

道路占用許可の特例

路上に活気を生む収益事業の実施

（矢野拓洋）

基礎情報　**施行年**：2011年10月 ／ **法令**：都市再生特別措置法、中心市街地の活性化に関する法律
実績数：59件（団体ベース、2023年時点） ／ **占用期間**：5年

制度概要　人々の外出や交流を促し、まちなかの賑わい創出を目指す地域において、対象の道路を都市再生整備計画または中心市街地活性化基本計画にて特例道路占用区域に指定することで「無余地性」の基準を緩和し、道路を占用した活動を展開しやすくする制度である。

「無余地性」の基準って？

これまでまちの利便性を高めたり、賑わいを創出することを目的として道路空間を活用するニーズが高まっており、道路空間におけるオープンカフェの設置、自転車駐車器具の占用、広告物等の占用等が段階的に認められてきた。しかしこれらの占用許可を得るためには、対象地域において建物が建て込んでおり、道路外に活用できる余地が十分に存在しないこと（無余地性）が認められる必要があった。都市再生特別措置法および中心市街地活性化法に基づく特例制度では、無余地性の基準なく占用許可を得ることができる。

メリット

- 民地の無余地性にかかわらず、賑わい創出、利便性増進を図りたい地域において効果的に道路空間を活用することができる。
- 占用主体は、道路占用区域を活用しまちの賑わい創出のための活動を行い、使途の制限のない収益事業を行うことができる。

要件・基準

- 占用施設周辺の清掃等、占用によって道路管理者に通常以上の負担がかからないようにすること。
- 占用料の納付。金額規定は国道なら道路法施行令、その他の道路は条例による。

手続きフロー

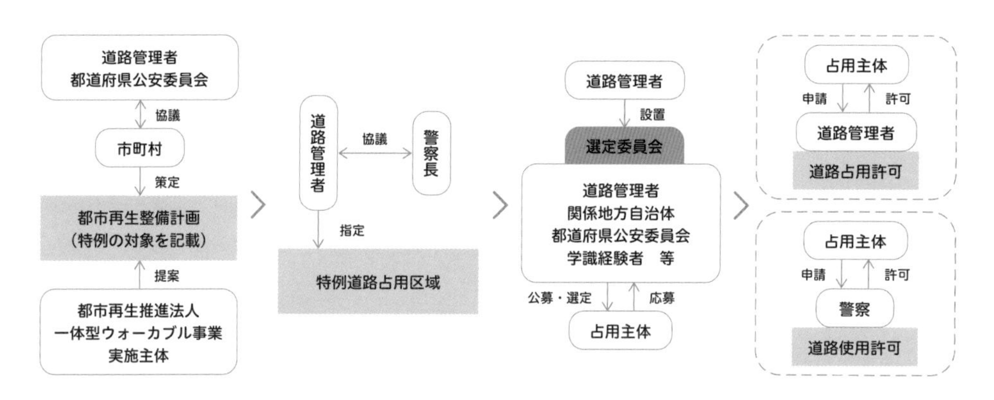

1）都市再生整備計画へ記載

市町村が協議のうえ計画を策定。施設の設置に伴い必要となる「道路交通環境の維持及び向上を図るための措置」を、物件ごとに記載する。都市再生推進法人や一体型ウォーカブル事業実施主体が市町村に計画を提案することもできる。

2）特例道路占用区域の指定

道路管理者は、計画の記載に基づき、市町村の意見を聞き、警察長と協議。計画に記載された施設の種類ごとに区域を指定する。道路管理者は、ホームページへの記載等の方法で特定道路占用区域、占用可能な施設を公示する。

3）占用主体の選定

道路管理者は選定委員会を設置し、占用主体の募集要領を策定、提案募集を行う。選定委員会は、占用主体を選定する。特定の者が占用することに十分な理由がある場合や占用希望者が1者しか想定されない場合、手続きの省略が可能。

4）道路占用許可手続き

道路管理者からは道路占用許可を、警察からは道路使用許可を得る。道路管理者、警察は、許可にあたり条件を付すことができる。占用主体は、特例が適用されるのが都市再生整備計画の計画期間内のみであることに注意する。

活用ポイント

計画策定段階から対象地で社会実験を繰り返し、事業性とデザイン性のバランスがとれた計画を模索するのが成功の鍵だ。例えばオープンカフェを設置したいなら、居心地の良い空間と一体的な広告塔デザインを模索しよう。広告収入は事業の持続可能性を高めるし、社会実験が広告掲出を希望する地域事業者とのマッチングにも一役買う。公平性が十分に確保されていることが大前提だが、計画策定段階から占用主体を定めて理念を共有し運営まで連携できるのが望ましい。

Case study ｜ 大通すわろうテラス（札幌市）

札幌大通まちづくり株式会社が札幌市より都市再生整備推進法人の指定を受け、2013年に国道 36 号札幌駅前通の歩道部分に開設した。カフェや軽食販売、アートワークの展示・物販をはじめ、ワークショップやミニセミナー、企業プロモーション、地域の魅力を伝える情報発信、地元イベントとの連携を積極的に行い、大通地区の魅力向上を図っている。収益活動で得られた利益は、美化清掃活動、サイクルシェアリング事業といった、地元の付加価値を維持・向上するまちづくり事業に還元している。様々な用途へ対応できる多目的な施設形態は、札幌市による路面電車のループ化を見据えた「人の交流と新たな賑わいづくり」をテーマとしている。

Other cases

まちなかオープンカフェ（高崎市）／新宿モア４番街（新宿区）／コミュニティサイクルももちゃり（岡山市）／栄ミナミまちづくり（名古屋市）／パラソルギャラリー（千葉市）

参考事例：新宿三丁目モア４番街

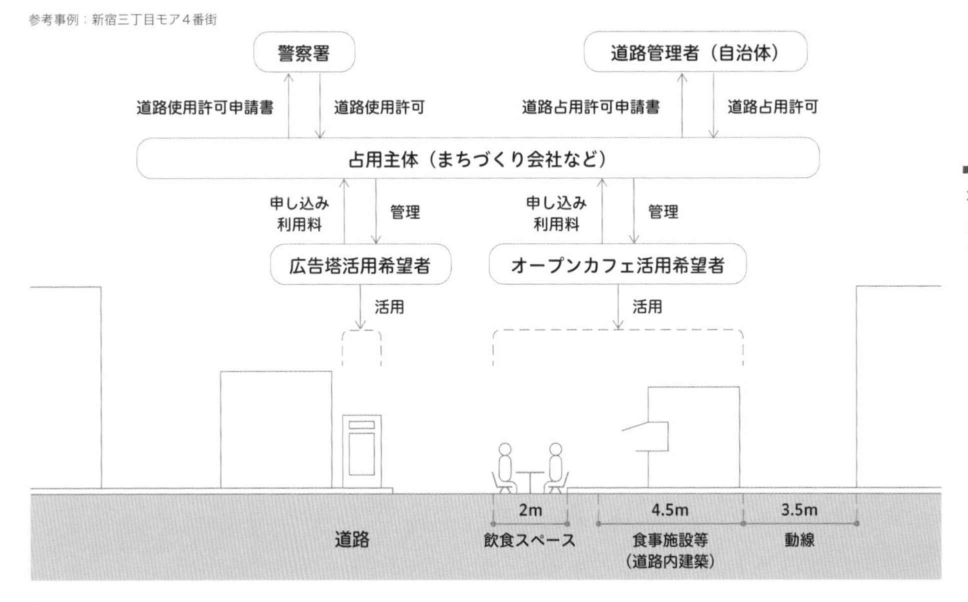

出典：
泉山塁威、宇於崎勝也（2023）「道路占用許可関連制度の網羅的傾向と変遷からみた緩和規定の特徴及び課題：道路占用許可の特例、国家戦略道路占用事業及び道路協力団体制度を象対として」『日本建築学会計画系論文集』第88巻 第804号、pp.568-579

道路内建築物

社会実験から常設へ。沿道の賑わいを日常化する

（宋 俊煥）

基礎情報　**施工年**：2011年(改正)／**法令**：道路法・都市再生特別措置法／**事業期間**：1〜5年(更新可)

制度概要　通行に妨げがないと判断される場合、道路内に都市の再生や賑わいを創出する民間の常設建築物を設置できる制度である。都市再生特別措置法の道路占用許可の特例による特例道路占用区域(第62条)の指定と、道路法による占用許可(第32条)により、道路内建築物が設置可能となる。

路上オープンカフェはいつから合法に?

道路を通行以外の目的で利用するには、道路法に基づく道路占用許可(道路管理者)が必要であり、民間の施設も設置できなかった。一方、屋外空間活用のニーズは1990年代後半より高まり、幅員100mの公道を活かした広島・平和大通りオープンカフェ等の社会実験を経て、2005年より仮設飲食施設が設置可能となる。その後2011年の都市再生特別装置法の改正で基準はさらに緩和され、建築行為も可能となった。

メリット

- 民間の活力を活かした賑わい創出関連施設を道路内に常設し、一時的ではなく日常的な道路空間として、都市の再生に貢献することができる。
- 長期にわたって賑わいを創出できるため、まちづくり団体等の主体も積極的に活動を行える。

要件・基準

- 特例道路占用区域の指定を受けなければならない。
- 建物を建てても通行の妨げにならないほど十分な歩道幅が必要である。
- 都市再生整備計画の策定とともに、計画内に占用主体を位置づけなくてはならない。
- 建築行為なので、建築確認申請とともに防火や衛生の要件を満たす必要がある。
- 場合によっては、建築基準法に基づく道路内建築制限(44条)の例外許可を得るため、建築審査会の同意が必要となる。

手続きフロー

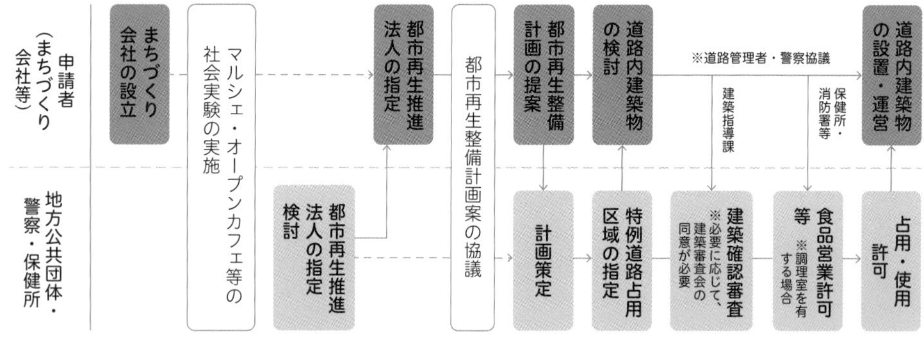

1) マルシェ・オープンカフェ等の社会実験の実施

まちづくり会社等の民間組織が主体となって、道路活用時における歩行者への影響や課題を確認する社会実験を行う。

2) 都市再生整備計画の策定と特例道路占用区域の指定

道路内建築物の設置予定範囲は、特例道路占用区域として都市再生整備計画で位置づける必要がある。なお、道路内建築物の設置を検討するまちづくり会社は、都市再生推進法人の指定を受ける必要がある。

3) 建築物としての諸許可

道路内であっても、建築物として求められる建築確認審査を受け、衛生および防火関連許可等を得る。

4) 占用・使用許可

道路管理者や警察との協議を重ねて更新期間を定め、定期的に許可を得る。

活用ポイント

最初から建築物の設置ありきで考えるのではなく、マルシェ等の社会実験を繰り返しながら地元と意見交換し、地域ビジョンに不可欠な取組みであるかを協議することが望ましい。歩行者への影響、占用主体が継続的に運営するうえでの課題を洗い出す検証プロセスを踏まえて、スケジュールを検討することが重要。また道路管理者および警察との協議を進めるうえでは、パブリックスペースとして収益の一部を公共に還元するスキームづくりが、重要なポイントとなる。

Case study | 新虎旅するスタンド(港区)

新橋と虎ノ門をつなぐ1.4kmの新虎通りの整備は、立体道路制度(1989年)を活用して進められた。虎ノ門ヒルズの整備とともに計画されたが、もともと建物の背面に位置していたため、道路完成直後は賑わいの乏しいエリアだった。そこで新虎通りエリアマネジメント協議会は「新虎通りエリアビジョン(2016年)」の策定や、13mの歩道幅を活かした賑わい創出を図る社会実験を重ね、道路内建築物として飲食や物販店舗が設置された。沿道建物と連携したオープンカフェの設置にも取組んでおり、寂しい裏通りは歩きたくなるストリートに生まれ変わった。また、自転車道もきちんと整備できているのも特徴。幅40mというワイドな道路空間でも、人が歩いて楽しい・賑わいのある道路を形成できることを実証している。

新虎旅するスタンドの様子(撮影:筆者)

Other cases

新宿モア4番街(新宿区)/ 狸小路deveso(札幌市)/カミハチキテル(広島市)/大通りすわろうテラス(札幌市)

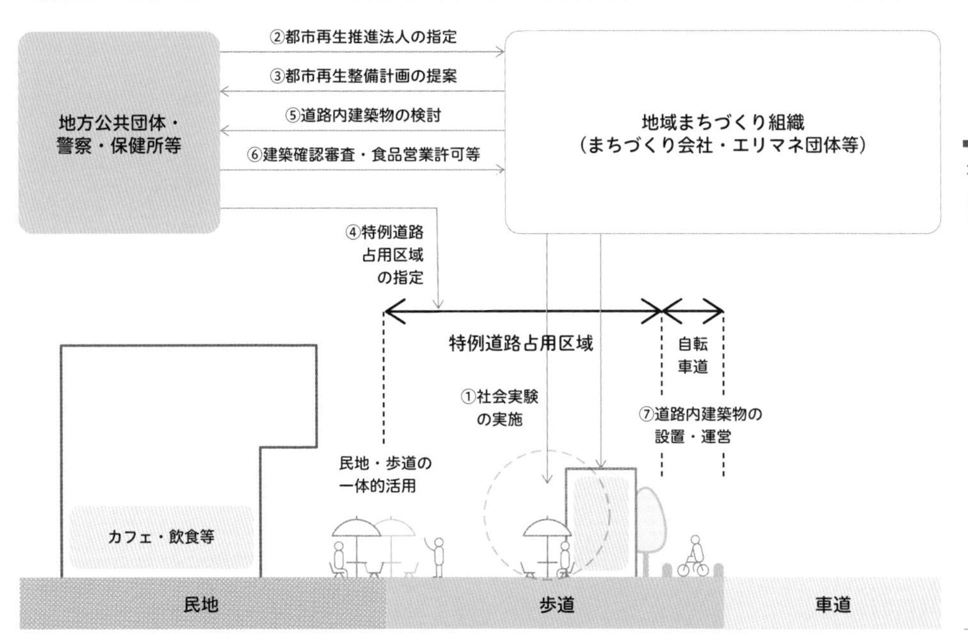

3-2 道路

国家戦略道路占用事業

国際的拠点形成のためのオープンカフェや看板の設置で賑わい創出

（村上絵莉）

基礎情報

施行年：2014年4月（2022年3月17日、歩行者利便増進道路による全国展開が図られた。）

法令：国家戦略特別区域法第17条 ／ **実績数**：44事業（2022年10月時点） ／ **占用期間**：5年

制度概要

国家戦略特別区域（以下、国家戦略特区）において、産業の国際競争力の強化や拠点形成のため、多言語看板や常設のオープンカフェ、ベンチ等が設置できるよう、道路占用許可の「無余地性」基準を適用除外とする制度。区域計画は内閣総理大臣の認定が必要。

> **「国家戦略特区」って？**
>
> 「世界で一番ビジネスがしやすい環境」を創出することを目的に創設され、地域や分野を限定し、大胆な規制改革や税制面の優遇を行う制度である。2022年10月現在、全国で13区域（①仙台市、②仙北市、③つくば市、④千葉市・成田市・東京都・神奈川県、⑤新潟市、⑥加賀市・茅野市・吉備中央町、⑦愛知県、⑧京都府・大阪府・兵庫県、⑨大阪市、⑩養父市、⑪広島県・今治市、⑫北九州市・福岡市、⑬沖縄県（政令順））が国家戦略特区の指定を受けている。

メリット

- 道路の敷地外の無余地性にかかわらず、国際的な会議・イベントのための多言語看板や常設のオープンカフェ、ベンチ等が設置できる。
- 国際的な経済活動拠点として道路空間を有効活用し、まちの利便性を向上できる。
- エリアの魅力向上により、利用者増や新規出店等の経済効果が見込まれる。

要件・基準

- 周辺の道路の清掃、植栽の管理等を実施すること。
- 国家戦略道路占用事業を定めた区域計画が総理大臣の認定を受けていること。

手続きフロー

※各自治体の状況により、手続きが異なる場合がある

1）区域計画作成に向けた事前準備

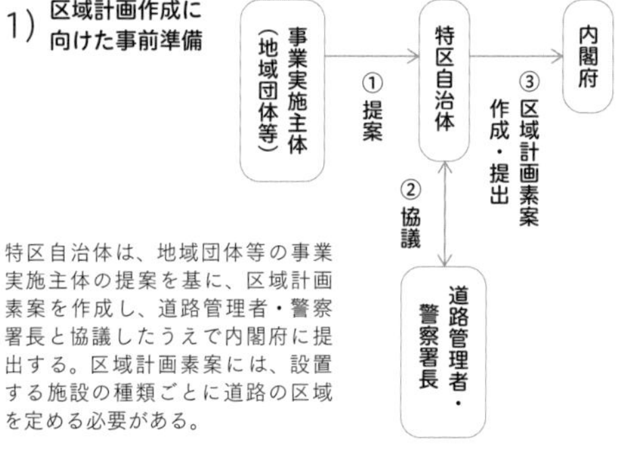

特区自治体は、地域団体等の事業実施主体の提案を基に、区域計画素案を作成し、道路管理者・警察署長と協議したうえで内閣府に提出する。区域計画素案には、設置する施設の種類ごとに道路の区域を定める必要がある。

2）区域会議構成員の選定

内閣府は、区域会議の構成員（事業を実施すると見込まれる者）を公募し、事業実施主体はこれに応募・選定を受ける。区域会議（内閣府）は、事業実施主体および事業内容を公表する。

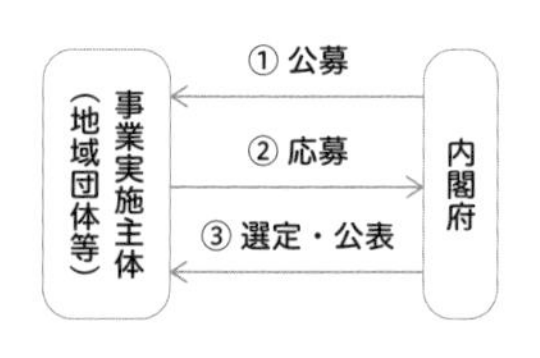

3）区域計画の作成～認定

区域会議は、都道府県公安委員会との協議・同意を得た区域計画を、内閣総理大臣に提出。内閣総理大臣は特区諮問会議において審議を行い、国土交通大臣の同意を得て、区域計画の認定を行う。

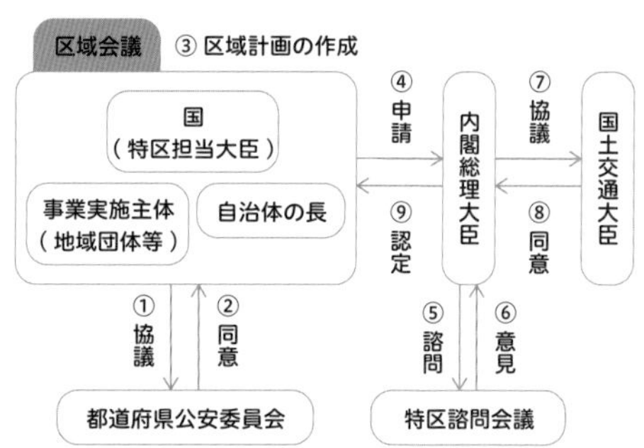

4）道路占用許可手続き

事業実施主体は、道路管理者から道路占用許可を、警察から道路使用許可を得る。

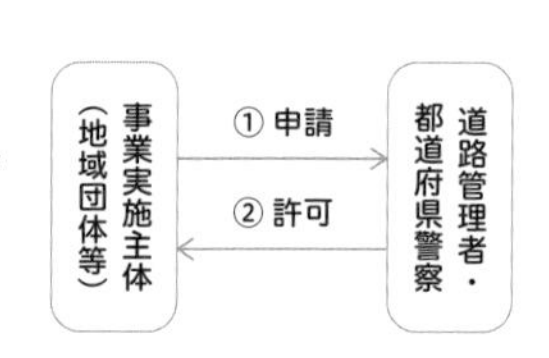

Case study ｜ 魚町サンロード商店街(北九州市)

国家戦略道路占用事業は、地域の主体的な活動を推進し、賑わいの創出にも役立つ。北九州市にある魚町サンロード商店街は、地域団体が国家戦略道路占用事業を活用し、野菜・雑貨等を販売するサンロード鳥町マルシェや、夜のオープンカフェ・サンロード鳥町夜市等を開催。道路空間における日常的な賑わいづくりを地域で運営する仕組みが機能している。エリアの魅力が向上した結果、歩行者数や沿道の店舗数が増加し、商店街の再生にもつながった。道路空間整備が進んだ背景には、商店街組合が老朽化したアーケードの撤去を検討したことがきっかけだ。商店街の将来ビジョンと道路空間活用のイメージを共有するワークショップで、地域主体で道路空間を再編する機運が高まり、“歩いて楽しい公園のような通り”に向けて活用の意識が高まっていった。

Other cases

丸の内仲通り・行幸通り等(大丸有地区まちづくり協議会)／九条梅田線等(一般社団法人グランフロント大阪 TMO)／天神18号線(We Love天神協議会)／東一番町線等(仙台市中心部商店街)

参考事例：丸の内仲通り(千代田区)

国家戦略道路占用事業

設置基準
- ●道路法施行令で定める占用許可基準への適合
- ●歩道等における一定の有効幅員の確保
- ●看板等の表示部分が車両運転者から見えにくくするための措置

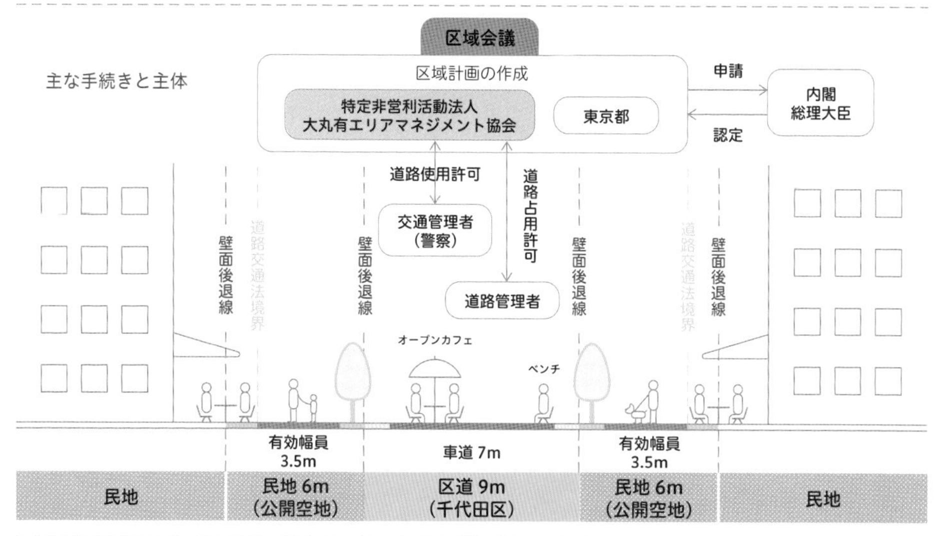

留意事項／国家戦略特区では、地域を限定して規制緩和を実行し、実施状況に特段の弊害がなければ、その成果を全国に広げていくとしている。国家戦略道路占用事業についても、2022年3月17日に、歩行者利便増進道路による全国展開が行われた。すでに認定を受けている事業は、2027年3月31日以降も同様の取組みを実施するためには、歩行者利便増進道路の指定を受ける必要がある。

参考文献：内閣府HP「エリアマネジメントに係る道路法の特例の全国展開について」
https://www.chisou.go.jp/tiiki/kokusentoc/AreaManagement/220317_erimane.html

道路協力団体

よりスピーディな道路占用許可手続きを実現

（泉山塁威・稲越 誠）

基礎情報

施行年：2016年3月／法令：道路法

実績数：40団体（2022年3月31日時点、国土交通省が管理する直轄国道のみ）／指定期間：5年

制度概要

路上の身近な課題の解消や道路利用者のニーズへのきめ細やかな対応に自発的に取組む民間団体等を道路協力団体として指定することで、収益活動を含めた公的活動への取組みを支援し、地域の実情に応じた道路管理の充実を図る制度である。

道路空間を活用した公的活動の多様化

民間団体による道路空間活用といっても、道路の清掃や花壇の整備のほか、歩道のバリアフリー化や安全・安心確保のためのワークショップ開催、道路の不具合箇所の発見、通報等、多岐にわたる。また、賑わいの創出や良好な景観形成を通じた地域価値の向上に関心が集まるなか、道路空間を活用したシェアサイクルの運営やイベント開催、オープンカフェや案内看板の設置等に対するニーズも拡大している。

メリット

- 活動のために必要な道路占用許可等の手続きが簡略化され、道路管理者との協議が整えば許可は不要となる。
- 道路占用の可否を判断するにあたり、無余地性の基準が適用されなくなる。
- 道路空間で収益活動を実施することが可能になる。

要件・基準

- 道路協力団体としての業務を適切かつ確実に行うことができると認められる法人等。
- 設立後5年以上の実績がある等、申請資格の要件を満たす組織であること。
- 収益活動での収益を、道路の管理に還元すること。

手続きフロー

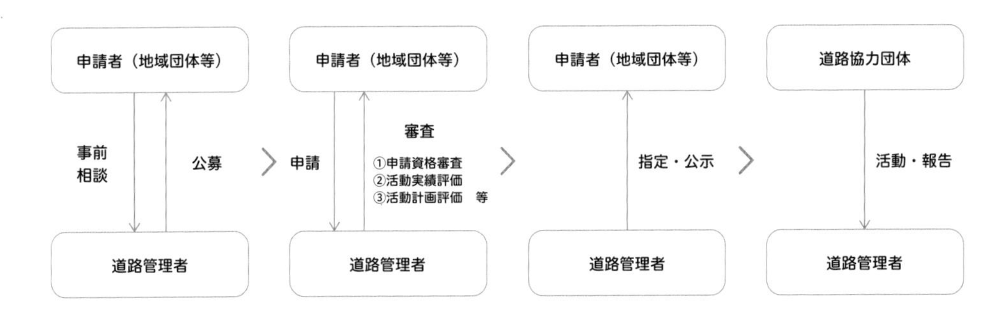

1）事前相談・公募

道路管理者は、対象道路や区間の公募内容を検討し、団体を公募する。申請者は、道路管理者への事前相談を経て、活動実施計画等の申請内容を検討、精査する。

2）申請・審査

道路管理者は、申請者からの申請書類を基に審査。申請資格のほか、おおむね5年間の公的活動の継続性や協力性、活動姿勢、公共性を、これまでの活動実績、計画の実行性や貢献度、地域関係者との協調性といった観点で審査する。

3）道路協力団体として指定・公示

適正かつ確実な業務を行えると道路管理者が認めた場合、申請者は道路協力団体として指定される。活動区間が複数の道路協力団体で競合する場合、申請地域や期間等を調整する。

4）活動・報告

道路協力団体は、活動計画に応じた公的活動を行うとともに、年1回以上、道路管理者に活動の内容について報告する。また、活動の実施にあたり道路占用許可が必要な場合は、道路管理者と協議を行う。

活用ポイント

道路管理者と相談・調整しながら、目指す地域の将来像やその実現に資する収益活動、道路管理活動を検討し、活動計画を作成することが大切だ。活動の持続可能性を高める鍵は、収益活動である。賑わいや地域の活性化に資するオープンカフェ、マルシェ等のイベント、広告掲示やシェアサイクル、小型モビリティ用駐車場の設置や管理運営と、多様な可能性がある。地域の実情やニーズに合わせて持続可能な活動内容を計画し、実施していくことが望ましい。

Case study ｜ 一般社団法人横浜西口エリアマネジメント（横浜市）

一般社団法人横浜西口エリアマネジメントは、長年横浜駅西口での歩道の清掃や修繕等を行ってきた。その活動実績を評価され、2018年8月から市道高島台第165号線（横浜駅西口）の道路協力団体の指定を横浜市より受けている。道路協力団体として活動として、個性豊かな商品を扱う店舗が歩道上のポップアップストアに並ぶ「YOKOHAMA POPUP AVENUE」や横浜マルシェといった、エリアの活性化に資する収益活動を実施している。また、その収益は、道路の管理に関する活動に還元している。

提供：一般社団法人横浜西口エリアマネジメント

Other cases

一般社団法人ミナミ御堂筋の会（御堂筋チャレンジ2021、大阪市）／金沢片町まちづくり会議（犀川リバーカフェ、金沢市）／札幌狸小路商店街振興組合（札幌市）

参考事例：一般社団法人横浜西口エリアマネジメント（横浜市）

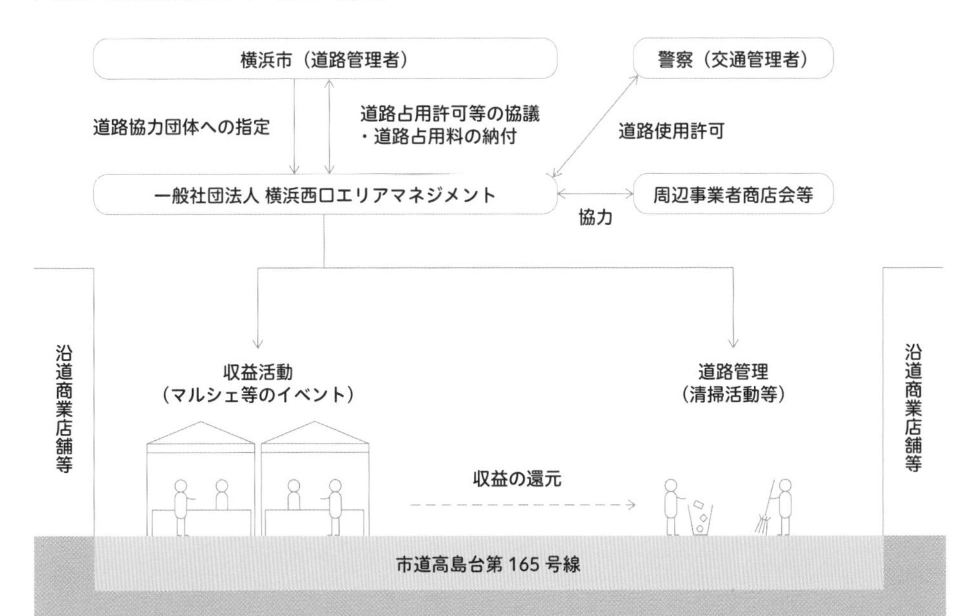

コロナ道路占用特例

新型コロナウイルス感染症対応と飲食店等の路上利用

（小原拓磨）

基礎情報　施行年：2020年6月／法令：令和2年6月5日付け国道利第5号（特例通知）
実績数：約420件[注1]（2021年7月時点）／適用期間：2023年3月31日まで

注1：道路占用に関するコロナ特例について（国土交通省・リーフレット）（https://www.mlit.go.jp/road/senyo/covid/11.pdf）

制度概要　新型コロナウイルス感染症の拡大に伴い、経済的な影響を受ける飲食店・物販店等を支援することを目的とし、路上を利用したテイクアウトやオープンテラス設置等の道路占用許可を活用することに際して、その占用許可基準を緩和する緊急措置制度である。

感染症流行とオープンエアな空間の関係性とは

2020年初頭より新型コロナウイルス感染症が拡大し始めた。未知のウイルスに対し、ソーシャルディスタンス・三密回避といった、人と人との接触を避けるキーワードが世間を飛び交った。同時に、人との接触を避けることができない飲食、物販といったサービス店は、大きな経済的な打撃を受けることとなった。このような状況で、公園や路上といったオープンエアな空間の需要が高まった。

メリット

- 道路占用許可に際しては、占用主体や店舗が路上の清掃等に協力する場合に限り、通常必要な位置づけなしに道路占用料が免除となる。
- 沿道空間の彩り・賑わいを推進する側面も有しており、ほこみち（p.80）の指定に引き継げると占用期間後も継続が可能である。

要件・基準

- 新型コロナウイルス感染症対策のための暫定的な営業とし、仮設施設の設置であること。
- 地方公共団体や関係団体が一括して占用し、占用箇所やその付近を管理・清掃協力があること。
- その他、通常の道路占用許可に必要な要件・基準（p.68）を満たすこと。

手続きフロー

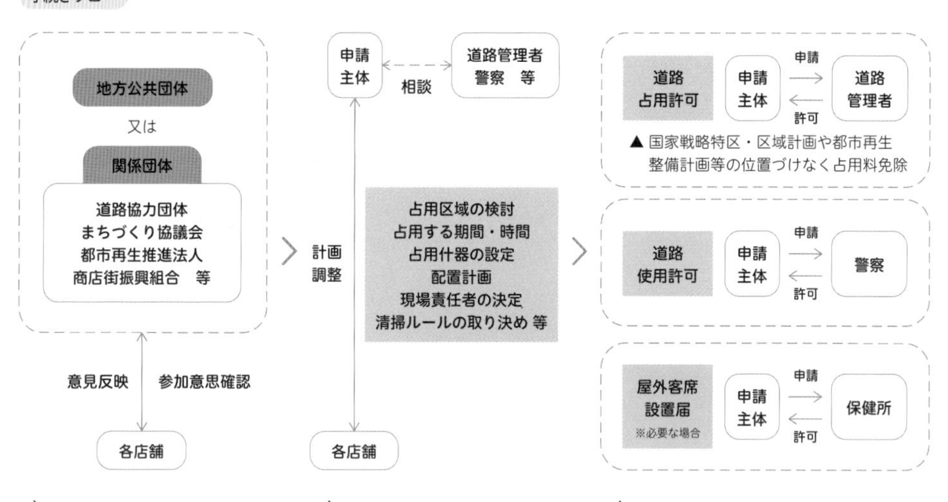

1）申請主体の設定

地方公共団体のみならず道路協力団体、まちづくり協議会、都市再生推進法人といった関係団体が申請できる。個別店舗の申請は認められないため、地元意見（沿道店舗）を吸い上げる申請主体からの一括申請となる。

2）道路占用区域・ルールの設定

基本は通常の占用許可と同じ手順で、占用区域・期間、清掃等のルールづくりも求められる。コロナ禍前に路上活用の実績がない、道路管理者・交通管理者が慣れていない場合は、事前相談も可能である。

3）道路占用許可・道路使用許可等の手続き

特例の活用で、国家戦略特区・区域計画や都市再生整備計画等の位置づけなしに道路占用料が免除となる。飲食店の路上営業に相当する場合、道路管理者・警察への申請と併せて保健所に屋外客席設置届を提出する。

活用ポイント

活用には、個別店舗との調整を担う申請主体や申請先(道路管理者・警察)を含めた、多主体が連携できるチーム組成が欠かせない。ほこみちへの継続運用が期待できることや、今後の路上利用の予行演習の側面も有しているため、長期的な路上活用を見越したチーム組成を検討できるとよい。通常の手続きなしに占用料の免除を受けられることから実施数は約420件に上り、路上活用をより手軽で身近なものにしたことを示している。

Case study ｜ まちなかオープンテラス(浜松市)

浜松市の商店街では、新型コロナウイルス感染症の流行で利用者が減り、賑わいが低下していた。当取組みでは、占用部分を白線で管理し、日々のテーブル・椅子の出し入れや清掃は各店舗の協力があり、健全な路上利用が実現している。当時の市担当者は、日ごろから地元とのまちづくり活動に関わっており、地元商店からのSOSをいち早く認知していた。その甲斐あって、2020年5月中旬という緊急緩和前に、道路管理者を含めたプロジェクトチームを組成し、まちなかオープンテラスを立案。その後の6月、緊急緩和が正式公開されると同時に庁内合意を取付けている。スピーディな取組みが全国的にも注目され、その後の緊急緩和の導入促進に大きく寄与したと言える。

Other cases

三鷹ストリートテラス(三鷹市)/#室蘭路上利用大作戦(室蘭市)/街場のえんがわ作戦(松本市)/オープンストリート宇部(宇部市)/かんないテラス(横浜市)

コロナ道路占用特例を活用した道路断面構成

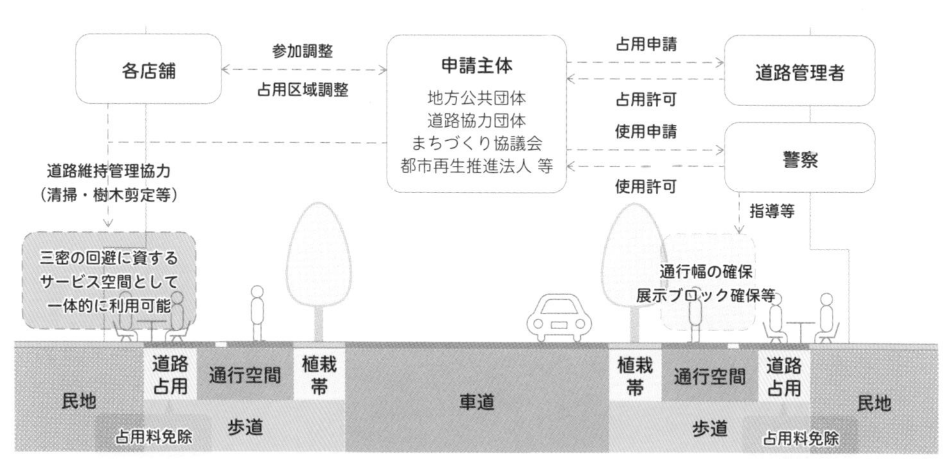

参考文献:

● 新型コロナウイルス感染症に対応するための沿道飲食店等の路上利用に伴う道路占用について(国土交通省・道路占用許可手続き)(https://www.mlit.go.jp/road/senyo/03.html)
● 「コロナ道路占用許可」における路上客席の可能性と課題ー新型コロナウイルス感染症に伴う路上客席の緊急措置に関する速報的考察ー」『日本都市計画学会・都市計画報告集』(https://www.cpij.or.jp/com/ac/reports/19_284.pdf)
● 路上客席の実践と工夫を集める「#コロナ道路占用許可 まとめページ」!マップと情報フォーム(ソトノバ)(https://sotonoba.place/coronaopenairstreet)
● 浜松の歩道の路上客席で三密を回避!|「まちなかオープンテラス社会実験」現地レポート(ソトノバ)(https://sotonoba.place/hamamatsuopenterrace)

歩行者利便増進道路(ほこみち)

20年のタイムスパンで構想する通りのまちづくり

(泉山塁威・一之瀬大雅)

基礎情報 **施行年**：2020年／**法令**：道路法／**実績数**：44団体(指定した道路管理者)・119路線(指定路線数)(2023年)／**占用期間**：5年、ただし占用者を公募により選定した場合は20年

制度概要 道路管理者が歩行者利便増進道路(ほこみち)を指定し、利便増進誘導区域(特例区域)によってオープンカフェや露店等の道路占用許可基準を緩和する制度である。民間事業者による歩行者施設の整備等を認めるため、占用特例制度と公募占用制度を設け、占用者を公募で選定した場合、通常5年の占用期間が20年となる。

なぜ歩行者利便増進道路(ほこみち)は創設された?

道路を賑わい創出に資する空間として活用するニーズは高まっているものの、従来の道路占用許可制度では、歩道にオープンカフェ等を設置する際、無余地性の基準により対象外となる道路が多かった。さらに既存の道路占用許可が優先され、占用期間も5年間と短期である等の課題もあった。そこで本制度が2020(令和2)年に創設された。

メリット

- 指定された道路は例えば車線数を減らし歩道を広げる等により、歩行者の滞留・賑わい空間を整備することができる。
- 利便増進誘導区域(特例区域)内では、道路占用許可が柔軟に認められるため、カフェやベンチ等の占用物件が設置しやすくなる。
- 占用者を公募すれば20年もの長期間占用が可能となり、関係者間で継続的で円滑な調整が期待できる。

要件・基準

- 快適な生活環境の確保と地域活性化に資すると判断できること。
- 都市機能の配置状況や沿道の利用状況等から、歩行者の利便増進に資する適切な区間であると判断できること。
- 歩行者の安全かつ円滑な通行を確保するための十分な有効幅員を確保できること。
- 沿道住民や地方公共団体らとの協議により関係者の理解が得られていること。

手続きフロー

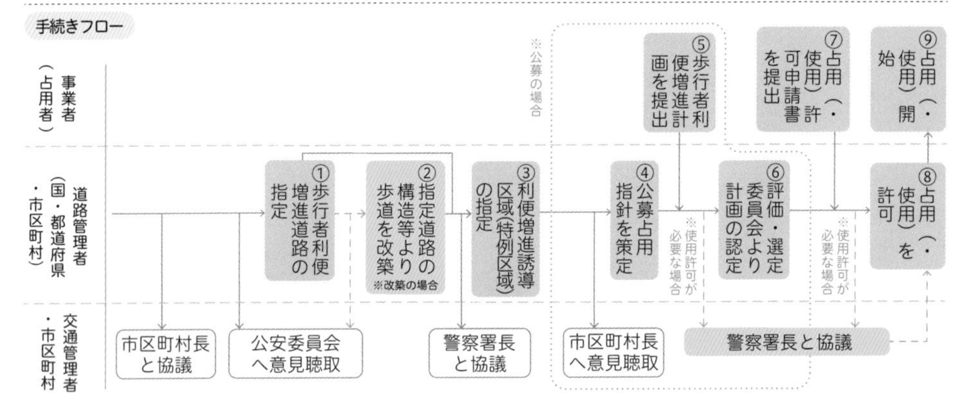

1) 歩行者利便増進道路と利便増進誘導区域(特例区域)の指定

市区町村長との協議、公安委員会への意見聴取を経て道路を指定する。指定道路の歩道を改築する場合は、再度公安委員会へ意見聴取を行う。また警察署長との協議を実施し、指定道路内に利便増進誘導区域(特例区域)を指定する。

2) 計画の提出(公募の場合)

事業者を公募で選定する場合、市町村長と学識経験者へ意見聴取を行い、公募占用指針を策定する。公募占用の参加を希望する事業者は、歩行者利便増進計画を提出する。

3) 計画の認定(公募の場合)

道路管理者は警察署長と協議ののち、評価・選定のための委員会を設置。歩行者利便増進計画の評価を行い、占用予定者を選定、道路を指定・認定する。

4) 道路占用(・使用)許可

事業者は道路管理者へ占用許可申請書と使用許可申請書(必要な場合)を提出後、道路管理者により占用を、警察署長により占用を、警察署長により使用(必要な場合)を許可される。

Case study ｜ 三宮中央通り（神戸市）

兵庫県神戸市は、三宮中央通りを賑わいあるまちのメインストリートとするために、2001年よりまちづくり協議会の設立やオープンカフェ、2016年からはパークレットに取組んでいた。コロナ占用特例制度を活用した2020年のオープンカフェ実施を経て、翌2021年、大手前通り（姫路市）、御堂筋（大阪市）と並び、全国で初となる歩行者利便増進道路の指定を受け、歩行者利便増進道路制度を活用したオープンカフェへと移行した。占用者として選定された三宮中央通りまちづくり協議会は、飲食・オープンカフェセットといった歩行者利便増進施設の管理、指定道路の歩道清掃や補修、路上植栽の手入れといった公共貢献活動も行っている。なお利用者からの使用料は、神戸市への占用料、警察（交通管理者）への道路使用料、道路の清掃・補修費、植栽管理費等に回している。

神戸市建設局道路計画課より提供

Other cases

大手前通り（姫路市）／御堂筋（大阪市）／万代シテイ通り（新潟市）／本町通り（松本市）／日本大通り（横浜市）／中央通り（福井市）／サンキタ通り（神戸市）ほか

参考事例：三宮中央通り（神戸市）

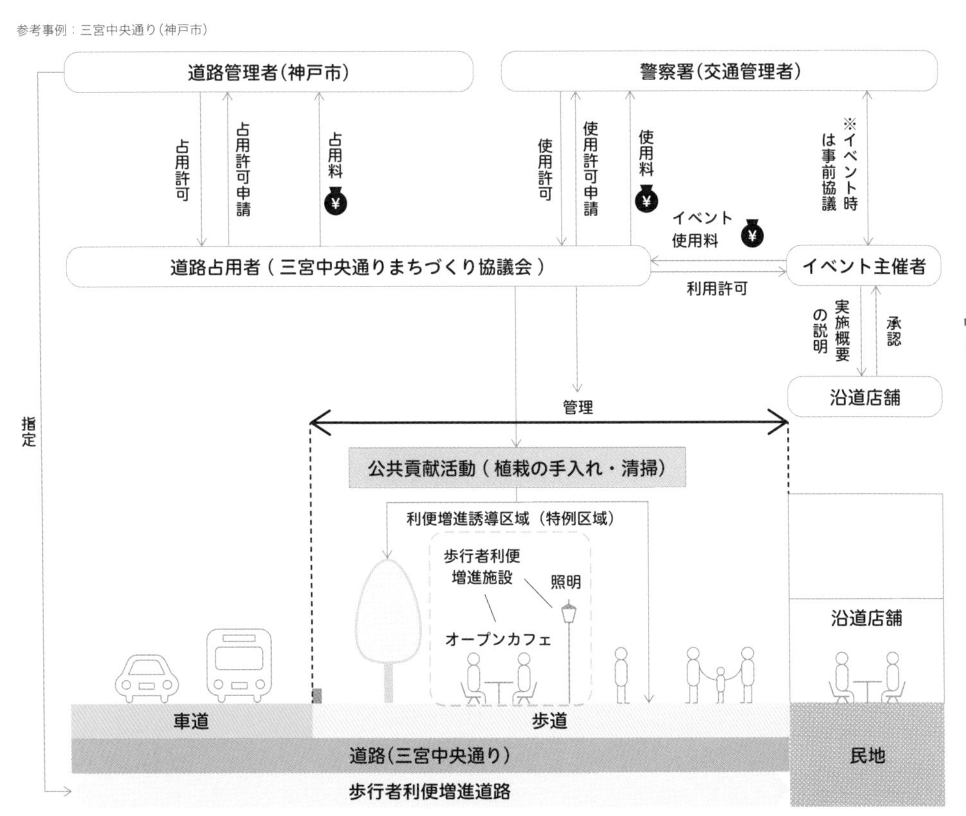

ほこみち指定にむけて

短期から長期に変化

ほこみちは従前の道路占用許可の特例（都市再生特別措置法・中心市街地活性化法）や国家戦略道路占用事業（国家戦略特区特別区域法）、道路協力団体制度（道路法）と比較すると、占用期間が最大20年（※事業者を公募により選定した場合のみ）となったことが大きな特徴である。従前の道路占用許可の特例制度では、最大でも5年間しか占用期間が与えられなかった。しかし、本制度を用いることで、占用期間が最大20年と長期化したことで、長期的な事業計画を立てやすく、事業性の面から今まで取組みにくかった歩道の拡幅や沿道の店舗との一体的な開発が行いやすくなった。本制度の創設により、民間事業者による、長期的な道路活用へのハードルは下がったと言える。

沿道店舗と道路の連携

神戸市のサンキタ通りでは、前述したような沿道店舗と道路が連携した一体利用を行っている。サンキタ通りの沿道には、阪急電鉄の高架橋とサンキタ商店街があり、2020年に阪急電鉄によって高架下の再開発が行われた。再開発後、コロナ占用特例を用いた道路活用により、沿道店舗の敷地と一体利用を行い、道路内にテラス席を設けた。沿道店舗と一体的に活用を行うことで、ベンチやオープンカフェ等の維持・管理を沿道店舗が行い、道路活用の事業性を確保し、一体的にテラス席を設けることでの、売上向上に貢献する関係ができている。

また、他の例を挙げると、姫路市の大手前通りや大阪市の御堂筋も沿道店舗と連携した活用を行っている。大手前通りや御堂筋の特徴は、沿道店舗と特例区域が隣り合わせではなく、歩行空間を挟みながらも連携が図れている。このように沿道店舗の前面で道路活用を行うことで道路と沿道店舗の両者に好影響を与えることが可能である。一方で、サンキタ通りのように、沿道店舗がベンチやテーブルを管理・維持することで、道路占用者と沿道店舗のお互いが良好な関係を築けるのではないだろうか。

図1：サンキタ通り（神戸市）（提供：神戸市都心再整備本部 都心再整備部 都心三宮再整備課）

図2：御堂筋（大阪市）（筆者撮影）

長期化には事業性と組織の活動実績が鍵

歩行者利便増進道路の初指定となった3カ所のうち、大手前通り（姫路市）のみ公募による事業者の選定が行われた。前述したとおり、公募により事業者を選定した場合、最大20

年の占用期間を得ることが可能である。しかし、道路管理者である姫路市は、公募の仕様を5年に設定した。その要因は、以下の2点だと考えられる。
第一に、組織の活動実績である。大手前通りまちづくり協議会は1997年に設立と団体としての歴史は長いが御堂筋の「御堂筋まちづくりネットワーク」や三宮中央通りの「三宮中央通り街づくり協議会」と比較すると活動の実績は少なく、長期的な活動が難しいと考えられた。
第二に、事業性の確保である。沿道店舗が利用料を支払い、管理・維持するものや道路内建築の設置やキッチンカー等、イベント時の利用料により事業性を確保することが可能であるが、大手前通りでは、道路内建築は公募時には難しく、沿道店舗やイベント時の利用料で事業性を組み立てる必要性があった。しかし、大手前通りの沿道建物の1階部分には道路活用による直接的なメリットが少ないオフィスや金融機関等が立地しているため、事業性の確保は難しいと考えられた。
そのため、公募により事業者を選定した場合、長期的に占用期間を得ることができるが、占用期間の更新が可能なため、まずは5年等の短期間にして、道路活用の実績を増やし、沿道建物1階部分を店舗化させる等、事業性の確保の見通しが立つ場合に20年等の長期的な占用期間を設けるなどの見極めも重要である。

図3：大手前通り（筆者撮影）

歩行者天国

一時的に街路を歩行者専用とすることで生み出す賑わいづくり

（大藪善久）

基礎情報

実施年：1970年／法令：交通管理者主導：歩行者交通円滑化のため毎週末実施（道路交通法 特定禁止区間）、地域の官民組織主導：賑わい形成等の実施目的に合わせて、そのつど申請（道路交通法 道路使用許可）

実施数：不明

制度概要

多数の歩行者が訪れる曜日や時間帯、あるいは1年のうち特定の日時に、一時的な車両交通規制を行い、街路の区間を歩行者専用とする制度。日本では実施主体によって根拠とする条文が異なる。幹線道路から生活道路まで様々な実験を試行・定着し、今日に至っている。

モータリゼーションの多様な解消手法

1960年代、公害や交通事故等の問題悪化を受け、制度化がされた。1日の特定の時間帯に同様の規制を行う場合は「歩行者用道路」（道路交通法）、毎日かつ終日行う場合はハード整備を伴う「歩行者専用道路」（道路法）として、異なる標識や設えが施される。国際的には住民のウォーキングや自転車利用を活性化する「オープンストリート」や、コミュニティが憩う「ブロックパーティ／ストリートパーティ」で同様の交通規制を行う。

メリット

- 1日の特定の時間帯に規制を行う場合は、普段は自動車による通行が許可されているため、道路法に基づく歩行者専用道路よりも、実施に対する地元の合意形成が得やすい。
- 各交通手段の通行動線調整や歩行者の快適な環境形成と、関係者間の議論やノウハウが定期的に共有され、エリアマネジメント体制の基盤となる。

要件・基準

道路交通法 特定禁止区間は公安委員会による判断のため、ここでは、道路交通法 道路使用許可によるものについて述べる。（なお、特定禁止区間は歩行者数が減少した場合などに、解除された事例がある）

- 道路使用許可の可否の判断は、交通への影響を上回る公益性を見定める。開催目的とともに、街路の使用に際する地域住民・利用者等の合意形成の度合いが見定められる。
- 十分な時間的余裕をもって事前相談をすること。
- イベント等地域内外からの訪問が見込まれる場合、主催者が規定を設け審査・アドバイスをする。

手続きフロー

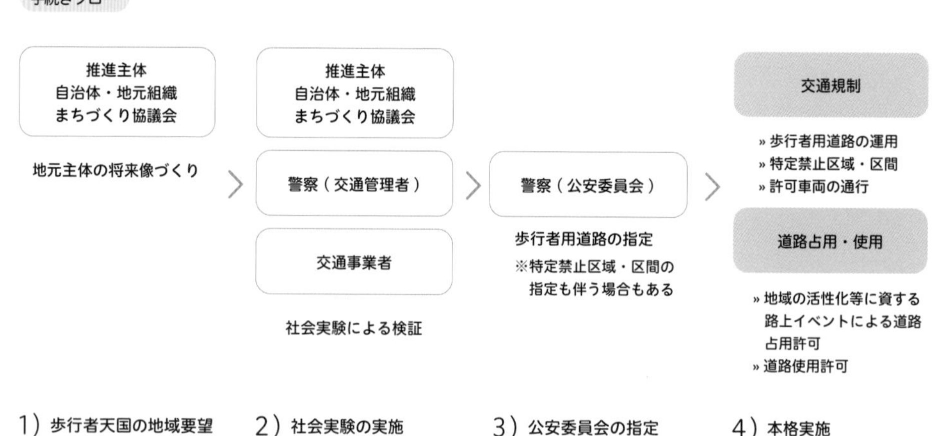

活用ポイント

公安委員会による歩行者用道路の指定により交通規制が実施された上、街路に物件を設ける場合は道路占用許可が必須となる。定期開催の場合、交通管理者との協力体制構築で、毎回の申請手続きや現場の運営が円滑化することがあるので、率先して申請主体がバリケードの設置や清掃やパトロールをするとよい。また一般に、歩行者の安全確保に比べて、大勢の人々を呼び込む賑わいづくりが注目されてきたため、コロナ禍での中止が相次いだ。ただし海外の類似例である「オープンストリート」は、歩行者等のソーシャルディスタンス確保の目的が共有され、むしろ拡大した。

Case study ｜ トランジットマイル(那覇市)

毎週日曜日、12〜18時にメインストリートの国際通りの区間約1.3km(県庁北口交差点から蔡温橋交差点の間)で一般乗用車の通行を禁止し、歩行者と路線バス専用の空間としている。路線バスは通行許可を受けて運行している。地元のエイサー舞踊などを繰り広げるパフォーマンスエリア、企業イベントエリア、キッチンカーエリア、キッズスペースといった、片側車線を用いるゾーニングもされており、賑わいのある空間を創出してきた。これらは、県からの道路使用許可を得ている。
自動車の通行抑止やバスの誘導は、国際通り商店街振興組合連合会(商店街)がアルバイトを雇用して実施している。

Other cases

東京都銀座・新宿・秋葉原地区特定禁止区間・区域／はちのへホコテン(八戸市)／西川緑道公園筋歩行者天国(岡山市)／南大津通歩行者天国(名古屋市)／ハウディモール(柏市)

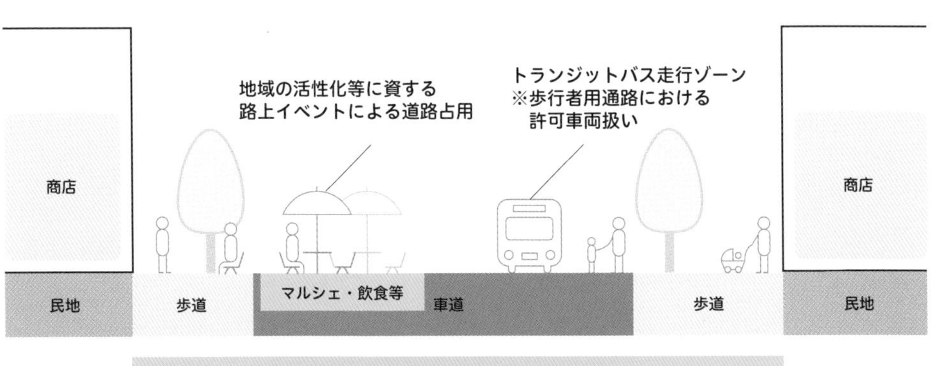

パーキング・メーター等休止申請

車両規制に頼らないウォーカブルな路上創出

（佐藤まどか）

基礎情報 施行年：1987年／法令：道路交通法

制度概要 パーキング・メーターを休止するための申請。道路交通法では、道路標識等により短時間駐車が可能と示されている区間を時間制限駐車区間という。この区間内を一時利用する場合はパーキング・メーター等休止申請を行う。

※路上駐車スペースとしては、時間制限駐車区間以外に駐車場法の路上駐車場があるが、本記載では設置数の多い時間制限駐車区間について述べる。

路上駐車スペースを活用したパブリックスペースの実現

日本国内では、地域イベントや祭りでの道路活用時、安全上の観点から全面的に車両通行止めを行うことが一般的であり、日常的に行うことは現実的ではない。行政や警察が管理する道路空間を市民が日常的に活用することも、依然としてハードルが高い。車両通行を妨げない日常的な道路空間活用の足掛かりとして、路上の駐車空間である時間制限駐車区間は有効なオープンスペースといえる。

メリット

- 車両規制を行わずに、日常的に道路空間を活用することができる。
- 特に都心部の限られた空間において、歩行者のための空間を一時的に拡幅することができる。

要件・基準

- 届出前に道路管理者の道路占用許可を得ること。
- 上記の許可を得た後、本届出（申請）の前に交通管理者の道路使用許可を得ること。

手続きフロー ※パーキング・メーター等休止申請（警視庁）の場合

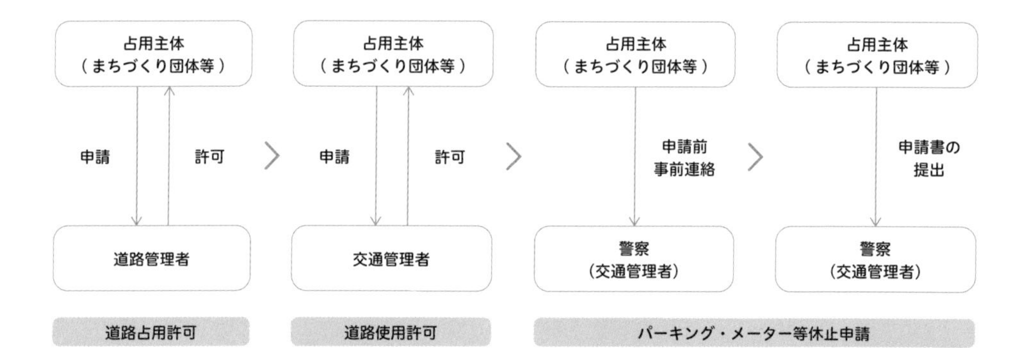

1）道路占用許可・道路使用許可手続き

まちづくり団体等の占用主体は一時利用を行いたい時間制限駐車区間について道路管理者より道路占用許可を得る。また交通管理者より、道路使用許可を得る。

2）警察へ連絡

パーキング・メーター等を管轄する警察の担当課へ、パーキング・メーター等を休止する理由／管轄する警察署／休止するパーキング・メーター等の基番号／休止時間／申請者名／連絡者を伝える。

3）申請書の提出

パーキング・メーターまたはチケット発給機の休止申請書を、管轄する警察署へ提出する。

4）イベントの実施

当日の予定が早く終了した場合や、イベントが中止となった場合には、速やかに休止を解除する旨の連絡を行う。

活用ポイント

路上駐車スペースの活用にあたっては、地元関係者の協力が得られるかが大きなポイントとなる。地域イベント等の開催時、道路占用許可や道路使用許可を取得した経験があるかは、まず確認したいところだ。そのうえで、いわゆるホコ天(歩行者天国)のように道路全体を活用するのではなく、車両通行が可能な状態で道路空間を活用する意義について理解を求めていく必要がある。一般的に、路上駐車場は市街地で一定の交通量がある場所に設置されるため、活用時の安全対策は関係者と十分に協議を行うこと。

Case study | Park(ing)Day2021神田(千代田区)

神田ウォーカブル研究会が、地元関係者の協力と千代田区の後援を得て実施した、路上駐車スペースを小さな公園に変える試み。歩いて楽しいまち「神田ウォーカブル」の実現を目指す研究会が、一般社団法人ソトノバ主催の「Park(ing)Dayクラス」の開催地として立候補。約20名の参加者とともに、千代田区内神田・神田錦町にある時間制限駐車区間のパーキング・メーター計5基を休止し、Park(ing)Dayを実施した。車両規制をかけずに路上駐車スペースを活用した新たな試みである。道路空間の中に生まれた居場所のなかで人々が思い思いに過ごす姿が見られ、オフィス街に新たな風景をつくり出すことができた。

※Park(ing)Day：毎年9月第3金曜日に路上駐車スペースを小さな公園に変える、世界的パブリックスペースムーブメント

撮影：Takahisa Yamashita

参考事例：Park(ing)Day2021 神田

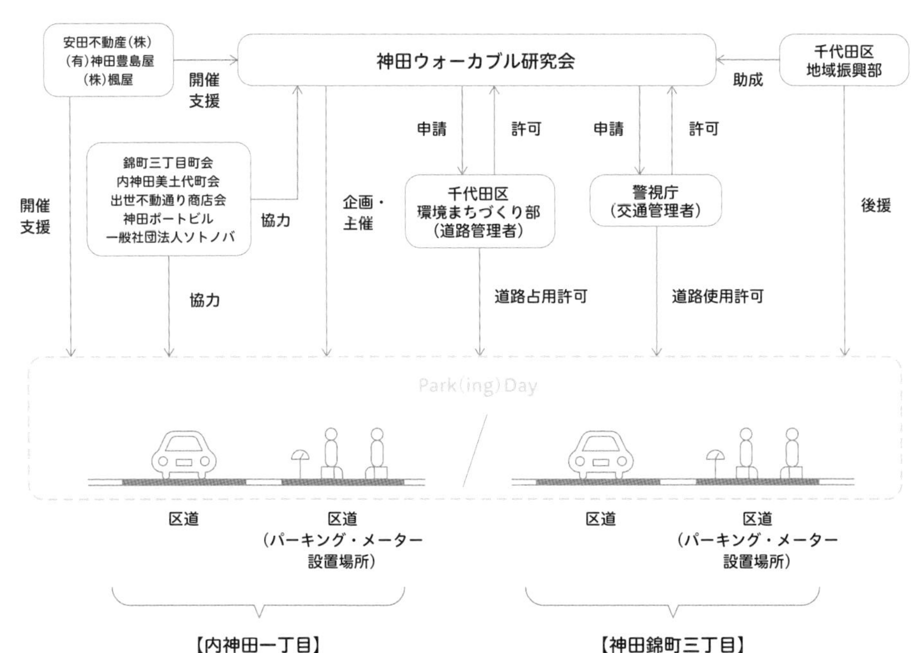

ゾーン30・ゾーン30プラス

速度規制で実現する安心・安全な歩きたくなるまち

（大藪善久）

基礎情報　**実施年**：2011年（前身となるコミュニティ・ゾーンは1996年から）／**法令**：警察庁からの通達 ※交通量や交通事故の発生状況等をもとに警察が道路管理者や地域住民と協議・調整して決定する場合、地域からの要望を踏まえて整備の必要性が検討される場合の2パターン／**実施数**：4031カ所（2020年時点）

制度概要　生活道路の安全な通行を確保することを目的に、区域（ゾーン）の最高速度を30km/hとする交通規制。現在、日本では大型車両の通行禁止、一方通行等を実施するとともに、ハンプ（道路の路面に設けられた凸状の交通安全対策）やスムーズ横断歩道等の物理的デバイスを組み合わせた「ゾーン30プラス」が推進されている。ゾーン30よりも物理的に自動車を減速させるデバイスを伴うゾーン30プラスの方が効果を維持しやすい。

面積規定を廃し、より使いやすい制度へ

自動車の速度が30km/hを超えると、衝突する歩行者の致死率は急激に上昇するという研究結果から、国際的に施策化されている。日常生活圏や小学校区等25〜50ha程度を範囲とした前身施策「コミュニティ・ゾーン」は該当区が少なく、面積の規定が外されて現在に至る。1990年代以降の交通事故死ゼロのかけ声で、30km/h未満に設定する都市もある。ヨーロッパでは芝生や植栽、ベンチ、遊び場を住民主体で組み合わわることが多く、ホームゾーン（イギリス）やボンエルフ（オランダ）がある。

メリット

- 地域住民自身が意識せずに、速度を落とさずに通行している場合もあるので、ゾーン30の検討に住民が主体的に加わることで、自身の運転行動を見直す契機にもなる。
- ヨーロッパでは、子どもの滞在時間が長くなる等の効果が認められている。

要件・基準　※ゾーン30プラスの場合

- 最高速度30km/hの区域規制が実施されている、または実施が予定されていること。
- 道路管理者と警察、地域の関係者等との間で、ドライバーの法令遵守意識を十分に高めるための物理的デバイスの設置について、適切に検討・実施されている、または実施が予定されていること。

手続きフロー　道路管理者および警察が、交通事故発生状況や地域の課題、地域の関係者等からの要望等を踏まえて、「ゾーン30プラス」の整備計画を共同で策定する。

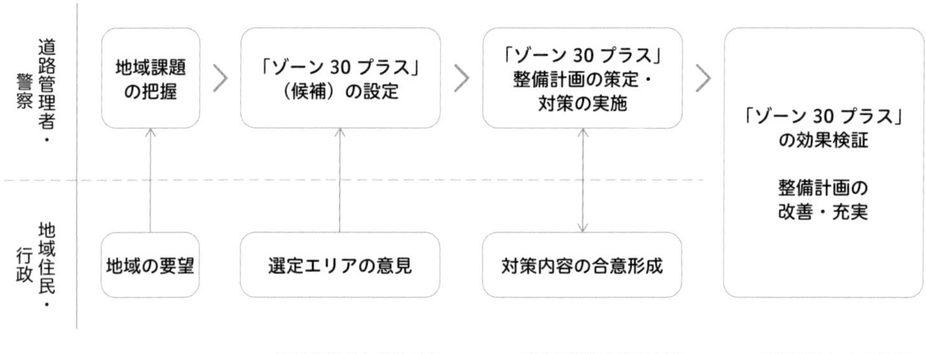

1）交通事故発生状況、地域の関係者等からの要望等を把握

2）道路管理者と警察が連携し、地域の課題や関係部局からの意見等を踏まえて設定

3）道路管理者と警察が連携し、整備計画（案）を検討・作成。対策内容について地域住民等と合意形成を図り、整備計画を策定。「ゾーン30プラス」整備計画に基づき、対策を実施

4）対策実施による効果について検証。対策の効果検証結果を踏まえ、さらなる対策の必要性等について検討

出典：国土交通省 道路局 環境安全・防災課：生活道路の交通安全に係る新たな連携施策「ゾーン30プラス」について

活用ポイント

生活道路の交通安全対策を支援する国土交通省は、可搬型ハンプの貸出しを実施しており、実験的設置が可能である。通学路対策等が強化された2022年現在は、交通安全対策補助制度も設けられた。視覚的に訴えるカラー舗装より、ハンプ設置のほうが減速効果は高い(ドライバーによる減速有無のバラつきが小さい)。幅員が生活道路よりも大きい場合は、スラロームやクランクを用いる。国内では先述したヨーロッパのケースと異なり、生活道路の路上活用は歩行者天国とセットに考えられることが多い。減速対策との併用は今後の取組みが待たれる。

Case study | 松陰神社通り(東京都世田谷区)

近年、沿道や周辺に個性的なリノベーション店舗が増加し来訪者で賑わうエリアのメイン動線として整備された。ユニバーサルデザイン福祉のまちづくり推進モデル事業として東京都と世田谷区が費用を負担し、30km/hの制限速度のほか、排水を道路の中心に集める断面構成とすることで、道路と店舗敷地との段差が解消され、歩行者が歩きやすい空間となっている。車椅子利用者や視覚障がい者による点字ブロックの利用検証実験も経ている。自主ルールとして「商店街まちづくりルール」をまちづくり協議会が作成し、看板・商品の路上陳列の自粛等も含めた商店街道路のバリアフリー環境の維持を行い、店舗内も出入り口がフラットで、安心して過ごせる設えとなっている。

Other cases

ゆずり葉の道(大阪市)/三鷹市コミュニティ・ゾーン(三鷹市)/三条通(京都市中京区)/本町・祇園丁通り(島根県津和野町)

警察による低速度規制

ゾーン30

ゾーン30:最高速度30km/hの区域規制

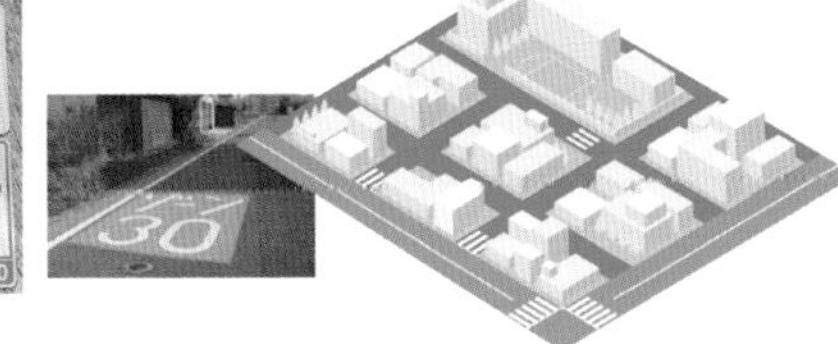

ゾーン30プラス

ゾーン30プラスの入口(岐阜県各務原市の例)

看板

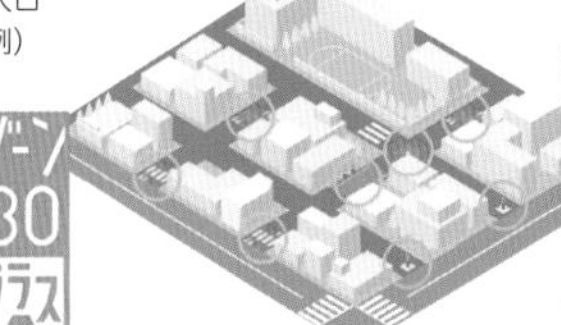

路面表示

進入抑制対策

速度抑制対策

出典:国土交通省 道路局 環境安全・防災課「生活道路の交通安全に係る新たな連携施策「ゾーン30プラス」について」をもとに筆者作成

道路管理者による **物理的デバイス設置**

進入抑制対策　　速度抑制対策

ライジングボラード

ポールを昇降させ、交通規制が実施されている時間帯等の車両の進入を抑止する

ハンプ

路面をなめらかに盛り上げ、30km/h以上の速度で走行する車両の運転者に不快感を与える構造物

狭さく

車道の通行部分を局所的に狭くし、車両の速度を抑制する構造物

シケイン(クランク型)

一定区間の道路を直線的に屈曲させ、車両の速度を抑制する構造

スムーズ横断歩道

車両の運転者に減速と横断歩行者優先の遵守を促す、ハンプと横断歩道を組み合わせた構造物

シケイン(スラローム型)

一定区間の道路をカーブさせ、車両の速度を抑制する構造

設置管理許可

緑地や公園を盛り上げる多様な民間サービスの取り入れ方

(宋 俊煥)

基礎情報 施行年：1956年・2004年(改正)／法令：都市公園法／実績数：8619カ所(2015年)／期間：10年(更新可)

制度概要 公園管理者以外の者が都市公園を構成する公園施設について、設置して管理することに許可を与える制度である。飲食店等の公園施設の設置または管理を民間に委ねる場合や遊具、花壇等の公園施設の設置管理をNPO等に委ねる場合に適用する。

「民間に委ねる場合」が認められたのっていつから?

民間による公園施設設置の歴史は意外に古い。本制度が設けられたのは、都市公園法が制定された1956(昭和31)年。公園管理者の許可を受ければ施設設置が認められていたものの、公園管理者自ら設置することが不適当、または困難である場合に限定されていた。2004(平成16)年の改正により、当該公園の機能の増進に資すると認められる場合についても設置可能となり、民間参入の機運が一気に高まった。

メリット

- 民間ノウハウを活かした多様な賑わい創出関連施設を設置し、設置範囲内の管理・運営を民間に委ねることで、サービスの質を向上することができる。
- 公園全体を管理する指定管理者制度と異なり、公園施設の一部でも許可を与えることができ、地方公共団体の議会議決を必要としないため、スピード感をもって柔軟に適用できる。

要件・基準

- 施設の建ぺい率は公園面積の2%と見なし(都市公園法第4条1項)、地方公共団体の条例で定める。ただし、都市公園法施行令第6条により、教養施設・重要文化財・屋根付き広場等の一部公園施設は、上限20%まで特例適用が可能である。
- 設置および管理許可の期間は10年以下とする。ただし、設置から10年後に再び許可書を発行し、更新することは可能である。
- 各地方公共団体は条例を定め、資格・許可申請関連記載事項・土地または公園施設の使用料や保証金等を明示する。

手続きフロー

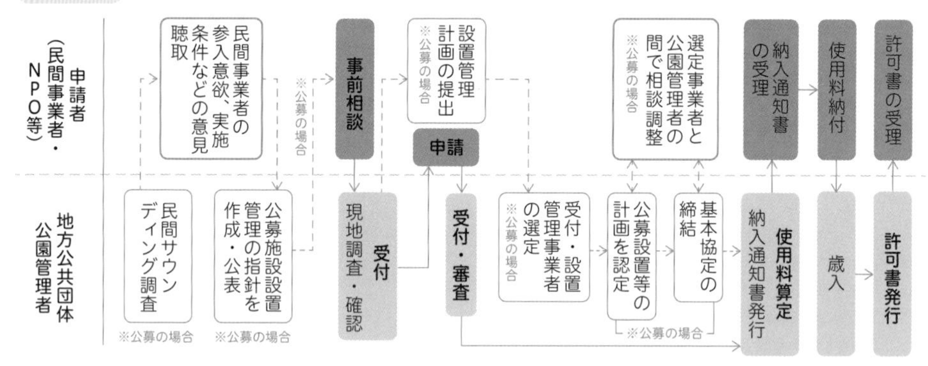

1) 公募施設の指針作成

設置管理事業者を公募により選定する場合は、民間サウンディング調査や意見聴取等を実施し、公募施設の設置管理に関する指針を作成・公表する。

2) 申請と計画の提出

非公募の場合、設置管理をしようとする事業者からの事前相談・申請によって手続きが始まる。公募の場合、事業者が公募対象公園施設の設置または管理計画を提出する。

3) 審査と事業者選定

非公募なら、地方公共団体内での審査により事業者選定を行う。公募では、提出した計画を基に学識者らの意見を踏まえ、評価・事業者選定を行う。

4) 設置管理の許可

非公募では、選定後面積に応じて算定された使用料を納付後、許可書が発行される。公募では、必要に応じて公募設置等の計画認定や協定締結を行い、許可書が発行される。

Case study | てんしば公園(大阪市)

大阪市天王寺公園周辺の魅力向上のために、2015年10月、公園のエントランスエリアを対象に設置管理許可制度を活用。民間事業者による再整備によって、てんしば公園が誕生した。公的負担の軽減と、自律的で持続可能な公園経営のために、民間事業者のアイデアや経営ノウハウを最大限に活かせるよう、大阪市の公募により近鉄不動産が選定された。民間事業者は、占用期間が更新可能である本制度を活かし、てんしば公園の企画・再整備だけではなく、その後20年間という長期にわたる事業を行っていることが特徴である。また、行政による事業者選定視点においても、公園の清掃や警備、施設をとりまく緑地の維持管理、飲食・カフェ等の賑わい創出関連施設の運営、民間事業のイベントやプロモーション企画も地域貢献活動として捉えている点に注目したい。なお、店舗等の収益施設の設置許可にかかる公園使用料は、大阪市に納付している。

Other cases

南池袋公園(豊島区)/水上公園(福岡市)/大濠公園(福岡市)/富岩運河環水公園(富山市)/名城公園(名古屋市)/北柏ふるさと公園(柏市)/荒井東1号公園(仙台市)

参考事例:てんしば公園(大阪市)

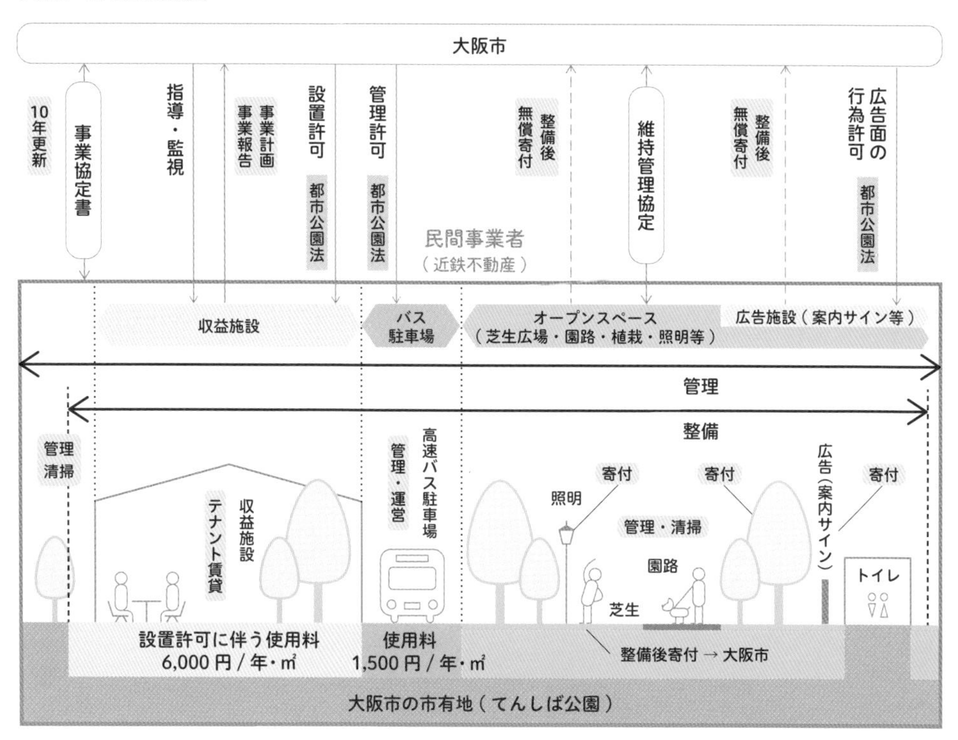

公園管理から地域事業へと多展開させるマインド

「設置×管理」許可が増えている

本制度の活用を考える人は、まず思い浮かべる魅力的な公園施設はだれが設置しているのかを調べてみてほしい。例えばよく知られている豊島区の南池袋公園は、区が公園内の建物を所有し、民間事業者に「管理許可」を与えている。前述した大阪市のてんしば公園や福岡市の水上公園は、民間事業者が「設置」と「管理」両方の許可をもらい、民間事業者が自ら建物を建設・所有しながら店舗等を運営するタイプである。近年この形態が一般的だ。なお、民間事業者自ら店舗運営を行うケースもあれば、ほかの店舗運営業者を募るサブリース形態もある。

公園管理からエリアマネジメントへ

都市公園の規模は様々で、全域となると民間事業者の手に負えないことも多い。そのため、公園全域を設置管理許可区域に指定するよりは、公園の一部を指定するケースが多い。その場合、同じ公園内に多様なステークホルダーが存在することになる。考えるべきポイントは、公園の管理をどのように棲み分けるかだ。てんしば公園、南池袋公園は、「設置管理許可」の区域内だけ民間事業者が管理し、公園全体は自治体が管理するタイプであり、最も一般的である。公園規模が大きい場合は指定管理者が存在する場合もある。公園全体の管理を指定管理者に任せるケースで代表的なのは、福岡市の大濠公園や富山市の富岩運河環水公園だ。一方で、前述の水上公園や柏市の北柏ふるさと公園、仙台市の荒井1号公園のように、民間事業者が「設置管理許可」の区域内だけではなく、公園全体の管理まで行うケースもある。特に北柏ふるさと公園と荒井1号公園は都市再生推進法人の認定を受けた団体が「設置管理許可」を活用した公園全域

図1：南池袋公園（東京豊島区）

の管理に加え、さらに周辺地域を含めた地域全体のエリアマネジメントを担う主体として位置づけられている。公園施設の用途・機能や運営方法といった積極的な公園活用案を自治体に提示して、法人の雇用創出と地域事業の拡大を目指す好例だ。

イベント業務の役割分担が鍵

民間事業者はカフェをはじめ店舗運営を通して、多様なサービスを提供することになる。地域マルシェや親子スタンプラリーといった緑地を活用したイベントは多い。自治体主催のイベントが多いものの、名古屋市の名城公園や北柏ふるさと公園は、民間事業者主催で地域マルシェやミュージックイルミネーショ

図2：水上公園（福岡市）

ン等のイベントを行っている。特筆すべきは、自治体から公園使用料の免除があることだ。また、てんしば公園や南池袋公園のように、自治体がイベントの申請・許可業務を担い、運営は民間事業者と連携を取りながら行うケースも少なくない。このように、イベント業務で自治体とどのように連携するかがポイントだ。

民間事業とはいえ公共性は不可欠

かつての都市政策において公園は、市場の開発原理から保護するべき対象であった。行政が所有・管理し個々人の自由な利用(開発)を一定程度制限することで「公共性」を担保してきた。現代の成熟した都市においてはそれが足枷となり、むしろだれにとっても使いにくい場所となってしまった。民間の力を活かした管理許可制度は、そのアンチテーゼとして注目を浴びている。しかし公園の利用者が増える一方、特定の民間事業者が公有地である公園で利益を生み出してよいのかという問いも生まれる。大前提となるのは地域貢献活動に力を入れることだ。防災イベントや自然保護運動、清掃活動の仕組みづくりで関連地域団体と連携し、ボランティア活動に励む事業者は多い。

多様な地域還元の仕組み

地域経済への還元を仕組みとして導入している例もある。南池袋公園は、公園使用料(建物使用料)以外にも、売店売上の0.5%を地域還元費として連携団体「南池袋公園をよくする会」に提供している。団体はこれを活動の運営費やイベント活動費に充てる。世田谷区の駒沢オリンピック公園は、自治体への公園使用料とともに、各店舗の運営業者から売上の8%を公益還元費とし、各種地域貢献活動費に充てている。荒井1号公園は民間事業者が公園全体の管理を行っている例として紹介したが、その維持管理費の100%を収益施設からの収益で賄っており、その代わりに公園使用料が免除されている。

公助から共助へのサステナビリティ

行政側のメリットとしては、公園維持管理負担の低減効果が多く挙げられる。またとある自治体では、行政の負担費用は変わらないものの、民間の管理運営で公園自体の質が向上し、地域活動やイベント利用による利用者の増加や地域活性化につながったと考える向きもある。今後、本制度の導入を考える際、考慮しておきたい重要な利点である。

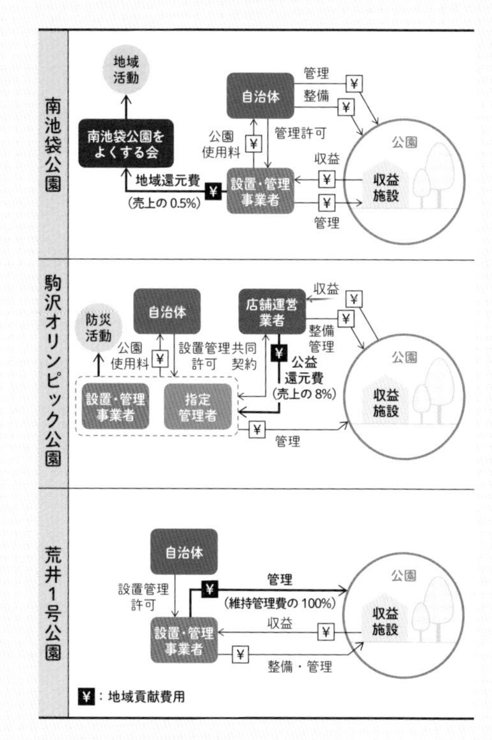

図3:多様な公園管理と地域還元の仕組み

Park-PFI（公募設置管理制度）

公園が持つポテンシャルを活かして官と民がつながる

（林 匡宏）

基礎情報 施行年：2017年／法令：都市公園法／実績数：63カ所（2023年3月時点）／占用期間：20年

制度概要 都市公園内での飲食店・売店等の設置と、その収益を活用して園路や広場といった施設の整備・改修を担う事業者を公募で選定する制度。都市公園に民間の優良な投資を誘導して管理の財政負担を軽減し、都市公園の質の向上、公園利用者の利便の向上を図る整備・管理手法。

賑わいだけじゃない。公園の潜在的なポテンシャルを引き出すための手法

公民連携のフロンティアとして公園の利活用が注目を集め、2017年に改正されたのが都市公園法だ。2014年の「新たな時代の都市マネジメントに対応した都市公園等のあり方検討会」では、公共管理者も人口減少や都市間競争の激化、環境問題等の社会課題に向き合い、民間のビジネスチャンス拡大と公園の魅力向上を両立させる資産運用を考えるべきとの結論に至り、都市公園法の改正に踏み切った。

メリット

- 民間事業者が都市公園内に飲食店・売店等の公募対象公園施設を設置・管理できる。
- 設置施設から得られる収益を公園整備に還元することを条件に、事業者にはインセンティブとして都市公園法の特例措置が適用される。
- 自転車駐車場・地域の催し情報を掲示する看板・広告塔を占用物件として設置できる。

要件・基準

- 公募設置管理制度に基づき選定された事業者は、上限20年の範囲内で設置管理許可を受けられる（設置管理許可期間の特例）。
- 休養施設・運動施設・教養施設、公募対象公園施設等を設置する場合、通常2％と規定される都市公園の施設建蔽率を＋10％（12％）に変更できる。

手続きフロー

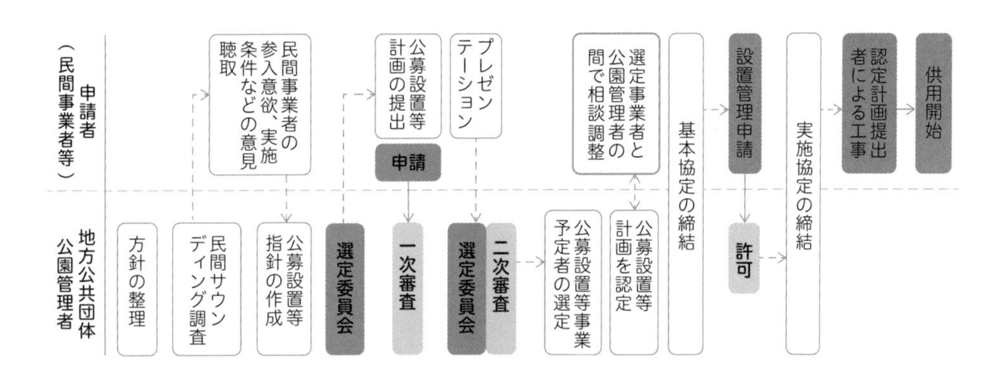

1）公募設置等指針の作成

設置管理事業者を公募で選定する場合、民間サウンディング調査や意見聴取等を実施し、施設の設置管理指針を作成・公表する。

2）申請と計画の提出

事業者は、公募設置等指針に基づき、公募対象公園施設の設置・管理に関する計画（公募設置等計画）を作成し、計画を公園管理者に提出する。

3）選定委員会による審査と事業者選定

公園管理者は学識経験者や地元関係者を含む選定委員会を組成し、評価基準の確認や民間事業者から提出された公募設置等計画の審査を行う。

4）設置管理の許可・実施協定の締結

公園管理者は、選定委員会の審査後、公募設置等計画の認定を行い、公募設置事業者と基本協定を経て設置管理を許可し、実施協定を締結する。

Case study ｜ 北谷公園（渋谷区）

渋谷区初となるPark-PFI公園。ワーカーが集う公園周辺のカフェやコワーキング需要から、居場所を求める若者をメインターゲットに、周辺施設と連動したクリエイティブシーンの創出を目指し整備された。特筆すべきは、企画段階から区職員が、専門家・地域・企業をコーディネートし、民間事業者に任せきりにせず協働の関係性をつくりあげたことだろう。スクランブル交差点からほど近く、整備前は駐輪・駐バイク・喫煙が主な行為だった約960㎡のこの場所で「新たな公園文化」をつくるため、まずは区役所内部でワークショップを開催。区職員の徹底的なリサーチで方向性を定めたのち、学識経験者や地元関係者を交えて評価軸を精査した。事業者と指定管理者には、東急を代表企業とする「しぶきたパートナーズ」が選定され、広場や植栽、ベンチ、照明を再整備するほか、地上2階建ての施設を整備し2021年4月にオープン。様々なステークホルダーの想いをつなぐプロセスとして制度が活用された。

写真：株式会社フォワードストローク

Other cases

久屋大通公園（名古屋市）／造幣局地区防災公園（豊島区）／木伏緑地（盛岡市）／新宿中央公園（新宿区）／須磨海浜公園（神戸市）／大濠公園（福岡市）／東所沢公園（所沢市）

参考事例：北谷公園（渋谷区）

渋谷区

10年更新

実施協定書の締結

指定管理者委託

指導・監視

事業計画
事業報告

設置許可
都市公園法

管理許可
都市公園法

整備後
無償寄付

維持管理協定

民間事業者
（東急／しぶきたパートナーズ）

収益施設

駐車場

オープンスペース
（芝生広場・園路・植栽・照明等）

管理

整備

管理
清掃

収益施設
テナント賃貸

照明

寄付

寄付

管理・清掃

園路

階段
スロープ

設置許可に伴う使用料
33,480円 / 年・㎡

占用料
33,945円 / 年・㎡

整備後寄付 → 渋谷区

渋谷区の区有地（北谷公園）

オープンな対話を生み出す協働の仕組み

目的を見失ってはいけない

Park-PFIは、民間事業者が公園事業に参画しやすくなる制度だ。通常の設置管理許可制度と比べると、①設置管理許可期間は10年から最長20年へ延長、②建ぺい率は2％から最大12％に拡大、③駐輪場や広告等の事業者の収益向上に資する占用物件も特例的に設置可能と、事業者側の利点は大きい。ただし都市公園への民間活力導入が目指す先は、単純なカフェの売上ではない。地域に愛されるローカルサービスでありながら、少し先の未来を先取りするグローバルな発想、例えばESG投資やインパクト投資を呼び込むような、生活密着型の「暮らしの開発」ではないだろうか。というのも、収益性を追求するのであればなにもパブリックスペースで行う必要はない。あえてパブリックスペースを活用する意義は「年代・生い立ち・所属・障がいの有無に関係なく、あらゆる人々が自由でフラットな関係で時間を過ごせる場所」ということに尽きる。地域の多様性やコミュニティ、暮らしの質が公園から変わっていけば、より多くの人々が平等にその価値を体験できる。社会実験をする度に、口コミやSNS、様々なメディアを通してその価値は拡散され、地域ブランディングや個性化にもつながることを実感する。Park-PFIは、このようなムーブメントを起こす“パートナーシップを築き上げる制度”とも言える。つまり、「手段」を用いてどのような「目的」を達成するか、関係者間で共通認識をもつことが大切だ。

行政の覚悟 × 民間の広い視野 ×
地域の当事者意識

公民連携の分野でよく聞こえてくる「民間の投資とノウハウを活用するプラットフォーム」。ここでいう連携とは決して“丸投げ”ではない。パブリックスペースを活用して民間活力を取入れる現場では「行政ができないことを民間にやってもらう」というニュアンスを少なからず感じるが、前述のとおり目的が「暮らしの開発」であるならば、それは本当の意味で行政・民間・地域が“協働”しなければ実現しない。

Park-PFI事業の成否は、立地条件、土地使用料、広告制限等に加え、地域ごとに異なる官民の役割分担や投資のバランスも大きく影響する。例えばPark-PFIを駅前一等地で行う場合と郊外の場合を考えてみてほしい。条例で定める一定の土地使用料ではなく、地域ごとに単価を設定して持続可能な事業とする方が両者に無理がない。

20年間継続する事業で、地域や社会にどのような価値を提供するかという視点も不可欠だ。スピード感が求められる場面も多いが、焦ってはいけない。長期的な価値創造を目指して、行政は柔軟にルールを見直し、民間事業者は目先の収益に囚われすぎず、地域も粘り強く当事者意識をもつ。そしてこの協働体制の構築に予算をつけ、人を配置する覚悟をもてるかが成否の分かれ目とも言えるだろう。ビジョンを共有するにはやはり時間を要する。行政がルールを改変するには地域の合意が必要であり、地域の合意を得るには様々な層が納得できる新たな公園サービスが必要であり、民間が新たな公園サービスを事業化するにはマーケティングとルールの改変が必要になる。このような三竦（さんすく）みの中心に「目指すべき将来像」を常に共有し、それに向けたオープンなコミュニケーションを習慣化する必要がある。

公園のビジョンではなく、
地域のビジョンを描く

「目指すべき将来像」は公園単体にとどまらな

い。地域の中でその公園がどのような「役割」を果たしているか、今後果たすべきか、住民、行政、町内会、商店街、学校、企業、様々なステークホルダーと対話をしながら、ぼんやりとでもよいのでゴールのイメージを共有する。その手法も、行政が主催する住民向けワークショップ、アンケート調査、民間事業者向けのサウンディング調査と様々だ。大切なのは、ターゲットに合わせて意見収集の方法を変え、潜在的なニーズを掘り起こすこと。例えば、行政主催のワークショップと地域住民主催の「お茶会」で集める声は、まったく異なる。

図1： 渋谷区内Park-PFI第1号となる北谷公園の様子。官民で描いたビジョンの実現に向けて多様な交流が生み出されている

図2： 子ども達が夢中になって落書きをする壁。「誰がどんな行動をとり、どのようなシーンが街に生み出されるか」を管理者チームが検討・実践した結果である

図3： 公園周辺の道路上に周辺店舗が露店を出店。渋谷区が掲げた「公園再生方針」を実現すべく管理者チームが地域との対話を重ね実現したシーン

エリアコーディネーターはプロフェッショナルである必要はない

行政・民間・地域のコミュニケーションを円滑に行うには「人」が鍵である。「エリアコーディネーター」「プロジェクトマネージャー」と呼び方は様々あるが、エリアマネジメントの現場では、これらの専門家を呼ぶ人件費をどのように確保するかが課題となることが多い。しかし専門家を呼べなければオープンな場がつくれないのかといえば、必ずしもそうではない。このポジションの資質として重要なのは、専門的なコンサルティング能力というよりは、「対話力」と「先を見据えて自らワクワクする力」である。渋谷区では2022年現在、京王線笹塚駅・幡ヶ谷駅・初台駅周辺エリア（通称ササハタハツ）のまちづくり事業が進行中で、なかでも3kmにわたる玉川上水旧水路緑道の大規模再整備に力を入れている。そしてワークショップ開催、エリアマネジメント会社設立、地元コミュニティの醸成と多様な活動の中心にいるのは、専門家ではなく渋谷区の職員である。担当係長と外部から雇用された会計年度任用職員が、きめ細やかな住民との対話、町会・商店街とのパイプづくり、公式のワークショップ等の設え、庁内の関連部署との調整、上司への説明と、膨大なエリアコーディネート業務を担っている。目的を見失わずに整理できる対話力と熱量をもち続ける構想力が何より重要であり、そこから地域との信頼関係が生まれる。行政職員がコーディネーターとなる意義はここにある。

図4：区職員がコーディネートする玉川上水旧水路緑道再整備事業（渋谷区）

多様なステークホルダーをつなぐ仕組み

Park-PFIでは、その地域に必要なことは何か、公園はどのような役割が果たせるか、行政・民間・地域のベクトルは合っているか、という意識を常にもちながら、膨大な手続きを進める必要がある。まず大きな方向性を固めるための役所内部の協議や調整、民間企業へのサウンディング、地域住民への説明やワークショップ、あるいは将来の方向性を確かめるための実証実験……。公園の利便を享受する多様な主体間の、この途方もないコミュニケーションから、募集要項の冒頭で謳う「公園の再生方針」が整理されることが理想である。このように、本制度は、単純な民間活力導入のための規制緩和制度ではなく、公園周辺の暮らしを支える行政・地域・企業間の「質の高い対話を創る協働の仕組み」とも言えるのではないだろうか。

滞在快適性等向上公園施設設置管理協定制度

（通称：都市公園リノベーション協定制度）

“地元団体”だからできる公益性と収益性の共存

（山崎嵩拓）

基礎情報　施行年：2020年／法令：都市再生特別措置法／実績数：1件（こすぎコアパーク）（2022年6月時点）
設置管理許可期間：（最長）20年

制度概要　まちなかウォーカブル区域内の都市公園において、都市再生推進法人等が公園管理者と協定を締結することで、収益施設の設置と収益を活用した園路等の一体的整備を行う場合に建蔽率の緩和や設置管理許可期間の延長を認める制度。特例の内容はPark-PFI（p.94）と同様。

「公募」なきPark-PFI

“非営利”の原則によって公共性を担保してきた都市公園にとって、営利活動を促すPark-PFI（2017年）や本制度（2020年）は大原則の転換と言える。Park-PFIは飲食店等の事業主体を「公募」で選定するが、本制度は地元でエリアマネジメントの活動実績をもつ都市再生推進法人等に限定して、公募なきPark-PFIを実現する仕組みだ。本制度施行前の類似例に、荒井東1号公園（仙台市）、北柏ふるさと公園（柏市）、草津川跡地公園（草津市）等がある。

メリット

- Park-PFIに準じた建蔽率の緩和や設置管理許可期間の延長が適応される。
- 地域団体が行うエリアマネジメント事業の一環として、都市公園を活用できる。
- まちなかの快適な交流・滞在拠点として、都市公園が重要な役割を果たせるようになる。

要件・基準

- 事業を実施できる団体は、まちなかウォーカブル区域におけるまちづくり活動の実績がある都市再生推進法人等に限定される。
- 自治体等の公園管理者と協定を締結する。

手続きフロー

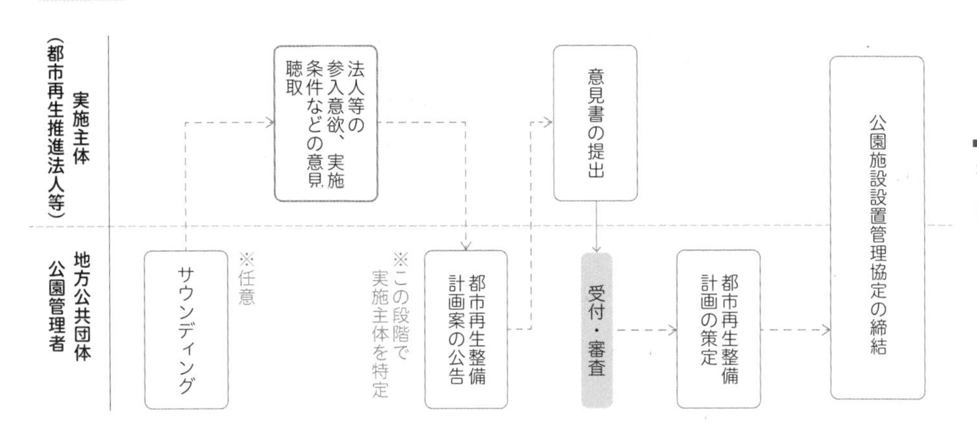

1）都市再生整備計画案の公告・縦覧

サウンディング等の調査を経て、地域でまちづくりに取組む法人等の主体が公園を整備することが有効と判断した場合、都市再生整備計画案を公告する。この段階では概算レベルで充分だが、実施主体を特定しておく必要がある。

2）意見書の提出と審査

公園を再整備する実施主体は、事業概要を記載した意見書を提出することができる。地方自治体は意見書を踏まえ、公園整備を行うことが適当か判断し、結果を踏まえ、都市再生整備計画を策定する。

3）協定の締結

公園管理者と実施主体の間で、都市再生整備計画に記載した事項に関して、事業条件や権利・義務を規定した協定を締結する。その後、公園施設等の整備を実施する。

都市公園占用許可 不足する保育所や福祉施設の誘致

(湯淺かさね)

基礎情報　**施行年：** 2017年6月(改正)／**法令：** 都市公園法／**実績数：** 42[文1](2022年3月末現在、2017年度法改正以降の保育所等の実績)／**占用期間：** 最長10年(更新を妨げない)

制度概要　全国的な保育所や介護施設不足の問題を踏まえ、都市公園のストック有効活用を図ると同時に、保育の受け皿整備等社会的課題への解決に資することを企図し、2017年6月の都市公園法改正により都市公園を占用できる物件として保育所その他の社会福祉施設が追加された。

国家戦略特区で先行した都市公園の活用を一般措置化

従来、都市公園を占用できる物件は主にインフラ系(電柱、水道管、公衆電話ほか)や仮設物に限られていた。しかし、都市公園活用の機運の高まりを受け、国家戦略特区法の一部改正により2015年から特区内で都市公園の保育所等による占用が認められる段階を経て、2017年6月の都市公園法改正以降は全国で認められることとなった。なお、占用物件の設置については施行令にて技術的基準が定められている。

メリット

- 保育所等設置者は、待機児童等の問題が深刻な都市部でまとまった敷地が確保できる、公園の広場を活用した活動が展開できる。
- 公園管理者は、近隣の社会的要求を踏まえた都市公園の活用の検討が可能となり、公園の利用促進も期待できる。

要件・基準

- 占用が許可される施設は通所のみにより利用される。入所型の社会福祉施設は対象外(施行令)。
- 都市公園本来のオープンスペースの機能も確保するため、施設の敷地面積は公園の広場面積の30%以内とする。なお、公園施設の建物を占用する場合は延床面積の50%以内(施行令)。
- その他、外観、配置、構造等に関する技術的基準を遵守。

手続きフロー[文2]

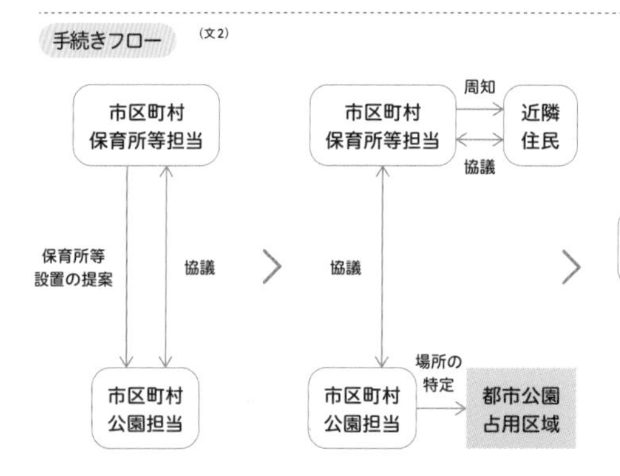

1) 都市公園での保育所等設置の提案

市区町村の保育所等設置担当と公園担当が連携し、設置の検討を行う。主に、待機児童問題等が将来的にも必要な地域であるか、都市公園以外に用地が確保できないのか、について慎重に確認する。

2) 公園の特定・公園内の場所の特定

公園管理者は、基本的に、既存の公園利用者が少ない場所で占用を許可する。公園内の場所を特定するためには、地中埋設物の確認、建築基準法の接道義務への対応等について確認を行う。場所が特定されたら、周辺住民や公園利用者へ保育所等設置に関する周知を行う。

3) 占用主体の選定

設置・運営事業者を公募する場合、保育所等設置担当と公園担当が連携し設置・運営事業者の公募条件等の検討を行う。市区町村は保育所等の設置・運営に関する基準に基づき選定委員会を設置し、事業者の選定を行う。

4) 保育所等の整備・開設・運営

市区町村は事業者の事業計画に基づいて協議し、近隣住民へも説明会を複数回開催、意見をもとに計画を練り直す。工事中の安全確保、占用区域の境界処理、保育所の屋上や園庭を開放するといった公園の代替機能併設の検討は、市区町村の保育所等設置担当と公園担当が連携して行う。

活用ポイント

公園と事業者双方に有益な事業となるよう、公園活用や公園マネジメントの可能性を十分に検討することが大切だ。市区町村や近隣からの要望は、設置・運営事業者の公募時、事業者に求める項目として提示できる。例えば、保育所のセキュリティを確保したうえでの地域開放スペースの設置や地域交流・地域支援の検討が挙げられる。なお、保育所の事例は着実に増えているが、地域の実態に合わせて放課後児童クラブ、高齢者福祉施設、障碍者福祉施設といった事例の参入も期待されている。

Case study ｜ まなびの森保育園市川（市川市）

市川市が市川駅南公園内における保育園設置・運営事業者を公募し、2020年8月に民設・民営にて整備された認可保育園である。事業者から近隣住民・公園利用者への配慮事項として、園庭の開放※、防球フェンス・ネットの設置、公園広場反対側の駐輪場、保育園玄関脇のベビーカー置き場の4点が提示され実現した。

公園内という立地から屋内は明るく開放感が感じられ、園児たちものびのびしている様子だという。また、1階からは直接公園へ出ることができ、公園利用者と園児たちが一緒に砂遊びや縄跳びをするといった交流が生まれている。

※2022年10月現在、新型コロナウイルス感染症流行の影響により園庭開放は未実施

Other cases

Akiha森のようちえん（新潟市・地方裁量型認定こども園）／中川学童保育所（名古屋市・放課後児童クラブ）／じょうずるハウス（常陸太田市・子育て支援施設）／山麓レストラン（生駒市・障碍者福祉施設）

参考：まなびの森保育園市川（市川市）

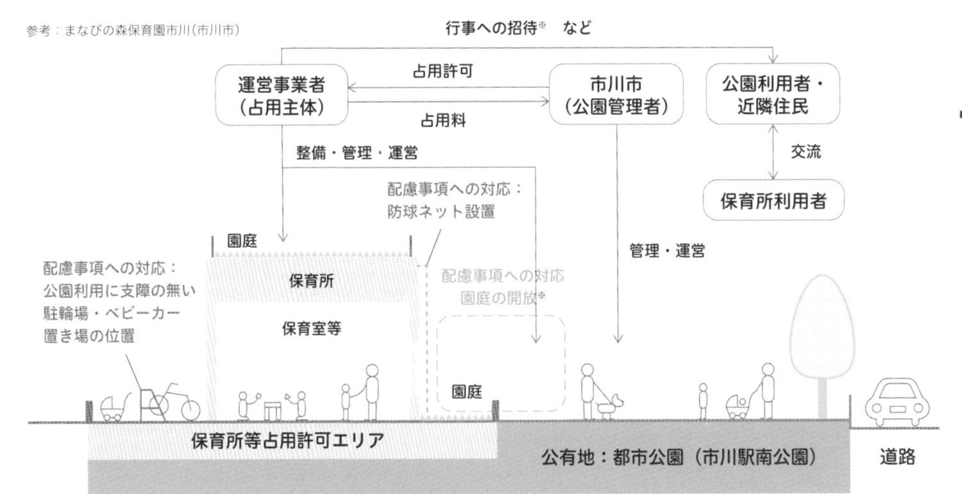

参考文献：

文1　都市公園の柔軟な管理運営のあり方に関する検討会提言参考資料【資料編】、国土交通省、最終閲覧2023年3月1日
https://www.mlit.go.jp/toshi/park/toshi_parkgreen_tk_000064.html

文2　「公園保育所のOPENに向けて」国土交通省、最終閲覧：2023年3月1日　https://www.mlit.go.jp/common/001233166.pdf

立体都市公園制度

公園の屋上化による都市再開発の両立

（泉山塁威・長谷川千紘）

基礎情報 施行年：2004年／法令：都市公園法／実績数：10事例／占用期間：なし

制度概要 「立体都市公園制度」は、合理的な土地利用を図るために必要な場合、都市公園の上部及び下部の空間に都市公園法の制限が及ばないことを可能とし、平面的にしか定めることができなかった都市公園区域を立体的に定めることができる制度である。

「合理的な土地利用」って？

現代の都心部は、便利な生活環境が整う一方で都市公園や緑地の配置、規模や構造等が都市計画法により制限されており、都市公園下部の立体的な利用等ができなかった。しかし、2004年の都市公園法改正で、都心部でも立体的な公園整備をきっかけとした合理的な土地利用ができるようになった。

メリット

- 立体的な土地利用によって緑地空間を確保することができる。
- 民間事業者が公園上部及び下部の施設の整備・管理に加わることで、多彩な運営や賑わい空間が創出できる。

要件・基準

- 一般利用者が公園を徒歩で容易に利用できるようにすること。商業・業務施設の屋上に公園を設置する場合は、一般利用に支障をきたさない公開時間の設定を行う。
- 建物の屋上に公園を設置する場合、建物の構造に対して永続性が確保される管理協定を結ぶ。

手続きフロー

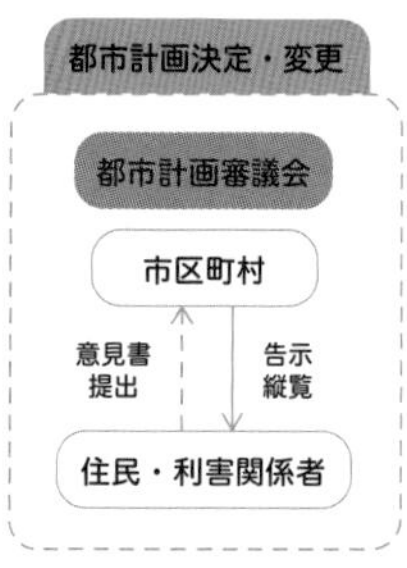

※市区町村の公園の場合

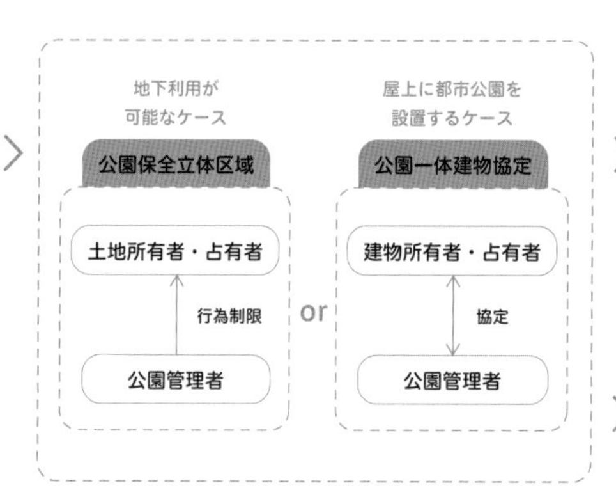

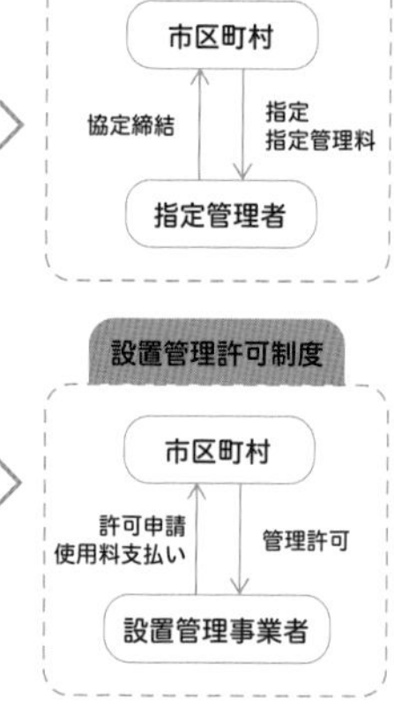

1) 都市公園区域の設定

都市公園において、新設や統廃合等公園施設の配置見直し、事業状況・都市経営コストの低減を図るため、住民や利害関係者の意見書から作成した原案から都市計画審議会を行い、立体的な範囲を含めた都市公園区域の設定について都市公園の都市計画の決定・変更を行う。

2-1) 公園の地下利用

公園管理者は、立体都市公園について、地下を利用する場合、都市公園に支障が生じる可能性がある立体的区域に接する一定の範囲を、公園保全立体区域として指定する。

2-2) 公園の屋上利用

公園管理者は、立体都市公園について、建物の屋上に立体都市公園を設置する場合、公共施設である立体都市公園について、公園管理者と建物所有者が建物の適正な管理を行うために協定（修繕等の費用負担の範囲など）を結ぶ。

3) 公園の維持管理

都市公園内の運営管理は、他の公園と同様市町村が行うか、指定管理者制度で民間主体で行う。オプションとして設置管理許可制度を活用し、公園内にカフェ等を設置することもある。指定管理者の手続きや管理の基準、業務範囲は条例によって規定する必要がある。

活用ポイント

民間事業者がサービス提供型施策を開発・推進しやすい制度を活用すると、地域課題の解決や地域の利便性の向上が可能になる。例えば、公園の下部を周辺地域が抱える課題（福祉・医療等）を補う産業拠点とすることで地域のニーズに応じた柔軟な対応が可能になる。しかし、立地に気をつける必要がある。賑わいがある場所に制度を活用すれば公園から利益が生まれるメリットになるが、整備の費用と集客面を考えたとき、負担になるケースも出てくる。どんな立地条件でも役立つ制度ではない。

Case study ｜ MIYASHITA PARK（渋谷区）

MIYASHITA PARKは、2020年7月に三井不動産及び三井不動産商業マネジメントが渋谷区とのPPP事業（官民連携事業）として、渋谷区立宮下公園・商業施設・ホテルが一体となった新しい形のミクストユース型施設である。もともと渋谷区立宮下公園は南北2つの街区に分かれていて、老朽化による耐震の不安やバリアフリー動線の確保が課題であった。また汚物環境により、河川付近は人が近づかないような場所であった。そこで、道路上空も含めて公園として一体化する再整備が行われた。こうして渋谷区立宮下公園は、フルフラットでバリアフリーな多機能空間であり、日本初の屋上公園である『MIYASHITA PARK』として大きく生まれ変わった。

撮影：井手野下貴弘

Other cases

水谷橋公園（中央区）／目黒天空公園（目黒区）／アメリカ山公園（横浜市）／井草森公園（杉並区）／姫島公園（東海市）ほか

参考事例：宮下公園再整備（渋谷区）をもとに筆者作成

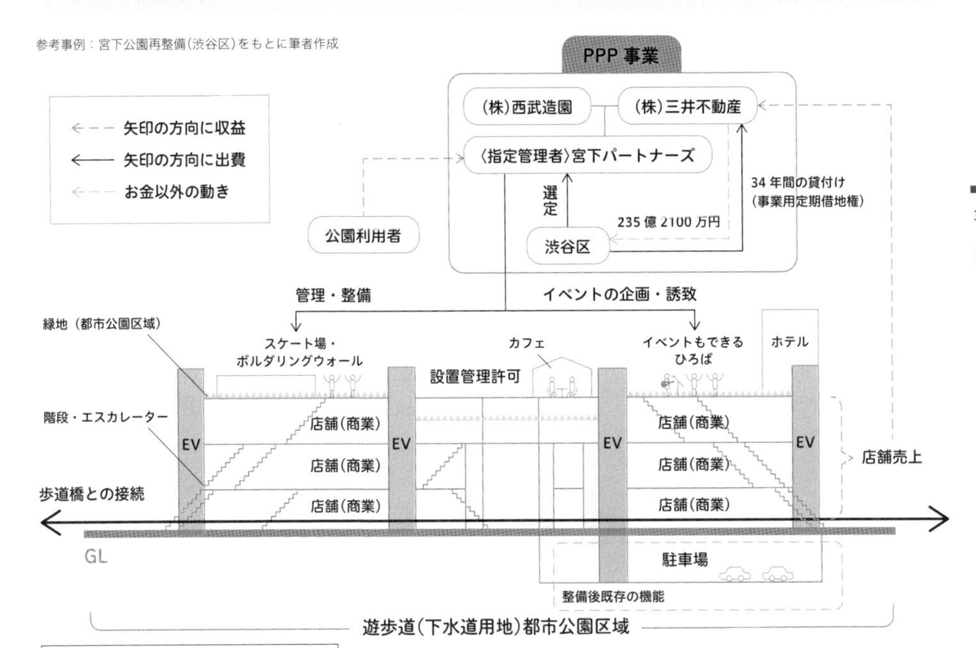

区と事業者による宮下公園の再整備計画

土地区画整理事業と指定管理者制度

「換地」で再編するまちのパブリックスペース

（堀江佑典）

基礎情報　土地区画整理事業：土地区画整理法（1954年）／公園内公共公益施設：都市公園法（昭和31年法律第79号）
指定管理者制度：地方自治法第244条の2（2003年）

制度概要　道路や公園等の整備・改善と、宅地利用の増進を一体的に進め、健全な市街地をつくる事業手法として中心的な役割を果たしてきたのが土地区画整理事業である。特に全国に整備されている街区公園、近隣公園、地区公園の約1／2が土地区画整理事業で生み出されたものとされ（国土交通省「土地区画整理事業運用指針」）、都市空間・パブリックスペースの創出に大きく関与してきた。また指定管理者制度とは、地方公共団体が設置・管理する公の施設（地方自治法第244条）の管理運営を、地方公共団体が定める条例に基づいて指定する管理者に委ねられる制度であり、都市公園をはじめとした多くの公共施設で導入が進められている。

メリット

- 土地区画整理事業の手法「換地」により街区再編が可能となる。宅地の再配置だけでなく、公園や道路等の配置や規模、機能をより戦略的・計画的に整備できる。
- 民間の力でパブリックスペースの利活用を進め、まち全体のエリア価値向上に貢献できる。
- 公共公益施設・公園・道路等を一体的に維持管理すれば、効果的なアセットマネジメントにも寄与する。

要件・基準

- 公園面積の合計が、施行地区の面積の3％以上となるように定めなければならない。
- 指定管理者制度を導入する場合は、行政は公の施設の設置およびその管理について条例で定める必要がある（設置管理条例）。

手続きフロー

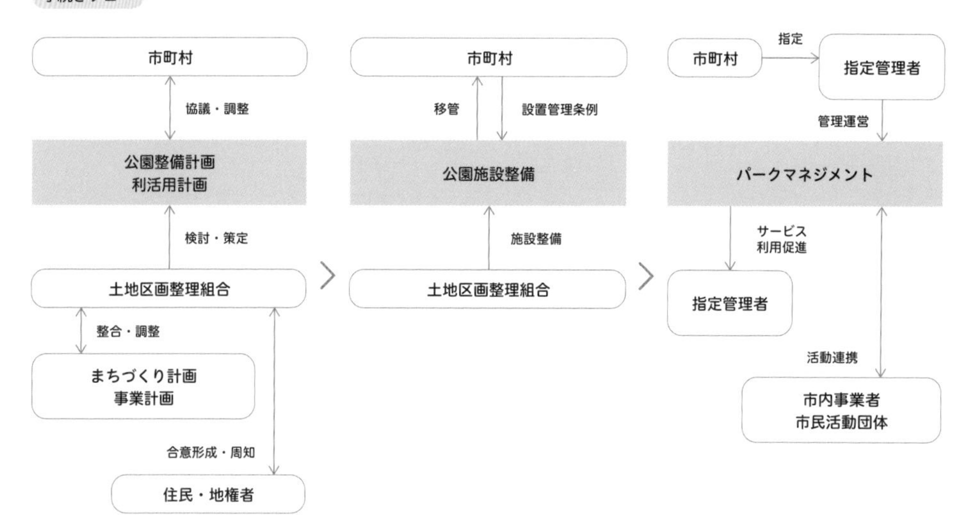

1）公園整備計画・利活用計画

まちづくりの方針、エリア全体における公園の役割や機能、整備後の利活用を、組合自らが検討・策定。この時、地域住民や地権者の合意形成や行政との十分な調整も必要。

2）公園施設整備

公園用地の造成までが通常の土地区画整理事業の範囲だが、まちの価値に大きく影響するため施設整備を事業に含めることも可能。施設整備後は所有権を行政等に移管し、公の施設とする場合は設置管理条例を制定。

3）パークマネジメント

行政が指定管理者を指定し、公園の維持管理を展開。まちづくりや公園の利活用計画に基づいた要求水準を設定することにより、パークマネジメントやエリアマネジメントへの展開も期待できる。

活用ポイント

地域価値を高める触媒となる公共施設には、①構想から運営まで一貫したプログラムの構築、②計画段階からの利用者参画、③点(公園や施設単体)ではなく面(エリア)での取組み、の3点が重要だ。まちづくり全体の中で公園のあり方や活用を考え、事業者や市民を巻き込むプログラム、法的・制度的に円滑なスキームで推進する。「地域経営(≒エリアマネジメント)」の視点から複数の公物管理や活性化事業を一体的に展開することで、エリア価値の維持向上に寄与する。

Case study | ピアラシティ中央公園およびピアラシティ交流センター(三郷市)

埼玉県三郷市の土地区画整理組合による事業(三郷インターA地区土地区画整理事業)で整備された。2012年に近隣公園(約1.3ha)と園内施設(約2,270㎡の公園内建築物)が開館し、運営は「食育・環境教育」を軸に選定した指定管理者を導入。整備の特徴は、①土地区画整理事業による公園・建築の整備(地権者組合による民設)、②エリア価値を創造するパブリックスペースとプレイスメイキング(エリアマネジメント拠点としての機能)、③人とまちをつなぐデザイン(地域住民参画による関係性のデザインの徹底)の3点である。さらに、事業完了に伴う土地区画整理組合の解散時には「三郷市三郷インターA地区等公共施設整備基金条例」を制定し、土地区画整理事業に係る事業費の一部を地区における公共施設の維持管理財源とするといったアセットマネジメント(公共施設等の資産を戦略的にマネジメントすること)の取組みも実施している。

ピアラシティ交流センターの全景(筆者撮影)

参考事例:三郷インターA地区土地区画整理事業における近隣公園および近隣公園内公共公益施設の整備と管理運営スキーム(三郷市)

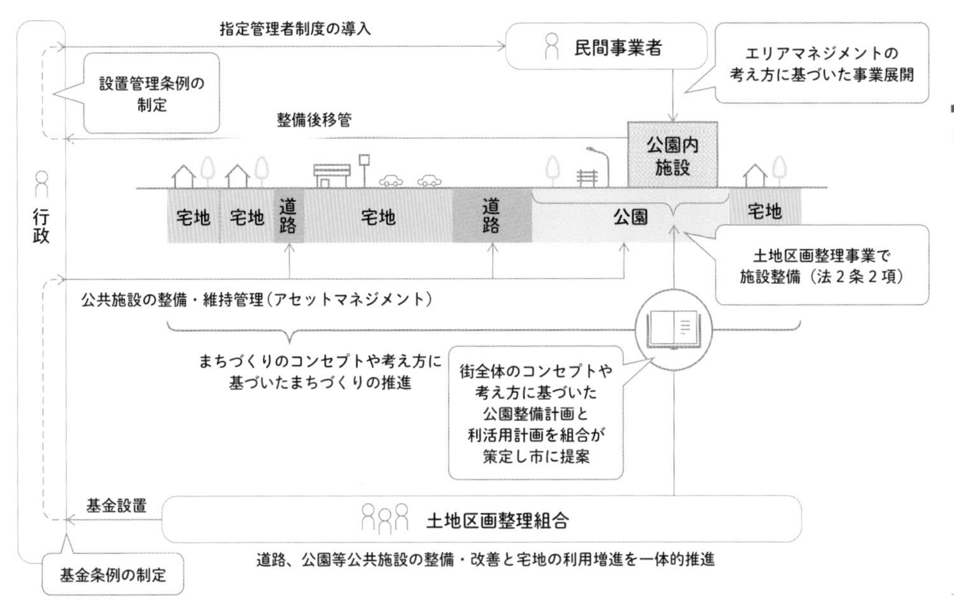

河川敷地占用許可制度

キャンプやリバースポーツ等、水辺の定常的な賑わいの創出

（苅谷智大）

基礎情報　施行年：2011年10月／法令：河川法　河川敷地占用許可準則／実績数：92（2022年3月末時点）
占用期間：10年以内

制度概要　地域の合意を図ったうえで、河川管理者が都市・地域再生等利用区域を指定するというプロセスで、地域のニーズに応じた河川敷地の多様な利用を可能にし、水辺空間を活かした賑わいの創出や魅力あるまちづくりを展開しやすくする制度。

治水と賑わいの両立を目指して

河川敷地とは、洪水や災害の被害を除却または軽減させるための流路を形成する空間であるが、河川環境に支障のない範囲であれば多様な利用に供すべきものとされる。これまで、占用主体は原則公共性・公益性を有する者に限定されていたが、賑わいある水辺空間として積極的に活用したいとの機運が高まり、2011年にイベント広場等の施設の占用や営業活動を行う事業者等による利用が可能となった。

メリット

- 占用許可を受けた営業活動を行う事業者らは、河川敷地にイベント施設やオープンカフェ、キャンプ場等を設置することができる。
- 占用主体は設置した占用施設を、営業活動を行う事業者等に使用をさせることができる。

要件・基準

- 区域の指定にあたっては、占用方針や占用主体を定め、それらについてあらかじめ河川管理者、地方公共団体等で構成する協議会等で地域の合意を図ること。

手続きフロー

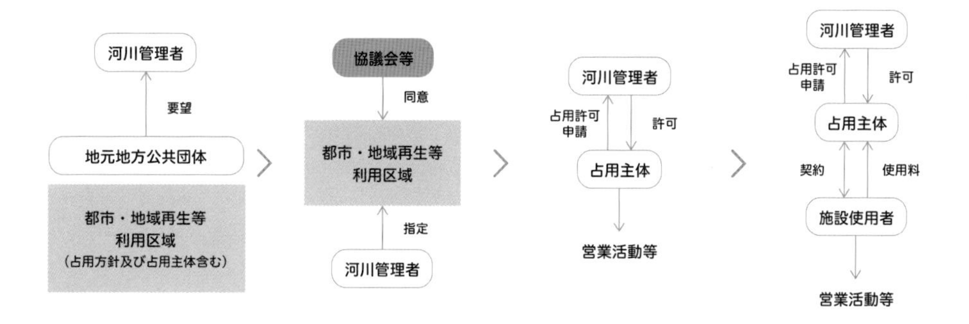

1）都市・地域再生等利用区域の指定等に関する要望

地元地方公共団体から、都市・地域再生等利用区域、占用施設、占用主体の指定について要望する。

2）都市・地域再生等利用区域の指定

河川管理者は、地元地方公共団体からの要望をもとに、河川管理者、地方公共団体等で構成する協議会の合意を図ったうえで、区域、占用施設、占用主体を指定する。

3）占用主体による占用申請

河川管理者は通常の満たすべき基準に加え、都市・地域の再生や河川敷地の適正な利用に資することを確認した上で占用を許可、占用主体は営業活動等ができる。

4）占用者以外の施設利用

占用主体ではない主体（施設使用者）が占用施設を使用して営業活動等を行う場合は、占用者と施設使用者は使用契約を締結する。施設使用料が発生する場合、その収入は河川敷地における施設の維持管理等に充てる。

活用ポイント

水辺をいかに地域自らが楽しみ使いこなせるかが鍵となる。利用に際して必要な手続き（消防、保健所等）は道路その他の公共空間と変わらない。営業活動によって維持管理費が賄えるほど大きな収益が生まれるケースはまだ少ないが、水辺イベントを通して河川の機能（治水・利水・環境）を地域ぐるみで維持していく足掛かりと捉えよう。その地域のエネルギーが次の活用の可能性を拓くと考えたい。

Case study | QURUWA戦略乙川かわまちづくり（岡崎市）

岡崎市の中心市街地を流れる「乙川」を活かしたかわまちづくり社会実験として「おとがワ！ンダーランド」が始まったのは2016年。行政や市内NPO、乙川で事業を行う民間事業者等が中心となり、河川敷でのキャンプや水面を利用したSUPといった、市民に日常的に使ってもらえる乙川らしい空間づくりが行われている。2021年度からは地元企業を中心に公園管理と一体で運営され、さらに多くのプレイヤーを巻き込んだ活動が展開されている。このようなかわづくりの取組みは、沿川の土地利用やパブリックスペースの再整備、商店街の賑わいづくりを含む複数の取組みと有機的につながることで、中心市街地のエリアブランディングに貢献している。

写真提供：ONE RIVER リバーライフ推進委員会

Other cases

名取川閖上地区（名取市）／信濃川やすらぎ堤（新潟市）／堀川納屋橋地区（名古屋市）／北浜テラス（大阪市）／とんぼりウォーク（大阪市）／京橋川オープンカフェ（広島市）ほか

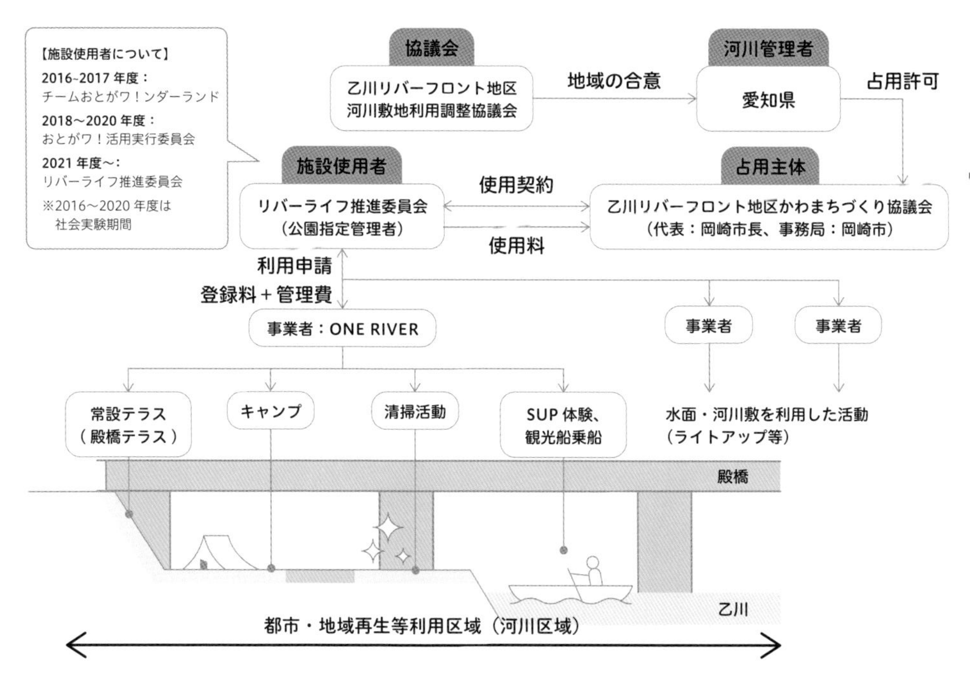

かわまちづくり計画の登録

河川敷をまちとかわをつなぐ地域の賑わい創出拠点に

(大藪善久)

基礎情報 施行年：2010年4月／実績数：244(2021年8月時点)

制度概要 市町村・民間事業者・地元住民と河川管理者が連携し、水辺の整備・利用にまつわる取組みを進め、「河川空間」と「まち空間」が融合した良好な空間形成を目指すため、「かわまちづくり」の登録を行い、河川管理者が「かわまちづくり」の取組みを支援する制度。

「河川空間」と「まち空間」の融合とは?

「かわ」と「まち」と一体となったソフト施策やハード施策を実施することで、水辺空間の質を向上させ、地域の活性化や地域ブランドの向上が実現できる。ふるさとの川整備事業等、従来の各種事業制度では、特定の拠点や個別区間のハード整備を支援することで利活用増進を図っていたが、本制度では、より広域の「まち全体」を視野に入れ、地域活性化に資する河川空間利用を支援することを目指している。

メリット

- ソフト支援：河川敷のイベント広場やオープンカフェの設置といった、地域のニーズに対応した河川敷地の多様な利用を可能とする都市・地域再生等利用区域の指定が可能。
- ハード支援：まちづくりと一体となった水辺整備のために、河川管理者は治水上および河川利用上の安全・安心に係る河川管理施設の整備を行い、市町村や民間事業者は河川空間の利用施設を整備することが可能となる。

要件・基準

- AまたはBに該当すること
- A：歴史的風致維持向上計画や都市再生整備計画、中心市街地活性化等の計画や施策に規定された河川で、まちづくりと一体的に空間を整備し利活用を図る必要があること。
- B：推進主体が河川空間と一体となったまちづくりを行うために自らが整備を計画し、良好な河川空間形成のための諸活動を行い、推進主体の熱意が特に高く、河川空間を整備し、その利活用を図る必要がある河川であること。

手続きフロー

1) 企画構想

ミズベリングプロジェクト等を実行し、地域の魅力探しやアイデア出しを行いながら、人的ネットワークの形成を図る。

2) かわまちづくり計画の作成

推進主体は、河川管理者と共同で「かわまちづくり計画」を作成し、対象河川を管轄する各地方整備局長(または北海道開発局長、沖縄総合事務局長)を経由して、水管理・国土保全局長に支援制度への「かわまちづくり計画」の登録を申請する。

3) かわまちづくり計画の申請と登録

水管理・国土保全局長は、計画の内容や効果、市町村・民間事業者・地域住民の熱意の高さ、関係者の役割分担・体制の確保を勘案したうえで、実現可能性が高いと判断した場合にのみ支援制度に登録。推進主体に登録証を交付する。

4) 支援策の実施

河川管理者は支援制度に登録された「かわまちづくり計画」に基づき、「ソフト施策」「ハード施策」を行う。

活用ポイント

かわまちづくり計画の登録には、市町村・民間事業者・地域住民の実現に向けた熱意の高さが求められるため、構想段階からのミズベリングの活動やワークショップや勉強会の開催により、地域の「かわまちづくり」への意欲を高めることが重要だ。推進主体は地元の合意のために「市町村を構成員に含む、法人格のない協議会」とすることが多い。地域公認の計画を策定するオーソライズ組織と、利活用を進めるプレイヤー(運営組織)を分けて議論することもある。

Case study ｜ 矢作川かわまちづくり 白浜・千石公園地区(豊田市)

矢作川の白浜・千石公園地区は、名鉄豊田市駅を中心とする都心部と集客力の高い豊田スタジアムの間に位置しており、「橋の下世界音楽祭」をはじめとする様々なイベントにも使用され、観光振興および地域活性化に向けて高いポテンシャルを有している。立地を活かした多様な活用実績が評価され、2018(平成30)年3月には、かわまちづくり計画の登録が実現した。河川管理者と豊田市により緩傾斜堤防・ゲート広場・散策路等が整備され、特に緩傾斜堤防上に利活用可能な平場を設け、電気や水道、汚水桝といった利活用のためのインフラを合わせて整備していることが特徴だ。ソフト施策としては、都市・地域再生等利用区域の指定を行っている。

Other cases

天満川・旧太田川(本川)・元安川地区および京橋川・猿猴川地区かわまちづくり(広島市)／美濃加茂地区かわまちづくり(美濃加茂市)／信濃川やすらぎ堤かわまちづくり(新潟市)

参考事例：矢作川かわまちづくり白浜・千石公園地区(豊田市)

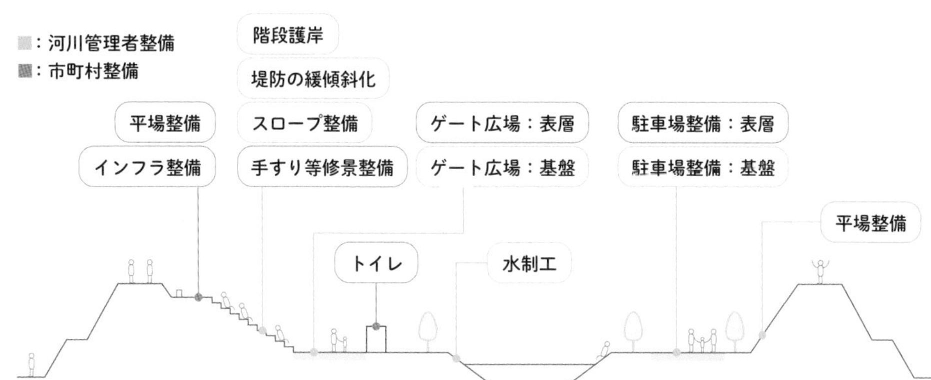

■日常利用（散策・休憩・運動・スポーツ・水遊び・環境整備ボランティアなど）
■イベント利用（音楽イベント・スケボーイベント・フリマ・BMX・自然体験イベント・キャンプイベント・乗馬・気球など）

河川区域

公園区域　　公園区域

都市・地域再生等利用区域

東京のしゃれた街並みづくり推進条例・まちづくり団体の登録制度

手続きの緩和で促進するマルシェや地域祭の実施

（泉山塁威・江坂 巧）

基礎情報 施行年：2003年(2023年4月に一部改正) ／ 法令：東京のしゃれた街並みづくり推進条例(東京都条例)
実績数：63団体(2023年時点) ／ 登録期間：3年(更新可能)

制度概要 東京都内の「公開空地等」の活用を通じて、地域の特性を活かし、まちづくり活動を促進する制度。営利目的のイベントを主体的に行う団体を登録し、活用内容、活用期間、事前申請の手続き等を緩和し、その活動を促進することで、民間活力を用いて地域の魅力を高めることを目的としている。

「公開空地」とは？

公開空地とは、再開発諸制度に基づいてビルやマンションの敷地に設けられた、一般公衆が自由に出入りできる空間である。近年では、空地面積といった量だけではなく、手入れされた植栽やコンサート等のイベントの実施等、質の面が大きく求められてきた。しかし、イベント等の活動を行うには、都度必要となる一時占用申請等の手続きや、営利目的のイベントを実施できないことがハードルとなっていた。

メリット(文1)

- エリアの魅力を高める内容であれば、有料の公益的イベントの実施、オープンカフェ、物品販売ができる。
- 有料の公益的イベントは年間180日まで、無料の公益的イベント、オープンカフェ等は無制限で実施ができる。
- イベント実施における、事前申請等の手続きを一部省略できる。

要件・基準(文2)

- 一定の地区(注1)において、敷地面積が0.5ha以上ある都市開発プロジェクト。
- 活用できる公開空地等の面積がおおむね1,000m^{2}以上であること。
- 登録できる団体は法人格(NPO法人、一般社団法人、株式会社等)をもつ団体。

手続きフロー(文3)(文4)

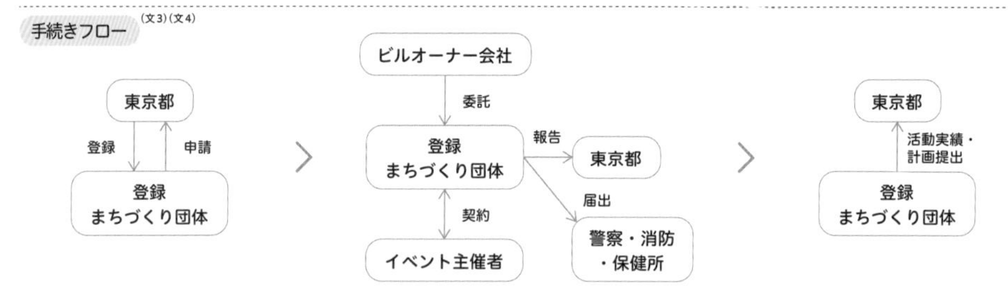

1) まちづくり団体登録の申請

まちづくり団体への登録を希望する団体は、活動計画書、運営計画書等の必要書類を用意し、東京都に対し登録の申請を行う。すでに他の登録団体が活動を行っている場合には、該当団体との間で、お互いの活動への合意が必要となる。

2) 公開空地等の活用(注2)

ビルオーナー、まちづくり団体、イベント主催者間の連携はいくつか形式がある。主には、ビルオーナーとまちづくり団体が同一の形式、ビルオーナーから委託を受けたまちづくり団体とイベント主催者間が協働する形式、間に管理会社を入れる形式である。保健所の食品衛生許可等の細かな手続きはイベント主催者が行う場合が多い。

3) 活動状況の報告

まちづくり団体は毎年度、活動実績および次年度の計画書を記載した書類を、当該年度終了後1ヵ月以内に東京都知事に提出する。まちづくり団体へ登録されることで、活動状況の報告頻度が活用ごとから年度ごとに簡易化できる。

注釈：

注1 一定の地区とは、特定街区、再開発等促進区を定める地区計画、総合設計制度、都市再生特区、高度利用地区。ただし、敷地面積、公開空地の面積は都市再生特別地区のみ条件が異なる。区市決定・許可案件は都が指定する地域内に限り登録可能。

注2 2)のスキームは文4を参照。様々あるうちの一例。

活用ポイント

公開空地等の活性化は、継続的な活用が鍵となる。①単発のイベントを行うだけでなく、継続的にオープンカフェを実施する等「常に何かやっている」状態をつくること、②イベント等の短期的な利益だけでなく、継続的な活用によるエリアブランディング等、長期的な利益を見据えた指針を立てることが望ましい。また、利活用可能面積が公開空地等の実面積の50%であることや、年間計画にない活動を行う際には届け出が必要であることが定められている点には注意したい。

Case study ｜ 京橋エドグラン（中央区）[文5]

日本土地建物（現：中央日本土地建物）が、再開発準備組合から、特定業務代行者の共同企業体代表企業として選定を受け、2016年、中央区京橋に竣工した。オープンカフェやキッチンカーをはじめとする日常的な賑わいづくりに加え、マルシェや地域祭をはじめとして、京橋エドグランの敷地だけでなく、京橋エリア全体の再生・活性化を図っている。また、公開空地内の活動に留まらず、敷地の前面に接する花壇づくりや京橋エリアの情報発信に関わる、帰宅困難者支援施設を担う等、働く人・訪れる人に"心地よさ"を与えることをテーマに、まちのブランディング・マネジメントに注力している。

（出典：中央日本土地建物株式会社）

Other cases[文6]

六本木ヒルズ（港区）／日比谷シティ（千代田区）／丸ビル（千代田区）／東京ミッドタウン（港区）／霞が関コモンゲート（千代田区）／新宿住友ビル（新宿区）ほか

参考事例：京橋エドグラン（中央区）

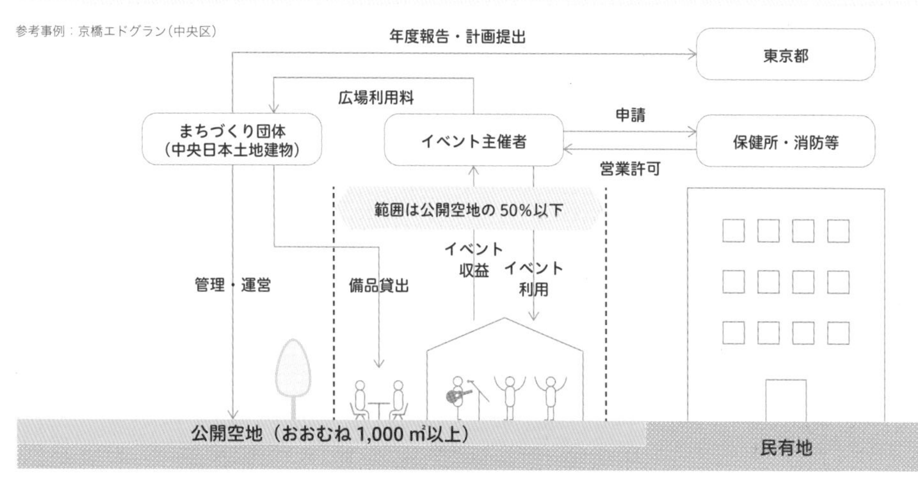

参考文献：

文1、2、6 「まちづくり団体の登録制度の概要」 東京都都市整備局、最終閲覧日：2023.11
（https://www.toshiseibi.metro.tokyo.lg.jp/seisaku/fop_town/pdf/syare03_gaiyou.pdf?202306=）

文3 「東京のしゃれた街並みづくり推進条例施行規則」 東京都都市整備局、最終閲覧日：2023.9.17
（https://www.toshiseibi.metro.tokyo.lg.jp/seisaku/fop_town/pdf/share_kisoku.pdf）

文4 泉山塁威・秋山弘樹・小林正美（2015）「都心部における『民有地の公共空間』の活用マネジメントに関する研究ー『東京のしゃれた街並みづくり推進条例』・まちづくり団体登録制度の調査・分析を通してー」『日本建築学会計画系論文集』日本建築学会、pp.915-922、表4

文5 「イベントスペース利用規則 - 京橋エドグラン」 中央日本土地建物株式会社、最終閲覧日：2022.6.14
（https://www.edogrand.tokyo/wp-kyobashi/wp-content/uploads/2021/04/kiyaku.pdf）

公開空地等活用計画の登録制度

収益性あるイベント実施を可能にした柔軟な空地活用

（宋 俊煥）

基礎情報　**施行年**：2016年／**法令**：福岡市地域まちづくり推進要綱・福岡市公開空地等を活用した賑わいづくり推進要綱／**実績数**：3団体12か所／**事業期間**：3年（延長可）

制度概要　快適で魅力あるまちづくりに寄与すべく、公開空地等を活用したまちの賑わいづくりを推進し、「公開空間等活用計画」により必要な事項を定めることで、公開空地において公益性を保ちつつも飲食・物販・サービスの提供を伴うイベント等が実施できる制度である。

「公開空地等」ってどんな空間？

1971年に創設された総合設計制度で用語として初めて使用された「公開空地」。容積率や高さ制限等の一定の規制緩和を受けるため、ビルやマンション等の民地内に一般公衆が自由に出入りできる空間を設ける仕組みだ。本制度では総合設計制度の公開空地以外に、有効空地（特定街区・高度利用地区）、空地（都市再生特別地区）、地区施設（地区計画）といった空地または内部空間も含めて対象としている。

メリット

- まちの賑わい創出や魅力づくりに資する空間として活用できる。
- 公益性のあるイベントであれば、有料イベントも含め年間180日以内かつ1つのイベントにつき原則10日以内の活用が可能。
- 活用事業者がまちづくり協力金として納付する事業収益の一部を、まちづくり活動に係る経費に充てられる。

要件・基準

- 地域まちづくり協議会は、物販・サービス提供等にまつわる活用計画を策定し、市長の承認・登録を受けること。
- 対象地や活用範囲を明確にし、活用時も空地本来の目的を阻害してはいけない。
- 活用計画の登録後は、毎年度末に実施計画を提出する。
- イベント実施には、火災予防や食品衛生等に関わる各種行政協議や手続きが別途必要。
- 申請者（地域まちづくり協議会等）は、活用しようとする公開空地等の所有者や管理者に対して実施内容の合意を得なければならない。

手続きフロー　※福岡市の場合

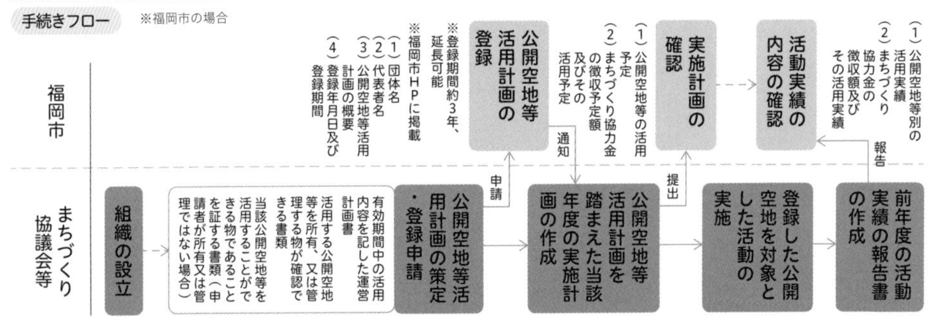

1）活動実施組織による公開空地等活用計画の策定

地域まちづくり組織（協議会等）は、申請書や活用計画案を策定し、福岡市に提出。申請項目には活用目的・方針、活用面積、実施内容・時期、まちづくり協力金の徴収、所有者や管理者の同意書等が含まれる。

2）公開空地等活用計画の登録と通知

申請書の提出を受けた市長は、活用案が市の地域まちづくり推進要綱等に該当すると認めた場合、公開空地等活用計画として登録。その旨をまちづくり協議会の代表者に通知すると共に、市のホームページに団体情報を掲載する。

3）年度実施計画の作成と年度末活動実績報告

まちづくり協議会は、福岡市の登録を受けると速やかに実施計画を提出し、活動する。また当該年度の活動が終わったら、前年度の活動実績として市長に報告する。実施計画には、①公開空地等の活用内容、②まちづくり協力金の徴収額やその活用内容を記載する。なお、徴収したまちづくり協力金は、地域まちづくり組織の各種活動（イベントの管理・運営費など）に係る経費に充てる。

活用ポイント

地域まちづくり組織による賑わい創出と魅力づくりに資する活動であれば、まちに存在する様々な余白となる公的空間を活用することができる仕組み。活用計画の策定は、範囲を明確化しつつ毎年の実施計画・実績報告を透明化するためにあり、地域に資する活動として持続性を高めることが狙いとなる。イベントの公益性が認められれば有料のイベントも実施でき、その一部をまちづくり協力金として地域に還元し、地域課題を解決する事業やイベント、居場所づくり等に活用できる。

Case study | We Love 天神協議会(福岡市)

2006年に設立以来、福岡市天神地区の多様な関係者と共に、生活文化や人に優しい環境の創造、集客力の向上や地域経済の活性化を目指してまちづくりに取組んでいる。天神地区内に福岡銀行本店(図)や福岡三越1階ライオン広場、ソラリアプラザ・ゼファ、岩田屋新館、岩田屋本館と、合計5カ所で公開空地等の活用が行われている。飲食・物販・サービスの提供による売り上げについては、その一部(原則10%)をまちづくり協力金として協議会が受け取り、協議会の一般財源として、フリンジパーキングの運営や歩行者専用化に向けた事業・活動の経費に充てている。

福岡銀行本店の公開空地活用様子(出典:We Love 天神協議会)

Other cases

草ヶ江校区まちづくり協議会(福岡市・2か所)/ 博多まちづくり推進協議会(福岡市・5か所)

類似な他自治体制度:東京のしゃれた街並みづくり推進条例の団体登録制度(東京都)/横浜市特定街区運用基準(横浜市)/大阪市御堂筋本町北(南)地区における御堂筋沿道壁面後退部分の使用行為に関する事前協議要綱(大阪市)/広島市エリアマネジメント活動計画制度(広島市)

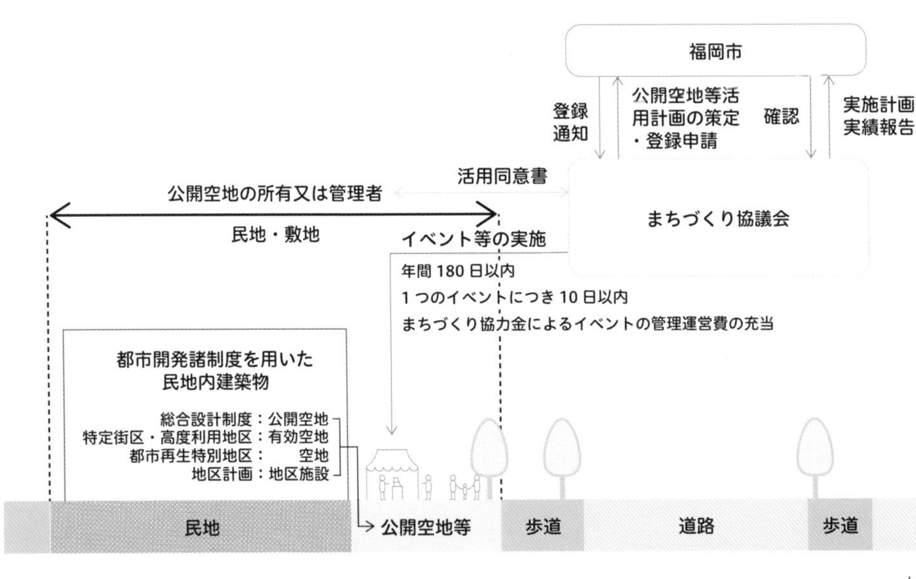

パブリックスペース活用制度

市民主体のイベント実施を支える
つくばペデカフェ推進要項（つくばペデカフェプロジェクト）

（小林遼平）

基礎情報　施行年：2016年6月　※2023年4月に新制度に移行

制度概要　つくば市の中心市街地にある広場を中心に、まちなかのパブリックスペースを活用したイベントやオープンカフェ等を地域の団体と市・まちづくり会社が役割分担をし、協働で取組み、まちの魅力づくりや賑わいづくりを行う制度である。市・まちづくり会社は各機関への手続きや調整、物品の貸し出し、広報等を担っている。今までつくば市が主体として制度運営を行ってきたが2023年4月よりまちづくり会社であるつくばまちなかデザイン株式会社が制度運営を行っている。

公と民をつなぐ地域の味方

パブリックスペースでイベントを実施したいと地域の団体が考えても、手続きや広報、テントといった物品の調達が団体単独では実施が困難であることから、活用は広がっていなかった。そこで、地域の団体がハードルと考える各種業務を市と地域の団体がサポートすることで、協働しながら魅力あるまちづくりを実現する仕組みを構築した。

メリット

- まちづくり会社と地域の団体の共催であることから、それぞれの得意分野を活かした取組みができる。
- 市やまちづくり会社が関係機関への手続きやテーブル等の物品の貸し出し、広報等を担うことから、地域の団体はイベントやオープンカフェ等の運営に注力できる。
- イベント運営のノウハウを蓄積、地域で共有できる。

要件・基準

- 団体の活動目的が公共公益目的であること。
- パブリックスペースを活用できる数の構成員がいること。
- 法人格は問わないが、一個人や一企業では申請できない。

手続きフロー

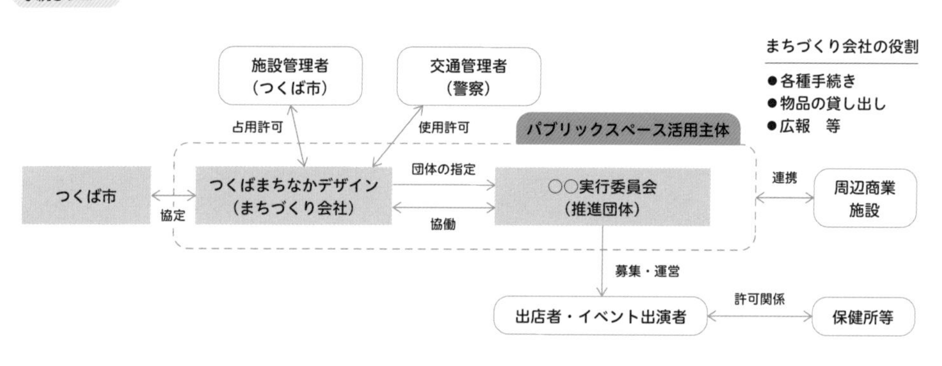

1）**事前相談**

実施団体がまちづくり会社に現在考えている取組みが該当するか等の事前相談。

2）**要項に基づく団体の指定**

パブリックスペースを長期的、継続的に活用するため、実施団体がまちづくり会社から「つくばペデカフェ推進団体」の指定を受ける。

3）**企画や調整、必要書類の作成**

まちづくり会社は実施団体が具体的な取組みの内容について協議し、実施に向けて詳細な調整や書類等を作成する。

4）**各種申請と実施**

道路占用許可や道路使用許可等の手続きを済ませ、イベントを行う。

活用ポイント

パブリックスペースは公共施設なので、活用には様々な手続きや注意すべき点がある。また、イベントやオープンカフェを効果的に運営するためには、地域のニーズを把握することや利用しやすい配置といったノウハウも重要である。本制度は、まちづくり会社と行政が手続きを実施するだけでなく、まちづくり会社と行政等が今まで蓄積してきたノウハウについても提供する仕組みであることから、最初からできないと諦めるのではなく、柔軟な発想でパブリックスペースの活用手法を提案し、実施団体とまちづくり会社と行政が一緒になって来訪者が楽しめる魅力ある取組みを実施してほしい。

Case study ｜ つくばペデカフェプロジェクト（つくば市）

夏から秋には毎週末何かしらの取組みが行われているつくばペデカフェプロジェクト。この仕組みを活用して、多くの団体がイベント等を実施しているが注目したいのは筑波大学の学生が主体となるイベントの多さである。例えば、日本中の地ビールを集めた「つくばクラフトビアフェスト」や東北の日本酒や食を集めた「食と酒東北祭り」が実施されている。なかでも「食と酒東北祭り」は、筑波大生が組織する「食と酒東北祭り実行委員会」による東日本大震災の復興支援イベントとして毎年実施され、東北の日本酒や食をつくばの人に味わってもらい、経済を回していく取組みとして興味深い。最近では、地域の飲食店によるオープンカフェやビアガーデンも数多く開催されるようになった。

Other cases

ホテル日航つくばビアガーデン/つくばクラフトビアフェスト/ふるさとつくばゆいまつり/プレミアムビールとうまいもの祭り/1本からのクリスマスツリー/つくばコーヒーフェスティバルほか

参考事例：つくばペデカフェプロジェクト

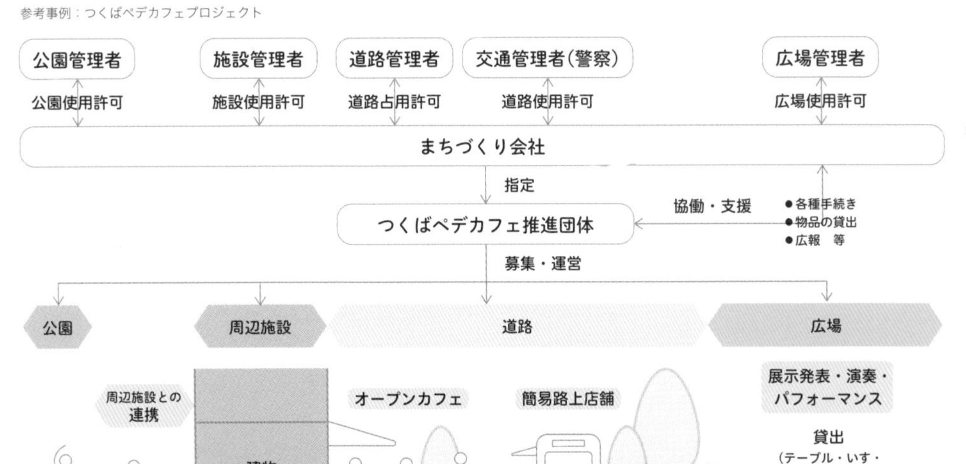

地区独自のまちづくりルールによる規制緩和

札幌都心の顔づくり。沿道ビルとの協働で実現する豊かな公共空間

（西尾美紀）

基礎情報

施行年：2019年4月／法令：札幌市都心における地区まちづくり推進要綱

実績数：4件（2023年時点）

制度概要

地区の特性に応じた地域主体のまちづくりを行う仕組みを定めたもの。この制度を活用し札幌都心部では、地区ごとに独自のまちづくりルールを定めて市の認定を受け、運用することで、容積率や駐車場の附置義務等の制度規制の緩和を受けることが可能となる。

“地域主体のまちづくり”を支える制度

札幌市ではこれまで、容積率緩和の主な評価項目が公開空地の整備だった。新たに定められた「都心における開発誘導方針」以降は、高機能オフィス整備・防災・脱炭素等様々な取組みから地区ごとに評価項目を選択できるようになった。本制度は地区の開発誘導（ハード）とエリアマネジメント（ソフト）をあわせて活用することで、まちづくり組織が主体となって地区を活性化する仕組みと言える。

メリット

- 地区の特性に応じたルールを地区事業者等で策定することができるため、質的・定性的な内容も定められる。
- 地区計画等の法制度と、自主協定等任意のルールの中間に位置する制度であり、計画内容や運用の自由度が高い。
- 地域、行政、事業者による協議の場ができ、開発のための行政協議をワンストップで進めることができる。

要件・基準

- 地区まちづくり協議会は地区事業者や住民から構成されていること。
- 地区まちづくりルールは対象区域の事業者等の多数の支持が得られており、各種行政計画に整合した内容であること。
- 容積率緩和を受ける場合、地区まちづくりルールへの準拠を地区計画等に位置づけること。

手続きフロー

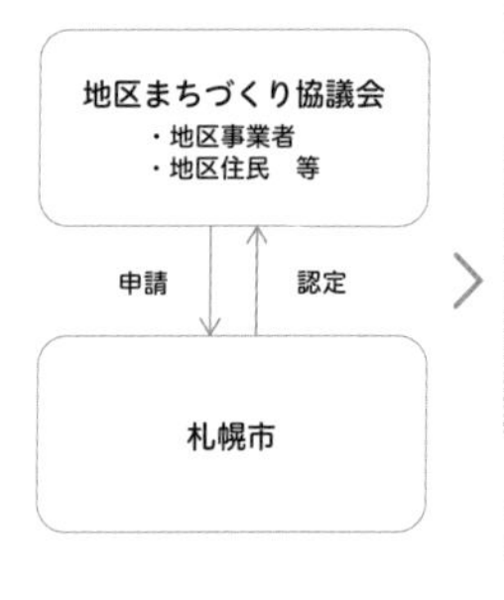

地区まちづくり協議会
↓ 策定・申請
地区まちづくりルール
・土地、建物、空間活用等に関する方針
・建築等行為に係る基準（機能、外観等）
・協議対象行為（新築、用途変更等）　等
↑ 助言・認定
札幌市

地区まちづくり協議会
↓ 策定・提案
地区計画 等
地区まちづくりルールへの準拠による容積率緩和を記載
↑ 地区計画の決定
札幌市

※地区まちづくりルール準拠による容積率緩和を受ける場合に必要な手続き

地区まちづくり協議会
↕ 事前協議
開発事業者　等（協議対象行為を行う場合）
協議結果報告 ↓ ↑ 適合承認
札幌市

1）地区まちづくり協議会の設立・認定

地権者や住民等が組織する地区まちづくり協議会を設立し、札幌市の認定を受ける。札幌都心部では開発機運の高まりを受け、地区ごとのまちづくり会社が地権者と協働し、地区まちづくりの推進に踏み切っている。

2）地区まちづくりルールの策定・認定

地区まちづくりの目標、方針、遵守すべき事項等を定めた地区まちづくりルールを策定し、札幌市の認定を受ける。ルールには、地区まちづくり協議会への事前協議が必要な建築等行為（協議対象行為）を定めることができる。

3）地区計画の策定・決定

認定された地区まちづくりルールは、地区計画等に「地区まちづくりルールへの準拠による容積率緩和」を位置づけることができる。これにより、ルールに準拠すると認められた場合は、容積率の緩和を受けることが可能となる。

4）地区まちづくりの推進（地区まちづくり協議会との事前協議）

地区まちづくりルールに定められた協議対象行為を行おうとする者は、地区まちづくり協議会との事前協議が必要となる。これにより、地区まちづくり協議会は建築等行為者に対し、地区まちづくりに必要な助言をすることができる。

活用ポイント

協議対象行為の事前協議は、内容の見直しが可能な開発構想段階から行うことが望ましい。空間活用や意匠といった事前に判断できない内容については、適切な時期に地区まちづくり協議会と改めて確認・協議を行う条件付きとする等、柔軟な運用を心がけたい。また協議の際には、地区まちづくりルールへの適否の観点だけでなく、より地域に求められる開発とするための前向きなディスカッションの場として、開発事業者が活用できると良い。

Case study ｜ 札幌駅前通北街区地区まちづくりガイドライン(札幌市)

札幌駅前通地区は、北海道・札幌のビジネス拠点として栄えてきた。積雪期の長い気候にあわせ、地区内には屋外だけでなく地下や沿道ビル内に豊かな広場空間が広がっている。地区まちづくり協議会に認定されたのは、地権者等で組織される札幌駅前通協議会で、彼らが策定した「札幌駅前通北街区地区まちづくりガイドライン」は地区まちづくりルールに認定されている。協議対象行為の事前協議には、地区のエリマネ団体や都市計画・建築等の専門家、市の関連部局が参加しているのが特徴だ。ルールの適合判断に加え、建築等行為が地区のビジョンの実現に資するものとなるよう、開発計画全般に関してワンストップで協議を行う場として機能している。

ガイドラインを用いて整備された空間(ヒューリックスクエア札幌)

Other cases

大通Tゾーン札幌駅前通地区まちづくりガイドライン運用ルール(札幌市)

開発検討委員会の仕組み

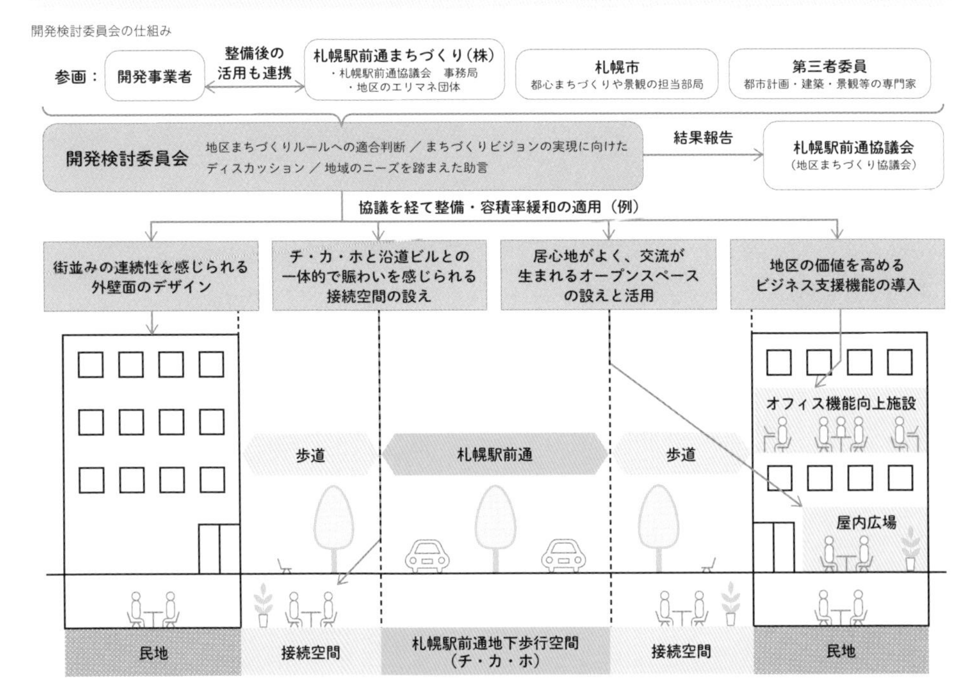

低未利用土地利用促進協定

地域の“余白”をシェアしてパブリックに活用

（村上早紀子）

基礎情報 施行年：2016年／法令：都市再生特別措置法／実績数：0（2022年6月時点）

制度概要 空き地・空き家等の低未利用土地を、土地所有者に代わり市町村または都市再生推進法人等が整備や管理し、居住者等の利用に供する施設として有効活用することを狙いとした制度である。賑わい創出や魅力向上、エリアのまちづくりに貢献することが期待される。

なぜ土地が「低未利用」なのか？

少子高齢化や人口減少により、全国各地で空き地・空き家等の低未利用土地が増加している。都市機能や居住環境を高め再生することが望ましいが、土地・建築物の所有者自ら活用することは困難だから、低未利用となったと言える。そこで所有者に代わって、市町村または都市再生推進法人等が主体となって活用できるように整備されたのが本制度である。

メリット

- 土地所有者と市町村が協定を締結することで、まちづくり側にとっても安定的かつ円滑な土地活用が期待できる。
- 協定を締結する土地所有者は、国や地方公共団体による情報提供や助言といった支援を受けることができる。

要件・基準

- 対象区域は、都市再生整備計画の区域とする。
- 都市再生整備計画に、協定の対象区域や、居住者等利用施設の整備・管理に関する事項をあらかじめ記載しておく。
- 交通施設や公園系施設、公共施設や居住者等利用施設が対象施設となる。営利を目的とするか否かを問わない。

手続きフロー

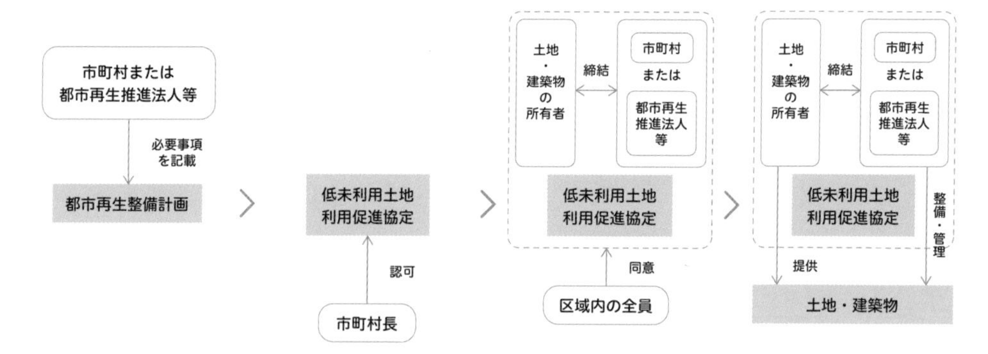

1）都市再生整備計画に、必要事項をあらかじめ記載

協定の対象となる区域や、居住者等利用施設の整備・管理に関する事項を、都市再生整備計画にあらかじめ記載しておく。

2）市町村長による認可を受ける

都市再生推進法人等と土地所有者等が協定を締結するにあたり、あらかじめ市町村長の認可を受ける。市町村長は、協定が認可基準に適合する場合、認可することとなる。

3）低未利用土地利用促進協定を締結

協定区域内の全員の同意で低未利用土地利用促進協定を締結。協定には、整備や管理方法、協定の有効期間や違反した場合の措置も記載できる。都市再生推進法人以外に民間まちづくり団体との締結も可能である。

4）提供された土地・建築物を有効利用

市町村または都市再生推進法人等が、所有者に代わり低未利用土地の有効活用を行う。緑地・広場・カフェといった活用例が挙げられる。

参考文献：国土交通省ホームページ（https://www.mlit.go.jp/toshi/pdf/seido/s_teimiri.pdf）

立地誘導促進施設協定（コモンズ協定）

空き家・空き地を地域主体でまとめて再編し、暮らしを豊かに

（氏原岳人）

基礎情報　施行年：2018年7月／法令：都市再生特別措置法／実績：青森県むつ市（2事例、2022年12月末時点）

制度概要　都市のスポンジ化によって発生した空き家や空き地等を、地権者同士が協定を結ぶことによって、住民ニーズに応えた公共空間（交流広場やコミュニティ施設といった立地誘導促進施設）に転用し、地域コミュニティやまちづくり団体等による管理・活用を促す制度である。

都市のスポンジ化って?

人口減少時代を迎え、地方都市をはじめとした多くの都市では、市街地内に空き家や空き地等が多数散在する「都市のスポンジ化」が進行しており、コンパクトな都市構造を実現するための障壁となっている。今後は空き家や空き地を負の遺産としてではなく、地域の交流を担う空間として、行政や地域住民がアイデアを出し合い活用することが望ましい。

メリット

- 地域コミュニティのニーズに応じた公共空間を創出でき、暮らしの利便性や地域の魅力の向上につながる。
- 公共空間の管理・活用を通じて、地域住民のまちづくりへの参加意識や地域愛着を醸成できる。

要件・基準

- 対象区域は、立地適正化計画（市町村が作成）における居住誘導区域または都市機能誘導区域とする。
- 土地所有者・借地権者の全員の合意により立地誘導促進施設の整備または管理に関する協定を締結する。

制度活用イメージ

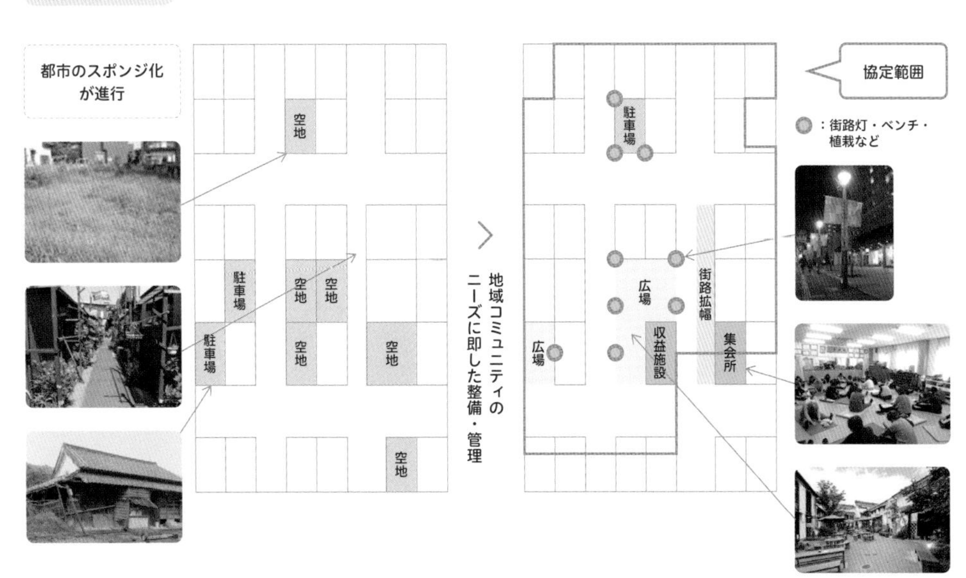

土地所有者および借地権者の全員合意によって、施設の種類や規模、整備、管理方法等に関する協定を締結する。市町村長は、その協定の認可および公告を行い、協定締結者には承継効（締結後に地権者になった者にも効力がある）が付与される。市町村は、協定隣接地の土地所有者等に協定への参加をあっせんすることで、地域住民の活動をサポートする。

出典：国土交通省都市局都市計画課：都市のスポンジ化対策（低未利用土地権利設定等促進計画・立地誘導促進施設協定）活用スタディ集（https://www.mlit.go.jp/toshi/city_plan/toshi_city_plan_tk_003039.html）

誘導施設整備区

空き家・空き地を地域のための医療施設や商業施設に

（氏原岳人）

基礎情報　施行年：2018年7月／法令：都市再生特別措置法

制度概要　特定のエリアに散在する空き地等を集約し、地域に必要とされる医療・福祉施設等の「誘導施設」を一体的かつ柔軟に整備し、そのエリアの魅力を効果的に高めるための新たな土地区画整理事業である。コモンズ協定同様、都市のスポンジ化への対応策である。

求められる誘導施設って？

市街地内に発生した空き家や空き地等は既存の街区割に依存するため、大きさから用途が宅地等に限られてしまう。しかしそれらを集約することでまとまった空間を確保できる。すると例えば、子育て世代のための支援施設や高齢者のための医療施設、賑わい創出のための商業施設等、そのまちに必要な施設を新たに建設することができ、その地域の生活利便性を高めることにつながる。

メリット

- 土地区画整理事業の「照応の原則」（従前の宅地位置）にとらわれず、空き地等の集約化が可能となる。
- 空き地等の集約化によって誘導施設を整備するための用地を確保でき、対象地区やその周辺の価値向上につながる。

要件・基準

- 立地適正化計画（市町村が作成）に記載された土地区画整理事業であり、施行地区に都市機能誘導区域を含むこと。
- 施行地区内に建築物等の敷地として利用されていない宅地等が相当程度存在すること。
- 施行地区内の宅地のうち、誘導施設整備区（誘導施設を整備すべき区域）への換地の地積合計が、誘導施設の整備に必要な地積とおおむね等しいか、またはこれを超えること。

手続きフロー

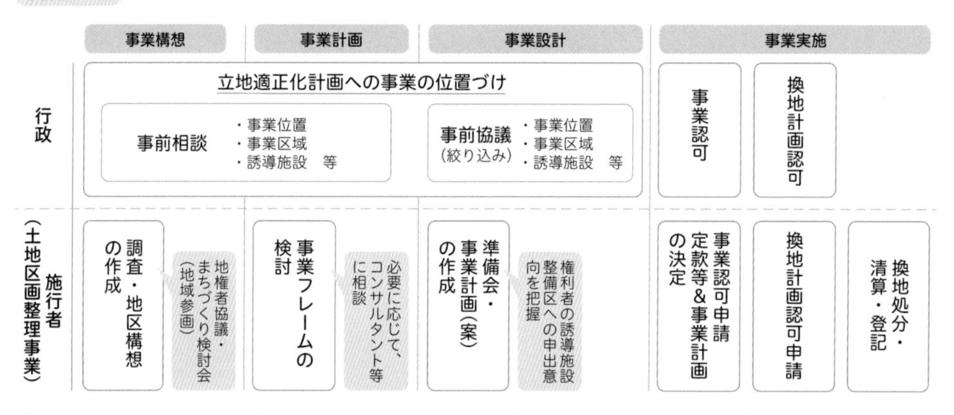

1）事業構想段階

対象地域の実態を把握し、事業化の必要性を判断する。誘導施設を整備すべき地区を「誘導施設整備区」とし、立地適正化計画との整合性も確認。まちづくり検討会の実施や地権者協議を経て、土地利用・誘導施設等の構想を作成する。

2）事業計画段階

事業の実現可能性をシミュレートしながら、事業区域や誘導施設整備区を確定する。専門的な知見も求められるため、必要に応じてコンサルタント等の専門家と連携する。

3）事業設計段階

事業化の準備会を設立し、将来的なまちづくりも視野に入れ、多様な主体のネットワークづくりを進める。また、権利者の誘導施設整備区への申出意向を把握し、申出見込みを確定させ、事業計画（案）を作成する。

4）事業実施段階

事業認可申請により事業化、誘導施設整備区への換地の申し出・同意を経て、換地計画を作成する。換地計画の認可後、換地処分・清算・登記等が実施される。

出典：国土交通省都市局市街地整備課：「小規模で柔軟な区画整理　活用ガイドライン」の策定について～都市のスポンジ化地区における誘導施設整備のための集約換地等の市街地整備手法（https://www.mlit.go.jp/toshi/city/sigaiti/toshi_urbanmainte_tk_000066.html）

駐車場附置義務条例の地域ルール

賑わいの分断を回避するための駐車場の集約化と附置義務の緩和

（宋 俊煥）

基礎情報　施行年：2002年（2022年改正）／法令：東京都駐車場条例／実績数：東京都9地区（2022年2地区）
事業期間：特に定めていない

制度概要　建築物の用途や実際の駐車場需要、敷地の立地状況等の地域特性に応じた柔軟な駐車施設の配置や附置義務基準の設定を可能とするもので、地域ルールが策定された地区においては、東京都駐車場条例に基づく必要設置台数を緩和できる。2022年の改正で鉄道駅等から半径500m以内の区域でも適用が可能となった。

> **「地域ルール」って、なぜ必要？**
> 1958年に制定された東京都駐車場条例は、建物の増加に伴い駐車場の整備が義務づけられた。しかし市街地エリアでは反対に駐車場の余剰が発生。商店街から駐車場の乱立がまちの賑わいを分断したとの指摘を受け、エリア特性に応じた地域ルール制度（策定主体：区市）が創設した（2002年）。近年は地域ルール策定協議会を設置し、民間との連携を基にルールを策定することが求められている。

メリット

- 地域ルールが適用された地区では、小規模な敷地同士が連坦して駐車施設を共同設置できる。反対に供給過剰な整備地区では、附置義務台数を緩和することができる。
- 都市再生整備計画の①滞在快適性等向上区域と、立地適正化計画の②駐車場配置適正化区域に関連事項を記載し、当該区域内附置すべき駐車施設に関する条例で認められれば、設置台数を減らすことができる。

要件・基準

- 都市計画法に基づく「駐車場整備地区」のうち「駐車場整備計画」が認められた区域であること。
- 「東京都駐車場条例に基づく地域ルールの策定指針」に定められた策定主体（区市）と手順（協議会の設置、利用実態調査等）に従う必要がある。
- 利害関係者で構成する協議会は、地域ルールの適用から原則1年以内ごとに地域ルールの成果を検証し、その実効性が認められない場合見直し案を報告する。

手続きフロー

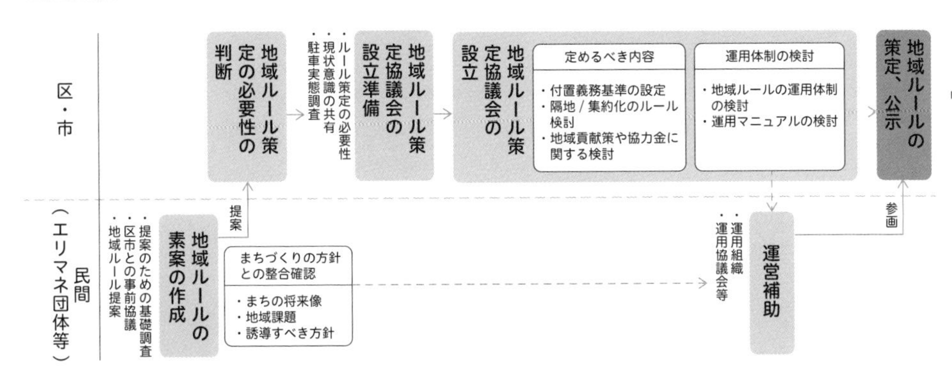

1）地域ルールの素案の作成

区市等の事前協議とともに、基礎調査に基づく地域の課題を踏まえた「まちの未来像」に基づく地域ルールを作成し、区市等の判断により地域ルールの必要性を確認する。

2）地域ルール策定協議会の設立と検討

地域ルールが必要と判断した場合、区又は市の所管部局が主体となり、学識経験者・地区の住民組織（町会、商店会等）・交通管理者・東京都駐車場条例所管局等で構成する地域ルール策定協議会を設立し、地域ルールで定めるべき内容や運営体制に関する検討を行う。

3）地域ルールの策定と公示

民間（エリマネ団体等）と連携し、運用組織等の設立等、地域ルールの運用体制を構築したうえで、地域ルールの策定・公示を行う。

都市再生駐車施設配置計画

余剰の駐車施設を賑わい空間へ転用する

（中島 伸）

基礎情報　施行年：2018年7月／法令：都市再生特別措置法／実績数：1件（2022年3月時点）

制度概要　都市再生緊急整備地域で、附置義務駐車施設の位置と規模（台数）を柔軟に定め、まちづくりと一体で駐車施設を整備できる制度。余剰の駐車施設を賑わい施設等に転換して安全性・利便性を向上したり、整備量の適正化から民間事業者の都市開発を促したり、交通課題の解決につなげる。

「駐車場附置義務制度」とは？

1957（昭和32）年に制定された駐車場法は、都市開発で活動量が増えるエリアの交通量が増加することを見越して、敷地面積に応じた駐車場の附置義務を設けたものである。しかし制定後60年以上経過した現在は高い駐車需要の一方で過剰供給なケースも問題視され、歩道を横断する駐車施設等が街並みを分断、低未利用土地の増加を助長していることが課題となっている。

メリット

- 地域の特性に応じた駐車施設の附置のルールにより、駐車場条例によらない附置義務駐車場台数の算定や、駐車場の隔地・集約等が実施できる。
- 余剰な駐車施設を店舗や交流施設等、多用途に転換・活用できるようになる。

要件・基準

- 都市再生緊急整備地域内であること。
- 配置計画の作成にあたっては、都市再生緊急整備協議会において、国の関係行政機関等の長の全員の合意により作成すること。

手続きフロー

都市再生緊急整備協議会

配置計画運用体制の検討組織を設置（会議・部会等）

・関係行政機関
・民間事業者
・専門家等

情報共有 ← → 尊重

配置計画運用体制検討組織

○まちづくりと連携した駐車場施策の検討
・目指すべき将来の都市像と駐車施設のあり方
・交通実態等の把握
・計画区域の設定

○駐車施設の位置の設定
・附置義務建築物、隔地、集約先駐車施設の位置の検討
・地域地区／街区レベルでの位置の検討
・移動制約者用、荷さばき用、自動二輪車用等の留意検討

○駐車施設の規模の検討
・附置義務駐車施設（区域全体の規模）の設定
・附置義務駐車施設（個別の規模）の設定

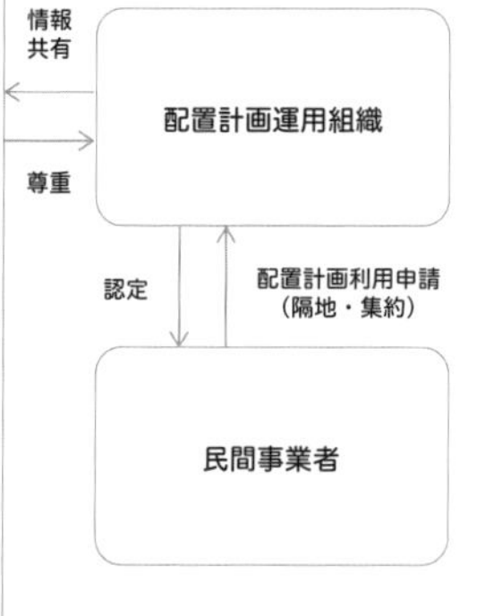

1）計画運用体制の設置

都市再生緊急整備協議会が配置計画に関係する行政機関、民間事業者や専門家等を招集し、計画策定から運用に関わる体制を設置する。

2）都市再生駐車施設配置計画の策定

協議会が対象地域のまちづくりと連携して駐車場施策を検討し、そのうえで駐車施設の位置を設定・駐車施設の規模を検討し、計画を策定する。

3）配置計画の利用申請

民間事業者が計画区域内の基準に基づいて駐車施設を整備する場合、建築確認申請前に本計画の運用組織へ申請し、運用組織が基準に照らして認定する。

活用ポイント

地域のまちづくりを見据えて駐車場のあり方を見直すために効果的な制度である。例えば、個別更新が難しい中心市街地や商店街の老朽化ビルを共同建替えする際、本制度を活用すれば、駐車場の附置義務で1階に駐車施設の出入り口が設置される等の、街並みの分断を防ぐことができる。地域に余剰駐車場等がある場合に地権者の合意によって集約することで効果的な施策となる。今後、グランドレベルの賑わいづくりやウォーカブルなまちづくりを推進する際にも活用が望まれる。

Case study | 内神田一丁目周辺地区都市再生駐車施設配置計画(千代田区)

東京都千代田区神田地域に位置する本計画地区は、公共交通が充実した都心部に位置し、暫定利用の青空駐車場や路上パーキング・メーターも存在するため、駐車施設の稼働率が低かった。そこで、附置義務駐車施設の整備量を適正化し、余剰駐車場を店舗等の用途に転換・活用することで、まちの活動や交流の場が建物内外で連続する環境づくりを目指している。一般者用駐車施設で例を示すと、附置義務発生の下限面積(建築敷地の特定用途＋非特定用途の4分の3の合計)が東京都条例の基準だと1500㎡であるのに対して、本制度では2200㎡まで整備義務が免除されている。

Other cases

駐車場整備計画に基づく地域ルール(千代田区、中央区、新宿区)／低炭素まちづくり計画に基づく地域ルール(港区)

参考事例：都市再生駐車施設配置計画制度の概要(出典：内神田一丁目周辺地区都市再生駐車施設配置計画)

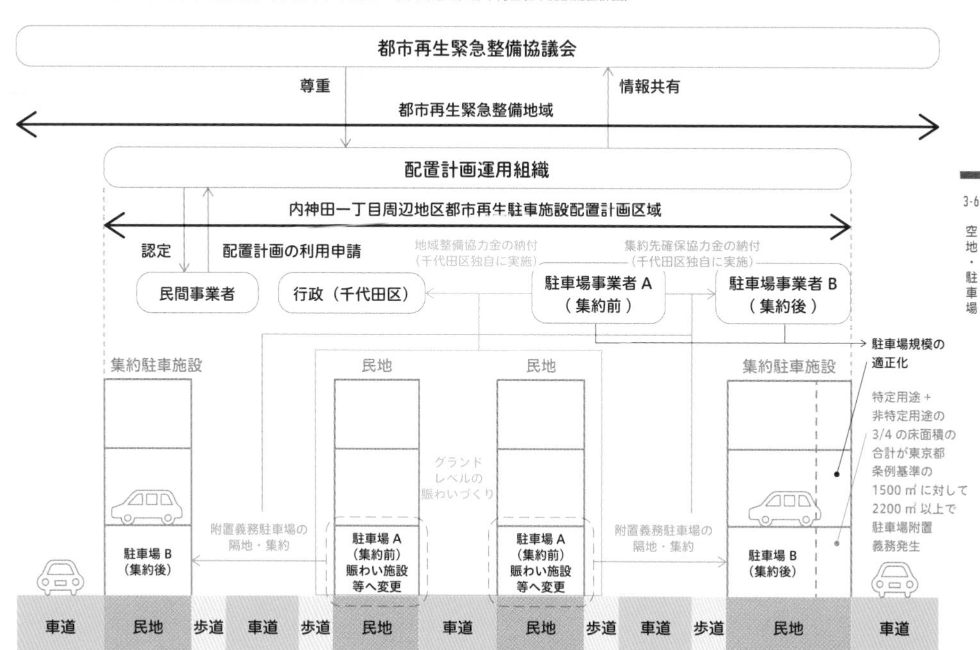

カシニワ制度

空き地をコミュニティガーデンへ。住宅地のオアシス創出

（成清仁士）

基礎情報　施行年：2010年11月／法令：柏市緑の基本計画／実績数：214件(2015年時点)
使用期間：任意

制度概要　低未利用地や管理水準の低下した土地を、多様な主体が管理するオープンスペースやオープンガーデン等に変える制度。土地所有者と土地を整備活用したい市民団体等をマッチングする「カシニワ情報バンク」と、取組みを登録・紹介する「カシニワ公開」からなる。

低未利用地の適切な管理に向けて

人口減少や少子高齢化の進展により、低未利用地や管理水準の低下した土地が全国的に増加している。特に柏市では戦後の急激な都市化に伴うスプロール現象が生じた結果として虫食い状に緑地が残存しており、市街地の中に樹林地、空地、農地、宅地が入り混じるという土地利用の特徴がある。2003年千葉県里山条例の施行による里山活動協定制度の創設、2006年柏市里山ボランティア講座の開設を経て、2009年柏市緑の基本計画改定を契機に、2010年からカシニワ制度が運用開始された。

メリット

- 住宅地の貴重なオアシスとなり、都市に潤いや安らぎを与える空間として、ヒートアイランド現象の低減、防災時の避難場所といった様々な機能が期待できる。
- 地域のつながりの場となる、人材発掘・育成の場となる等のメリットがある。

要件・基準

- 土地の使用期間等の詳細は土地所有者と市民団体等との間で締結する協定等で定める。
- 登録者は市民団体、法人、大学等様々な主体の参画が可能。住所や連絡先等の個人情報については登録者が任意で公表・非公表を選べる。

手続きフロー

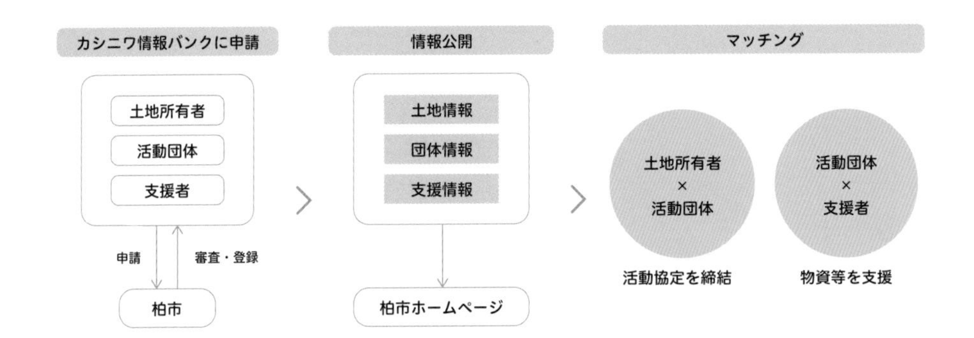

1）カシニワ情報バンクに登録

土地や物件を貸したい所有者は土地情報を、活用したい活動団体は団体情報を、カシニワ活動を支援したい支援者は支援情報を、それぞれ柏市へ申請する。書類受領後、内容確認と審査を経てカシニワ情報バンクに登録される。

2）カシニワ情報のマッチングと活動助成

カシニワ情報バンクに登録された情報は、柏市のホームページで公開される。マッチングが成立した所有者と活動団体は、カシニワ活動協定書を締結する。活動団体と支援者とのマッチングの場合は、活動団体へ物資等を支援する。

3）カシニワ公開に登録

カシニワ公開に向けては、「オープンガーデン」「地域の庭」「里山」に分けられたそれぞれの様式で柏市へ申請する。書類受領後、審査を経てカシニワ公開情報が登録される。毎年5月にはカシニワを一斉公開するイベント「カシニワ・フェスタ」が開催される。また、カシニワ公開に登録した個人・団体向けの助成金に申請することもできる。

4）柏市ホームページ等で情報公開、カシニワ・フェスタで情報発信

登録されたカシニワ公開情報は、柏市ホームページ等広報媒体によって広く市民に周知される。また、看板が無償貸与される。

活用ポイント

カシニワの多くは私有地で活動するものであり、所有者や活動団体の好意と善意にもとづくボランティアによって実現している。活動によって人の出入りが多くなると、マナー違反や近隣からの苦情が生じる恐れもあるため、利用する際には十分な配慮が必要。

Case study | 自由広場(千葉県柏市)

「カシニワ制度」適用第1号。市所有地を新若柴町会が無償で借り受け、コミュニティガーデンとして暫定的に整備・運営する事例。2010年開設。敷地北部を花壇・菜園ゾーン、南部を芝生広場ゾーンとされ、簡易遊具、休憩施設、物置小屋、仮設トイレ、仮水道、掲示板、屋外テーブル、ベンチが設置されている。町会が運営し、日常的には子どもたちによるボール遊び、中高年者による花壇・菜園活動やラジオ体操に利用される。また、納涼祭り等の季節イベントも催される。

Other cases

千葉県柏市内(寺谷ツの森、下田の杜、ふうせん広場、個人宅オープンガーデンほか)

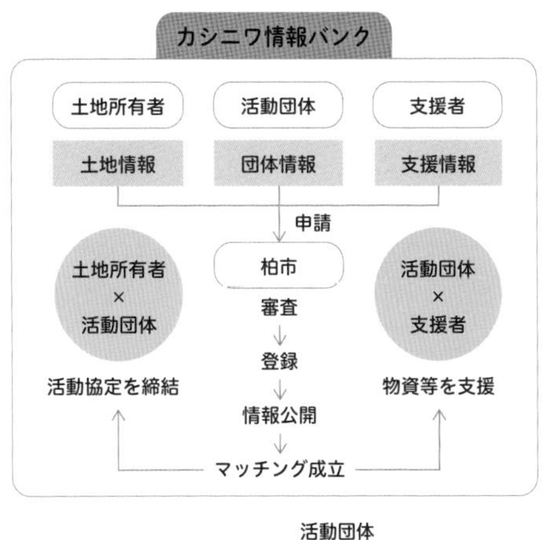

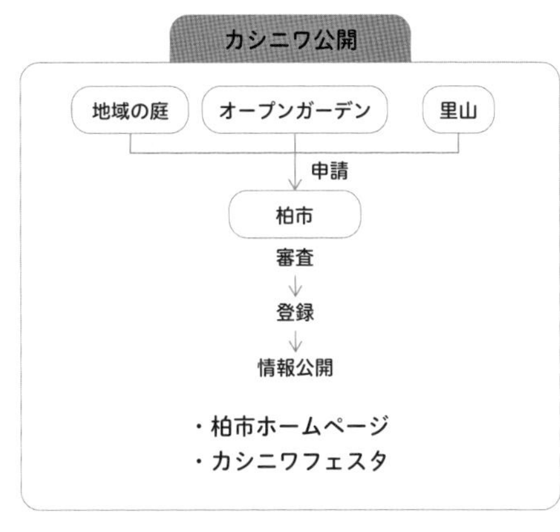

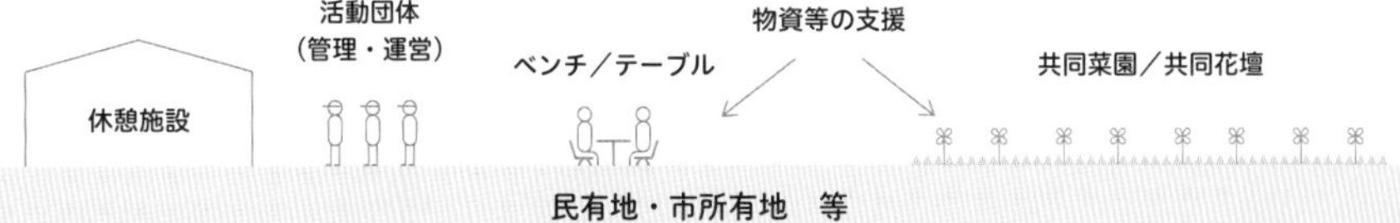

参考文献:

●細江まゆみ(2016)「カシニワ制度の効果に関する一考察」、研究所報 = BULLETIN OF JAPAN STATISTICS RESEARCH INSTITUTE 47 117-175、法政大学日本統計研究所

●渡辺陽介ほか(2014)「カシニワ制度に基づくコミュニティガーデンにおける公共性の変化」『ランドスケープ研究』77(5)、713-718

荷捌き駐車の集約化及び地域ルール

歩行者優先のまちづくりを進める交通環境のコントロール

（青木秀史）

基礎情報
法 令：駐車場法、都市の低炭素化の促進に関する法律、都市再生特別措置法
実績数：9件（2021年10時点）

制度概要
まちなかの交通環境の改善のため、計画で定めた区域に、地域の特性や駐車施設の需要に応じて、適切な駐車施設の確保と運用を行うことができる制度である。3つの法律に基づく地域ルールが併存し、目的に応じて活用できる。

なぜ地域の実情に応じた制度が必要なの?

これまでの自動車中心社会では、駐車施設の量を確保すべく建物ごとに一律の附置義務基準が設けられていた。しかし市街地の特性によっては、荷捌き等による路上違法駐車の発生や建物の駐車出入口の乱立による歩行者の安全性等への影響が問題となっている。地域ルールにより、計画区域にて、駐車施設の集約化や附置義務台数の適正化を図ることができる。

メリット
- 計画区域内において、市街地の特性に応じた駐車施設の供給量や配置を、適正にマネジメントすることができる。
- 附置義務駐車場の台数低減に応じて収集した協力金を、地域の駐車・交通課題の解決に活用することできる。

要件・基準
- 市街地の特性（適正な駐車施設の供給や都市の低炭素化の促進等）に応じて、区域指定や各種計画を策定する。

手続きフロー

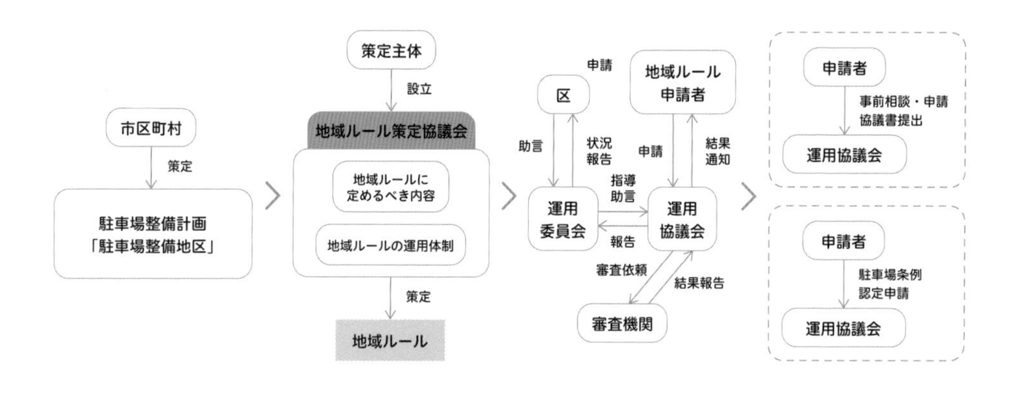

1）地域ルール策定に向けた各種計画策定

例えば、駐車場法に基づく地域ルールを策定できるのは「駐車場整備地区のうち、駐車場整備計画」が定められた区域等である。その他、都市の低炭素化の促進に関する法律や都市再生特別措置法に基づく場合も各法に従い、ルール策定の前提となる計画が求められる。

2）地域ルールの策定

策定主体となる区や市が策定協議会を設立し、附置義務基準や隔地、集約化のルールをはじめとし、目的に沿った内容や運用体制・マニュアルを検討する。地域ルールの策定・公示は協議会が行う。

3）地域ルール運用の体制構築（策定主体）

各地区で地域ルールを円滑に運用できる体制を構築する。都内の運用例では、地域ルールの申請受付と審査を切り分け、区が設置した運用委員会がルールの検証・見直しを担っている。

4）地域ルールの活用（申請者）

申請者は運用協議会（申請受付窓口）および都・区・警視庁に事前相談をしたのち、地域ルールを申請する。審査通過後、誓約書や協定書等を運用協議会に提出し、都・区に駐車場条例の認定申請を行う。

活用ポイント

従来基準が足枷となり老朽化建物がなかなか更新されない地域や、まちなかエリアをより人中心の場にするため、活用したい制度である。ポイントは、適正な駐車施設のマネジメントで生まれる協力金の使途である。例えば商業エリアでは、賑わいの連続性を確保すべく、集約駐車場の整備費や荷捌き駐車用スペースの確保に活用できる。地域ルールで定めた目標に貢献しうるよう、自治体や地域関係者、交通事業者らが、ともに地域の将来像を共有することが肝要だ。

Case study ｜ 池袋地区駐車場地域ルール（豊島区）

アート・カルチャーによる人中心のまちづくりを掲げる池袋エリアでは、グリーン大通りを軸としたエリアの回遊性向上のため、2020年3月に地域ルールを策定。近年、連鎖型の開発や歩行者優先の取組み推進が進む一方、都条例に基づく、一律の駐車場附置義務基準や貨物車両の路上違法駐車により回遊性が阻害されていたためである。特に、歩行者の通行を妨げる路上荷捌き等が目立つ池袋駅東口地区では2020年9月に「南北区道周辺荷さばきルール」が策定され、歩行者最優先の道路において車両通行を禁止する時間帯、荷さばきの時間帯・曜日と駐車場所のルール化を図った。引き続き、運用委員会が地域ルールの適用範囲拡大や運用マニュアルの改訂の検討を進め、歩行者優先のまちづくりを推進している。

Other cases

東京駅前地区駐車場地域ルール（中央区）／新宿駅東口地区駐車場地域ルール（新宿区）／環状2号線周辺地区（港区）／横浜元町商店街共同集配送事業（横浜市）／吉祥寺共同集配システム（武蔵野市）／共同集配送施設ぽっぽ町田（町田市）

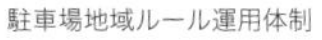
駐車場地域ルール運用体制

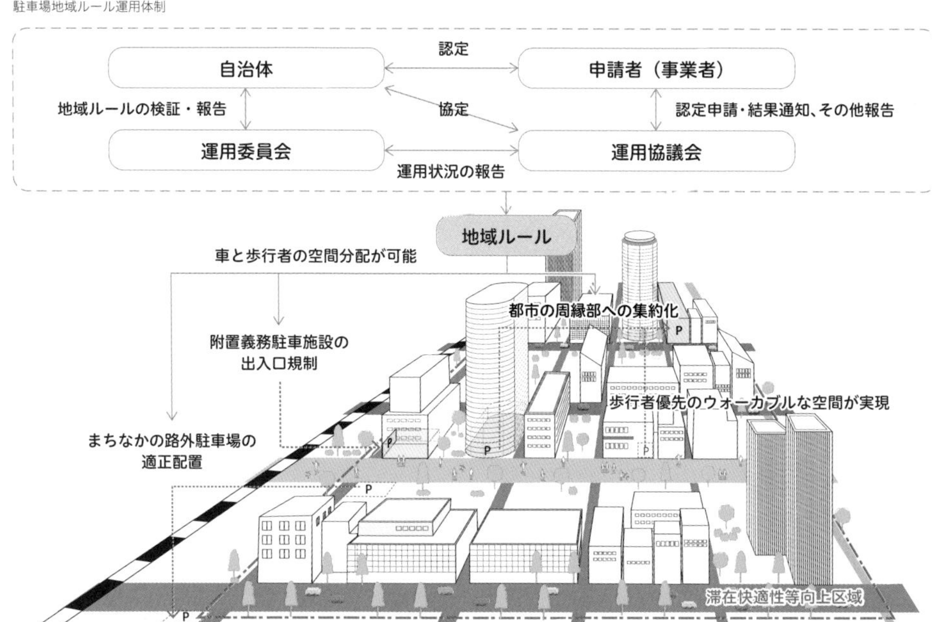

附置義務駐車施設の集約化・出入口設置制限のイメージ図（参考：国土交通省資料をもとに筆者作成）

横浜・公共空間活用手引き

手続きの負担軽減と公民連携で目指す、地域に根ざした活用の促進

（木村 希）

基礎情報　施行年：2020年1月

制度概要　公民連携によるパブリックスペースの活用を促進するために、行政のビジョンや申請手続きのフロー等がまとめられた手引き。みなとみらい等の臨海部に限らず、市内全域のパブリックスペースの活用を通し、地域コミュニティの活性化や“横浜らしい”魅力的な空間の演出が期待されている。

なぜ手引きが必要に?

道路や公園等の公共空間が数多く存在する横浜市では、パブリックスペースの活用によって賑わいを生む公民連携事業を促進するため、2015年に「公共空間活性化プロジェクト」が設置された。2018年、調査・モデル事業の公募・実施に向けた協議の推進が行われる過程で、民間事業者から行政手続きの複雑さを指摘する声が上がったことを踏まえ、手引きが策定された。

メリット

- 行政手続きの煩雑さを軽減させることで、民間事業者の参画がしやすくなる。
- 行政の財源やノウハウは限られるが、公民連携により新たな手法で地域活性化に寄与することができる。
- パブリックスペースの活用が進むことで、エリア一帯の活性化や、公共施設を管理する負担の軽減等、多様な波及効果が期待できる。

要件・基準

- 事業内容や申請者要件により手続きのフローや判断が異なるため、個別案件での相談をベースとしている。
- 公共性や公益性を守るために、地域団体と相談や合意形成を進める必要がある。
- 地域特性を理解し、魅力度の向上や課題解決等対象地にあった企画が求められる。

手続きフロー　※手引きが示す一般的な手続きフロー

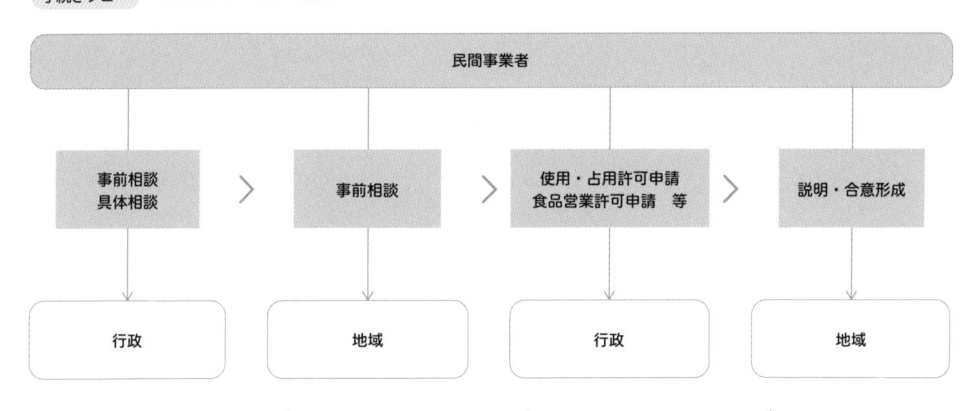

1）行政への相談

活用を検討している公共空間の特徴を把握したうえで、相談窓口にて検討事項を相談する。内容によりスケジュールが異なるため、活用開始の半年〜3カ月前には動き出しているのが理想。

2）地域への事前相談

関係する自治体・町内会・商店街組合・まちづくり協議会との調整を行い、事前相談を行う。丁寧な関係構築をするために、タイミングや順番等にも配慮する。地域の人間関係やキーパーソンの情報等も意識的に収集する。

3）必要な申請の手続き

道路や公園の占用に係る許可のほか、活用の内容によっては催事許可や景観協議、食品提供に関する手続きが必要になる。庁内で他部署との連携が必要になる場合や、地区によっての独自の手続きが発生する場合もある。

4）地域との合意形成

活用内容の詳細を説明し、地域の理解を得る。地元団体が定期的に利用している公共空間もあるため、状況を鑑みながらスケジュールに余裕をもって調整を行う。これら1）〜4）のプロセスを踏んだ後、行政から許可書が交付される。

活用ポイント

横浜市では、民間事業者からの相談や提案を受ける「共創フロント」(担当：政策局共創推進課)を2008年に設置し、関係部署との調整や連携のサポートを行っている。加えて、2020年度には、パブリックスペースのうち公園に特化した窓口「Park-PPP Yokohama[略称P×P(ピーバイピー)]」(担当：環境創造局公園緑地管理課)も開設している。これらの窓口と早い段階から連携し、行政と民間事業者の協力関係を築くことが、長期的に愛される公共空間の実現につながる。

Case study | こそだてMIRAIフェスタ(横浜市)

横浜市の「公共空間活性化プロジェクト」の1つである「都心臨海部の魅力向上につながる横浜市公共空間活用モデル事業」として事業化された第一弾の事例。「地域のママを支え、子育てを応援する地域づくり」をテーマに2018年7月に開催されてから、内容のアップデートを繰り返しながら翌年以降も継続的に開催されている。

ステージコンテンツや相談ブースに加え、地元のママさんコミュニティによる手芸やヨガのワークショップや親子撮影会も開催され、家族連れが集まるイベントになっている。初回の会場となった緑地・日本丸メモリアルパークは、横浜を象徴する「帆船日本丸」が停泊した開放的な広場となっている。

https://www. hamaspo. com/news/20180804-02
写真出典：ハマスポ

Other cases

横浜マンホール！ノルディックウォーキングツアー(横浜市)／企業とワークスタイル変革！(横浜市)／帷子川SUPステーション(横浜市)／横浜動物の森公園未整備区域における遊戯施設等の公募設置(横浜市)

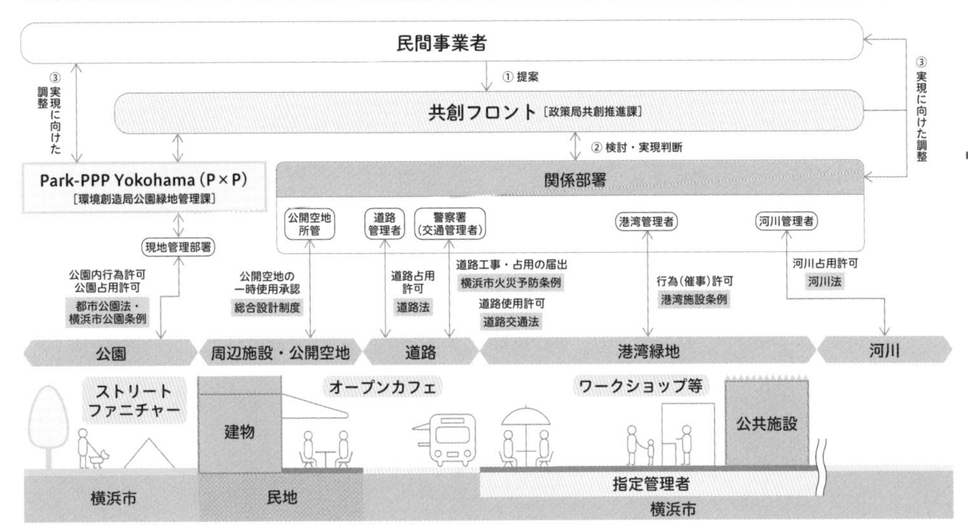

参考文献：

●横浜市HP https://www.city.yokohama.lg.jp/business/kyoso/public-facility/kokyokukan/publicspace.html
●国土交通省都市局まちづくり推進課資料 https://www.mlit.go.jp/toshi/common/010000100.pdf
●横浜市記者発表資料 https://www.city.yokohama.lg.jp/business/kyoso/public-facility/kokyokukan/publicspace.files/20180713_pressrelease.pdf
●日本丸メモリアルセンター https://www.nippon-maru.or.jp/facilities/greenspace/

エリアマネジメントガイドライン（静岡市）

パブリックスペースの利活用の「はじめの一歩」を後押しするガイドライン

（堀江佑典）

基礎情報　施行年：2018年／発行：静岡市都市計画課

制度概要　静岡市内の公園緑地、広場、道路空間等のパブリックスペースを、市民が積極的に活用してまちに賑わいや活力を生み出せるよう、パブリックスペースの種類ごとに必要な手続きや担当窓口を示したガイドライン。入門編と上級編に分けてあり、わかりやすくまとまっている。

市民にとっての「公共空間」とは何か?

「まちは劇場」という構想をかかげ、まちに根付く大道芸や演劇・文化をさらに推進したい静岡市にとって、パブリックスペースは市民一人ひとりが輝く舞台であり、財産である。そこで個々人の小さな活動をさらに活発にすべく、パブリックスペースを活用したいと思うすべての人に向け、はじめの一歩を踏み出す後押しとして作成された。

メリット

- 「公園」「道路」「河川」「河岸・砂浜」「市役所等の庁舎」「港湾／漁港」「広場」に大別され、空間活用のイメージがわきやすい。
- 必要な手続きがひとまとまりになっているため、この1冊だけで市民はパブリックスペースで「やりたいこと」を実現できる。
- 上級編は、すでにパブリックスペースを活用している団体がさらに円滑に活動できるよう、活用可能な制度やエリアマネジメントの優良事例を紹介している。

要件・基準

- 相談窓口や手続きの詳細（根拠法令や占用料、提出書類等）。
- 活動内容に応じて必要な食品営業許可、火災予防関係届出等関係手続き。
- （上級編）道路占用許可の特例や道路協力団体制度、都市利便増進協定制度等の占用制度、指定管理者制度や都市再生推進法人制度等の市が一定の条件をもとに指定する制度の仕組み。
- 活動の維持・発展、さらなる活用に向けた展開方法とその事例。

入門編・上級編のステップアップ制度活用の手順

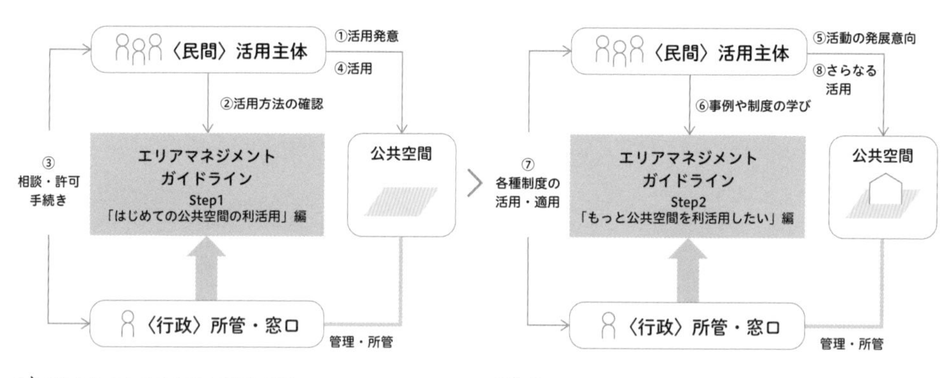

1）「はじめての公共空間の利活用」編

「皆さんの“やりたい”を公共空間で実現してみませんか？」という投げかけで始まる本編は、「公共空間を活用したい」という発意段階から、実際の「活用」までの実践に至る手続きが網羅的に掲載されたもの。パブリックスペースの利用に対する悩み・課題・要望と、パブリックスペースの種類別の手続きや活用イメージを紐づけており、「パブリックスペース利活用スタートアップ」にふさわしい内容となっている。

2）「もっと公共空間を利活用したい」編

上級編として位置づけられている本編は、「やってみたいこと」から紐づいた制度活用並びに制度活用による「活動」「団体」双方へのメリットを示し、パブリックスペースを利活用するまちづくり団体自体の「エリアマネジメント」のステップアップを支援するものとなっている。

活用ポイント

まず重要なのは、プレイヤーとなる事業者や市民が「身近なパブリックスペースは使うことができる」と気づくことである。その気づきがあってはじめて活用動機が芽生え、そして「どうすれば使えるのか」「どんな使い方が可能なのか」と実現に向けたプロセスが始まる。まずは身近な空間を見つけ出し、「やってみたいと思っていたこと」を重ね合わせ、「ここで」「こんなことができたら」を地域皆で話し合い、活動し、空間を磨き合うといった「活動の好循環」が生まれていく。

Case study ｜ 一般社団法人草薙カルテッド（静岡市）

草薙駅周辺地区は本ガイドラインを使用して、静岡市の東西を結びつける地域拠点を目指している。取組んでいるのは、情報誌発行やまち歩きイベント等の「文化・教育事業」、文教地区にふさわしい環境づくりを目指す「安心安全・住み良さ事業」のほか、都市利便増進協定制度を活用した広告事業や広場の管理・運営等を行う「賑わい事業」等。
担い手となっているのは、地元自治会や商店会がメンバーの「草薙駅周辺まちづくり検討会議」で策定された「まちづくりビジョン」を実現する「一般社団法人草薙カルテッド」。継続した活動が評価され2018年6月には県内初の都市再生推進法人にも指定され、さらなる好循環を生むことが期待されている。

写真提供：一般社団法人草薙カルテッド

参考事例：一般社団法人草薙カルテッドによるパブリックスペース利活用（静岡市）

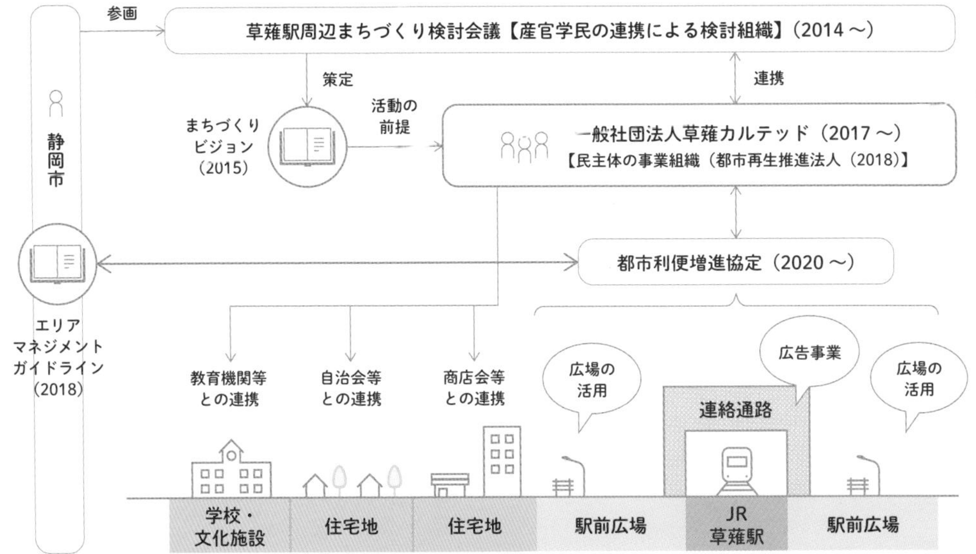

※取材協力：静岡市都市計画課

沼津・都市空間デザインガイドライン

まち全体の戦略に基づいた、民間主体で取組むまちなみガイドライン

（大藪善久）

基礎情報　施行年：2022年7月

制度概要　沼津駅の鉄道高架事業を契機に、沼津市では中心市街地まちづくり戦略を策定した。そのアクションプランとなる本デザインガイドラインは、都市空間の望ましい姿やその実現に向けたアイデア等をまとめたものであり、各制度と紐づけて官民での実施を行う。

中心市街地まちづくり戦略とは？

鉄道高架事業をはじめとする沼津駅周辺総合整備事業に着手する2020（令和2）年3月、「沼津市中心市街地まちづくり戦略」が策定・公表された。駅周辺の約1km四方を車中心から人中心の空間に再編することで、人が居心地良く過ごし、快適に回遊できる魅力的なまちづくりを行っていくことを目指している。さらに都市空間デザインガイドラインと対となる、自治体主体で取組む公共空間再編整備計画を策定しアクションプランとしている。

メリット

- パブリックスペースと沿道建築物が一体となった質の高い空間や洗練されたまちなみ、賑わい空間を創出し、「来たくなる、過ごしたくなる、滞在したくなる」まちなかを実現。
- 市民や民間事業者が日常的にパブリックスペースをチェックし、改善点を見つけ、実行に移す。

要件・基準

- 人中心の都市空間の実現に必要な3つの要素として、Activity, Street, Manegementを掲げて活用のアプローチを整理している。
- まちなかを構成する要素を6つの空間タイプに分類し、それぞれのデザイン誘導指針を示している。
- 空間タイプごとにアイデアリストを示しており、市民が自主的にまちなみ形成を進めることができる。

手続きフロー

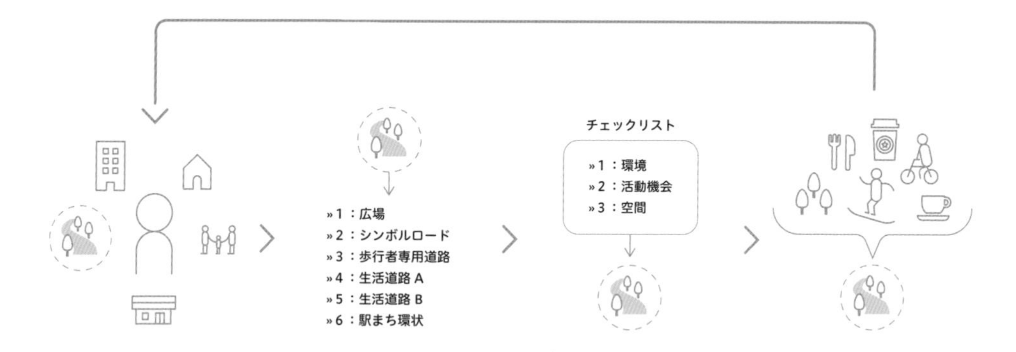

1）取組みを行う場所を選択する

自らの敷地やその周辺、生活の中で気になっている場所等、自分やまちにとって必要だと感じる場所を取組み箇所として選択。

2）空間タイプを確認する

選択した場所が沼津のまちなかを構成する6つの空間タイプのうち、どのタイプに該当するのか確認。

3）現状の空間をチェックする

取組みを行う場所について、「まちなか空間の指標」を参考にしながら現状の空間の評価を行い、その空間に必要な空間形成方針を確認。

4）実行およびフィードバック

空間形成方針に示されたアイデアを参考に、その空間にふさわしい取組み内容を実行し、さらにその効果を把握しフィードバックする。

活用ポイント

本デザインガイドラインは、1人や1つの店舗からでも取組むことができる内容と進め方を提示している。さらに商店街や通り単位で取組むと、より効果的にまちなみを整えることができる。このガイドラインをきっかけに、商店街組合といった地元団体でストリートごとの議論を促し、それぞれのストリートデザインや景観形成方針を検討することまでつながっていくことを目的としている。

Column ｜ 行政による都市戦略づくりと民間によるまちなみづくりの融合

本ガイドラインは2022年7月に作成公開された。2023年には、優良建築物等整備事業の必須項目として、位置付けられている。これまでのまちなみガイドラインと異なる点として、上位計画である「中心市街地まちづくり戦略」との連携が挙げられる。中心市街地の将来ビジョンを掲げ、パブリックスペースの再編整備プランを描き、それらと連動した内容として民間側によるまちなみ整備誘導を定めている点だ。まちの将来ビジョンとすぐにでもできる民間側のアクションがしっかりと紐づいているため、小さいアクションがどのような未来につながるかを理解しながら進めることができる。

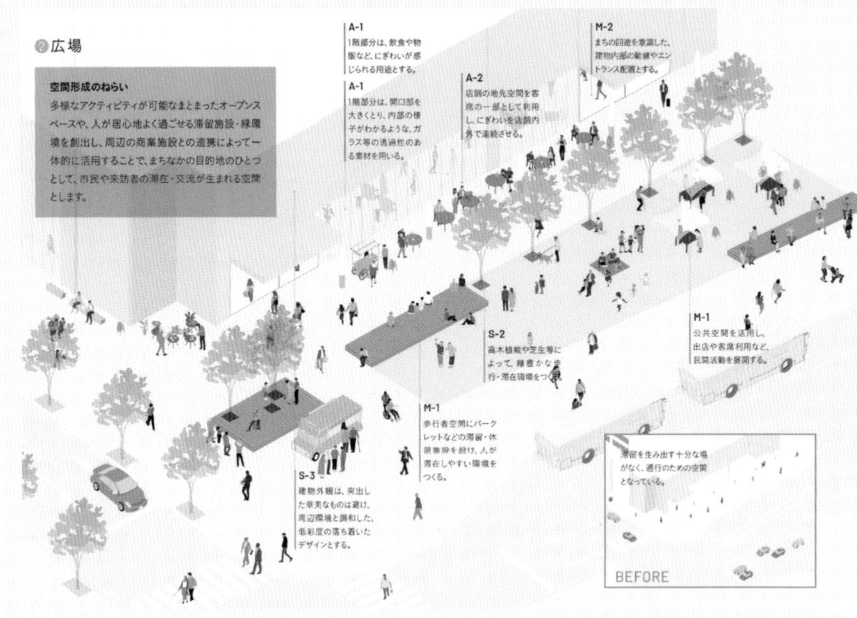

【空間タイプ「広場」】6つの空間タイプの1つである、「広場」のまちなみイメージ。ここでの空間形成の狙いは、上位計画に定めた戦略を元にしており、さらに公共空間再編整備計画で示す将来的な駅前広場の改変とも連動している。

		[illegible]	アイディア	[illegible]
[illegible]	A-1	グランドレベルにおける民地からのまち出し	1階部分は、飲食や物販など、にぎわいが感じられる用途とする。	民
			1階部分は、開口部を大きくとり、内部の様子がわかるような、ガラス等の透過性のある素材を用いる。	民
	A-2	地先空間を活用した小さい滞留空間づくり	地先空間にイス・テーブル等の什器を設置し、ちょっとした休憩が可能な滞留空間を設ける。	民
			店舗の地先空間を客席の一部として利用し、にぎわいを店舗内外で連続させる。	民
	A-3	[illegible]	多様な活動に対応できるフレキシブルでまとまりのあるオープンスペースを確保する。	公
			空間を使いこなすための什器やそれを保管するための場所を用意する。	公/民
			空間の利活用に必要なインフラ（電気・水道・排水等）を整備し、使い勝手の良い空間とする。	公/民

		[illegible]	アイディア	[illegible]
[illegible]	M-1	[illegible]	公共空間を活用し、出店や客席利用など、民間活動を展開する。	公/民
			歩行者空間にパークレットなどの滞留・休憩施設を設け、人が滞在しやすい環境をつくる。	公/民
			適切に利活用時間の管理・清掃を行い、まちなみ景観を阻害しないよう配慮する。	公/民
	M-2	[illegible]	敷地を共同化し、土地の合理的な利用を促進する。	民
			まちの回遊を意識した、建物内部の動線やエントランス配置とする。	民
	M-3	[illegible]	建物の壁面後退等による空間を街路・広場と一体となったパブリック空間として活用し、にぎわいを創出する。	民
			建物は、広場に対して顔を向け、広場とのつながりを意識した設えとする。	民

		[illegible]	アイディア	[illegible]
[illegible]	S-1	[illegible]	歩道の段差や切り下げをなくし、車イスやベビーカー等でも移動しやすいように配慮する。	公
			民間敷地内部からの灯りや、街路灯などで公共空間を照らし、夜間や雨季でも安心して歩ける空間を確保する。	公/民
	S-2	[illegible]	高木植栽や芝生等によって、緑豊かな歩行・滞在環境をつくる。	公
			屋外で使用する什器等には、緑と調和する木材など、温かみを感じる材質のものを用いる。	公/民
			透水性舗装や保水・遮熱機能、騒音・排気等の吸収機能など、環境に配慮した舗装とする。	公
	S-3	[illegible]	建物外観は、突出した華美なものは避け、周辺環境と調和した、低彩度の落ち着いたデザインとする。	民
			ショーウィンドウや庇、照明、看板、屋外什器等はエリアでの統一感や連続性に配慮し、トータルで演出する。	民
			案内・誘導や注意のサイン等は、周辺の景観に配慮した統一感のあるデザインとする。	公/民

参考文献：沼津市HP（https://www.city.numazu.shizuoka.jp/shisei/keikaku/various/machisenryaku/kukandesign.htm）

社会実験

パブリックスペースに「居場所」を創り出すためのコミュニティ形成の一手

(林 匡宏)

制度概要

地域の賑わい創出や新たな居場所づくり、まちや社会に良い影響をもたらす施策の導入に先立ち、関係行政機関や地域住民等の参加により実施する試験的な空間活用の手法。場所や期間を限定して試行・評価し、この結果をもって新たな施策の展開へと駒を進める。

新たな日常を創るために「共感」を集める手法

道路占用許可の特例、国家戦略道路占用事業、都市公園の占用基準緩和、道路協力団体制度の創設、Park-PFI事業等、日本のパブリックスペース活用に向けたルール改正は2000年以降に本格化している。その新ルールを用いて新たな文化を創造する際には多くの「共感」が必要となる。社会実験はこのような「共感」を集めるためのある種「メディア」とも考えられる。

メリット

- パブリックスペース活用が日常的に行われる将来の空間イメージを、実寸大のスケールで体感することができる。
- 関係行政機関や市民等とプロセスを関係者間で共有し、その成果や課題を確かめ合いながら持続的なスキームを見出すことで、他人任せではなく自立した実施体制を構築できる。

手続きフロー

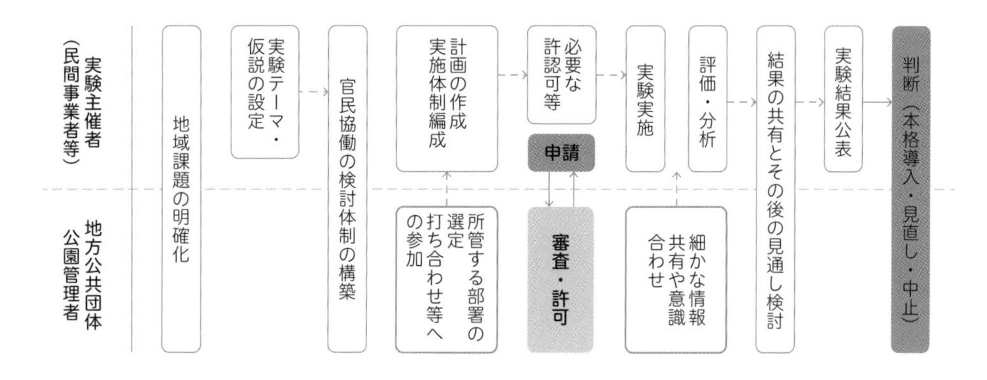

1) コアメンバーによる骨格の検討

地域課題、取組みテーマ、地域の将来像(仮説)やその検証方法等、社会実験により何を見出すのか、まずは主要メンバーで目的を明確化する。事業者と行政双方が参加していることが望ましい。

2) 官民協働の体制構築

事業者は実施計画を取りまとめ、行政は窓口となる所管部局を明確にする。こまめな意見交換と目的の共有を行い、そのうえで必要な許認可手続きを進める。

3) 社会実験の実施

パブリックスペースを活用して「未来の暮らしを切取り体験する」。今後の本格導入に向けてキーパーソンに参加してもらうことが重要。単なるイベントに留まらず仮説を検証するうえで必要な調査を行う。

4) 評価、分析、フィードバック

実施後、事業者は速やかに成果と課題を整理して関係者と共有する。本格導入に向けた機運(熱量)が高いうちに次のステップに向けて動き出す。

Case study ｜ 仮設FARM（渋谷区）

渋谷区では、2022年6月現在、京王線笹塚・幡ヶ谷・初台駅周辺地域（通称ササハタハツエリア）の新たなまちづくりを牽引する空間として、玉川上水旧水路緑道再整備を進めており、ササハタハツ会議と呼ばれる住民参加型ワークショップやアンケート等を継続的に行っている。ここでの住民意見を踏まえて区は「FARM」というコンセプトを打ち出した。「FARM」という言葉には文字どおりの「農園」の意味に加え、新たな学びや対話を通して地域コミュニティや創造活動を「育む」という意味が込められている。このコンセプトプランに対しては、期待の声がある一方、特に農園の運営に関して適正に維持管理できるか不安な声もあった。これらの声を受けて、渋谷区は着工前の実証実験として、プランター型のコミュニティ菜園「仮設FARM」を設置し、住民自身が楽しみながら公園を維持管理していくスキームを検証している。なお、この仮設空間は渋谷区が設置して、利用者である「キャスト」を公募し、実際に選定された住民が都市公園法5条に基づく管理許可を受けて日常管理している。

渋谷区人口の約4割が住む住宅街のなかで、土に触れ、地域と交流し、社会課題に向き合う時間がこれからの暮らしには必要だということを「仮説」として設定し、公共空間の整備に活かしている。

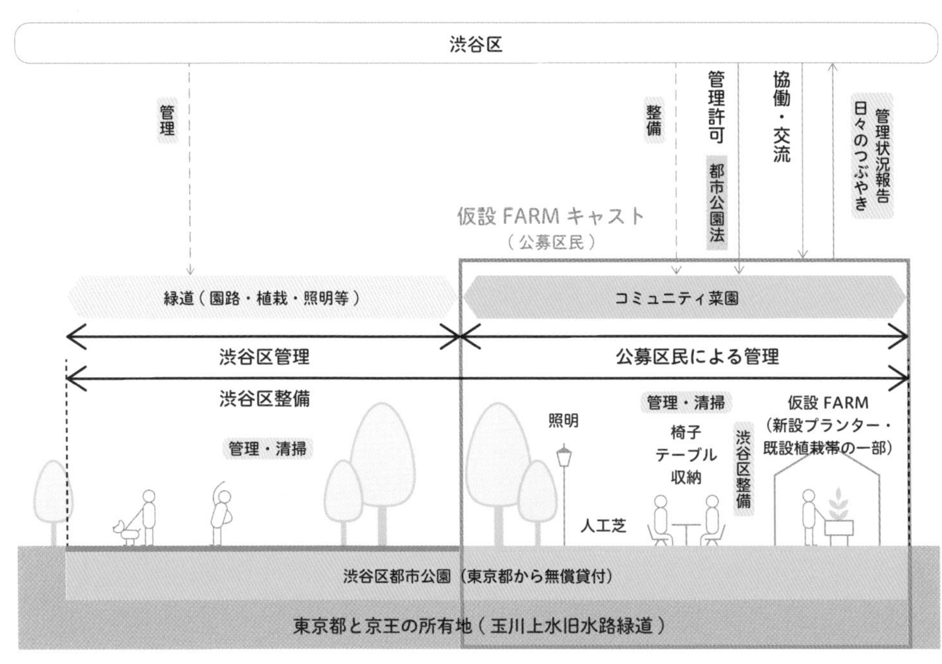

プロセスに価値を。コミュニティに魂を。

“なんとなくの”未来を思い描く。成果を可視化して積み上げる

社会実験を通してどんな未来を引き寄せたいか。どんな行為を事業として日常化させていくのか。それにはどのようなパートナー、ルールや規制緩和が必要か。持続的なコミュニティは形成されるかどうか……。社会実験を取り行う際には関係者で様々な「仮説」を共有し検証することが重要である。目指すべき将来像はすぐには固まらないかもしれない、刻一刻と変化する社会情勢や地域ニーズを踏まえると、事業手法も手探りにならざるを得ない。しかし大事なことは「成果を可視化して積み上げていくこと」である。それができれば、暫定的なビジョンを走りながら更新していくことができる。札幌大通公園では、約50人の高校生と約20の企業、行政等関係機関とともに、次なる公園の役割やあり方を検討・実証しているが、高校生の感性は純粋で鋭く、かつ多様である。これに共感する企業のノウハウや技術も様々であり、すべてを網羅した1つの将来像は一朝一夕で見いだせるものではない。大切なことは「大きな方向感を関係者で共有したうえでスピーディに踏み出す」ことである。

“メディア”としての社会実験

道路1車線を活用したパークレット、公園を一時占用するマルシェ、河川空間に設置されたコンテナショップ等は、「だれかが何かを伝えるためのメッセージ」であり、そこに「いいね」を集める「メディア」とも捉えられる。とはいえ繰り返しになるが、「目指すべき将来像」を高らかに掲げるのは危険である。なぜなら人の想いは様々であり、しかも時間とともに変化するからである。だからこそ社会実験がある。関係者の想いを公共的な場で公開し、気長に共感を集め、柔軟に変化させ、表層的な集まりではなく、血の通った、魂が込められたコミュニティを醸成することが大切だ。

マルシェからお茶会まで。様々な間口を設ける

例えば、前述した渋谷区玉川上水旧水路緑道再整備計画では、区が主催するいわゆる住民ワークショップである「ササハタハツ会議」。日中忙しいワーカーや商店主のために平日夜間と、主婦層のニーズにも応えて休日昼間も開催しているが、区が主催する、よく言う“高尚な会議”に来ない人は来ない…。「さぁ、まちの将来のことを考えましょう」ではなく、日頃の「雑談」の中から大切なキーワードが生まれることも多く、当該緑道の上では「お茶会」や、仮設FARMのキャストメンバー（管理者に選定された公募区民）による「ハーブティパーティ」も定期開催している。また、区と民間事業者の出資で設立された「ササハタハツまちラボ」によるマルシェは、シーズンに一度行われ、1日の集客が3,000人を超える規模に育っている。これらすべては、長年継続して隔週で開かれる住民との「オンライン雑談会」で企画をしている。

「社会実験は結果ではなくプロセスだ」とは近年よく耳にするフレーズであるが、そのプロ

セスに決まった型があるわけではない。計画フェーズ、立地、登場人物等、あらゆる状況を踏まえ、独自の手法でコミュニティを育てていく必要がある。

ライブドローイングで
一気にジブンゴト化する

札幌都心部を流れる一級河川の豊平川では、経済活動を伴うサードプレイス創出のために、国土交通省の定める河川敷地占用許可準則に基づく都市・地域再生等利用区域の指定に向けた対話を進めている。先導するのは株式会社川見という地元経営者たちの集まり。もともとは札幌青年会議所の事業として始まったが、事業内容もメンバーも単年度限りという青年会議所の性質が行政との協議を難しくしていた。そこで、青年会議所OB有志数名で豊平川のためだけの新会社を設立。そこに、河川管理者である開発局・河川事務所、公園管理者である札幌市、地元まちづくり会社、関連企業を含む「札幌川見実行委員会」を設置し、上記特区指定に向けて実験と検証を繰り返している。①まずは「何のための実験か」目的とロードマップを整理する。②続くオープンセッションでは、全員の想いを一気に可視化する「ライブドローイング」を行う。③セミクローズドのコアチームが②で編成され、その議論を踏まえてKPIを再設定し、予算を確保、④周辺理解や占用許可申請等を行う。⑤当日は機運醸成とリサーチを兼ねてイベントを実施し、⑥その後も継続的な仕組みづくりを重ねる、というフローを辿る。

なお②のライブドローイングは、筆者が取入れている独自のプロセスだ。1〜50人程度で集まり、1〜2時間程度の対話で個々人の空間に寄せる想いを聴きながら「いつ、どこで、だれが、何のために、どうやって、何をやるか」をその場で1つのイラストにしていく。参加者に事業をジブンゴトとして認識してもらうには極めて有効なプロセスだと考えて取組んでいるが、もちろんワークショップやワールドカフェといったほかの手法だってかまわない。とにかく堅苦しい会議の型にはまらず、対話の中からミクロな個々の興味・関心を引き出しつつ、隣の発言者とのコラボを画中で表現し、行政や地域が向かいたいマクロな方向性にも寄り添っていくことが大切だ。

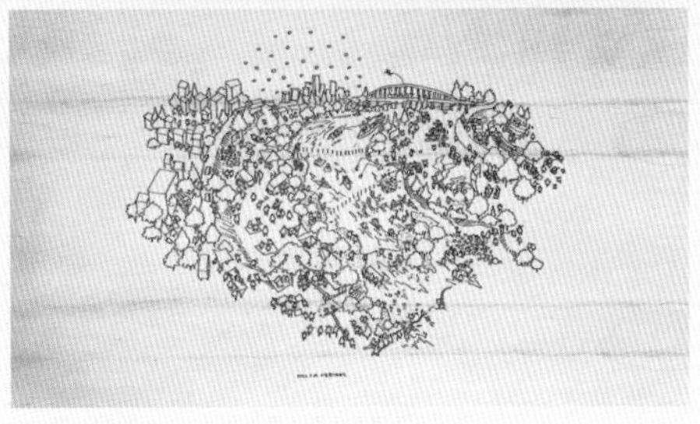

想いをもつ個人に共感が集まる時代へ

以上、社会実験という手法は、公共的空間活用に向けた単純なリサーチではなく、その空間を持続的にマネジメントするためのコミュニティ形成の一部である。公共空間事業は、見映えの良いストーリーをつくることがゴールではなく、何よりも関わる個々の想いや情熱を活かして整備を成し遂げることが重要である。大学教員、行政職員、政治家だけではない、たくさんの住民一人ひとりに、想いを表現してもらい、それに共感する仲間や企業等が集まりコミュニティを創っていくことで、だれしも新しいまちの日常をつくるチャンスがあることを知ってもらう。答えのないこれからの時代に、住民一人ひとりの知恵をもちより、まちをつくり続けるための、有効なプロセスだと実感している。

海外編

海外制度・ルール総論

海外編のパブリックスペース活用の制度・概念・プログラムを概説する。
まず、国内の初学者や実践者にとって、海外編の読み取り方を紹介する。当然ながら、国が異なることで、法律体系や不動産、公共空間の所有形態、文化等様々な点で異なる。そのため、そのままコピーすることは不可能である。しかし、まず、海外都市にどのような議論と実践があって、制度、概念、プログラムがあるのかを理解することは国内の実践や学びにも活きるだろう。ぜひ自分の都市や街、プロジェクトで共通のもの、応用できそうな点を探して学んでほしい。国内の既成概念を超え、創造性とインスピレーションに富む実践と事例が詰まっているはずだ。
海外都市に共通していることが3つある。一つ目は、アメリカやオーストラリア等では、法律を国ではなく州等で制定し、代表的な都市で導入し、さらに近隣自治体が応用するように導入することも少なくない。日本のように国で一括して制度制定することはほとんどなく、各都市の自治体ごとに制度や政策立案をするため、各都市のニーズや地域事情に応じて設定可能である点である。
二つ目は、新型コロナウイルス感染症(COVID-19)のパンデミック対応である。海外都市では多くの緊急対応やそれらの常態化(緊急対応を終え、制度化)したものがいくつかある。その柔軟的な対応力や政策立案能力が高い海外都市の都市デザイナー職員の専門職が力を発揮したともいえる。
三つ目は、良いアイデア、制度、事例はどんどん応用している点である。言語や文化の違い等は関係なく、自分の都市に必要なアイデアや概念・制度であれば、積極的に採用し、議論を重ね、自分の都市にローカライズしている姿勢である。このことは、アメリカやオーストラリア、ヨーロッパで生まれた概念、制度、プログラムが日本にも応用可能なことを示している。ただし、しっかりとした議論とローカライズをすることが条件になってくる。さあ、海外都市のパブリックスペース活用の制度・概念・プログラムを参照し、自分の都市やプロジェクトで実践しよう。

海外編では、都市・エリア全般、街路ネットワーク、歩車共存道路、歩道、車道・カーブ、広場、文化的活用というカテゴリーに分けた。

都市・エリア全般：
ウォーカブルシティとエコディストリクト

都市・エリア全般では、「20分ネイバーフッド」「15分都市」「スーパーブロック」「エコディストリクト(注1)」の4点である。
「20分ネイバーフッド」「15分都市」コラムの「スーパーブロック」のように、ウォーカブルシティの概念と手法が多くを占める。そして、「エコディストリクト」は、SDGs対応のように環境や気候変動対策をエリア(地区)スケールで中心市街地再生を図るものである。ウォーカブルシティについても経済性はあるが、さらに健康や環境の側面も見て取れるのは、国内とは異なる点ではないだろうか。概念を政策や手法に落とし込まれている点も参照いただきたい。

街路ネットワーク

自動車交通と人のためのプレイスを棲み分けたネットワークをつくる街路ネットワークでは、「リンク＆プレイス」「スローストリート」の2点である。「リンク＆プレイス」はまさに自動車交通と人のためのプレイスを棲み分けたネットワークをつくるもので、ウォーカブルシティ実現に向けても、交通戦略とプレイス戦略の連動、もしくは一体的な戦略が重要である。その際の検討として、街路ネットワークを具体的に検討する考え方になっている。
また、「スローストリート」は、コロナ対応で注目された制度であり、自動車が低速な道路を抽出し、自動車交通を完全にまたは一部封鎖し、住宅街の子どもの遊び場から、徒歩、自転車の快適かつ安全な活用を促進するものである。国内では、自動車交通は、交通量のみで種類分けされているが、今後は、自動車交通量だけでなく、人のためのプレイス／滞留空間と合わせて、都市または中心市街地の街路ネットワークの検討がウォーカブルシティ、そして、パブリックスペース活用においても不可欠である。
ここから具体的な道路空間活用になるが、海外都市では道路の取組みが多いため、歩車共存道路、歩道、車道・カーブと3種類にカテゴライズしてみた。

歩車共存道路：シェアードゾーン

歩車共存道路では、「シェアードスペース／シェアードゾーン」の1点である。「シェアードスペース／シェアードゾーン」は国によって様々な呼び方があるが、歩車共存道路の名の通り、歩道と車道もしくは歩行者と自動車をシェアするもので、ハードとして歩道と車道がフラット、またはそれに近いものもあれば、自動車速度を20km/h等制限して、歩行者と自動車が譲り合うもの、時間帯で自動車規制するものもある。海外では、歩行者天国(ホコ天)をカーフリーデーと呼ぶが、そこまで自動車を規制することができない場合に、歩車共存道路というのが車社会との妥協点ともいえる。

歩道：オープンカフェ、ベンチ…歩道の豊かな使い方の仕組み

歩道では、オープンカフェを紹介する。「ベター・ストリート・プラン」(サンフランシスコ)「シアトル市条例」「シティベンチプログラム」「ファーニッシングゾーン」の計4点である。
オープンカフェ(オープンカフェは和製英語で、英語では、サイドウォークカフェ、アウトドアダイニングと呼ぶ)は道路空間活用の最も一般的でイメージしやすいものであろう。しかし、日本では道路占用許可、道路使用許可というように、道路の許可が一括りであるのに対して、海外都市では、利用目的が明確な目的別の許可が多い。オープンカフェでは、サンフランシスコ、シアトルでそれぞれ仕組みが異なるが、オープンカフェの許可となっている。また、日本では、エリアマネジメント団体や商店街等の地域を代表する団体が道路占用主体になるのに対して、海外都市には、CBD(業務中心地区)には、BIDがあり、その場合はBIDが担うが、それ以外の多くは、飲食店舗と自治体が直接申請・許可手続きを行っているのが多い。これには、日本に比べ、オープンカフェという道路を利用する目的が明確であり、都市によってはオープンカフェガイドライン等、そのルール等が寸法、設置備品等の基準が具体的になっているため、協議もしやすいことが挙げられる。こういった申請手続きや仕組みも大いに参考になるだろう。
「シティベンチプログラム」は、ニューヨーク市交通局のプログラムであり、自治体がベンチ整備箇所の優先順位を設定したり、市民要望によりベンチ整備を行い、またベンチにも維持管理負担の少ないデザインにする取組みは稀有なものである。
「ファーニッシングゾーン」は、民地の軒先のほかに、歩道の中で歩行者の歩く歩行者通行帯(ペデストリアンスルーゾーン)の他に、仮設的なベンチや看板等の「ファーニッシングゾーン」を指定して、歩行者の通行、安全性を確保しながら、魅力や快適な滞留空間を確保するものである。

車道・カーブ

車道・カーブは、車道の路上駐車場(パーキングメーター)を活用する「フレキシブルゾーン」「パークレット」の2点、さらに幅広に車道や歩道等を活用するプログラムとして、「シェアードスペースプログラム」「オープンレストランプログラム」「オープンストリートプログラム/オープンブールヴァールプログラム」「サンデーパークウェイ」の4点、計6点である。
「フレキシブルゾーン」は、アメリカ西海岸の複数都市で編み出された車道の1車線(カーブ(縁石沿い):Curb)を沿道店舗の意向により、路上駐車場、オープンカフェ等フレキシブルに利用できるゾーンである。歴史的にもカーブの活用は一番古いのが「フレキシブルゾーン」だろう。
「パークレット」は、同じアメリカ西海岸のサンフランシスコで、「フレキシブルゾーン」はストリートごとに指定するものであるが、さらに容易に店舗ごとに路上駐車場を活用する許認可として生まれたものである。Park(ing) Dayという1日だけ路上駐車場を活用する世界的なパブリックスペースムーブメントがあるが、これがサンフランシスコから生まれ、自治体がPark(ing)Dayを常設化する仕組みを考えたのが「パークレット」である。これはアメリカやオーストラリア等に展開し、さらにコロナでヨーロッパ等世界中で展開した。
「シェアードスペースプログラム」は、コロナを契機に「パークレット」を商業的なパークレットや仮設的なパークレット等柔軟なものに展開したり、車道、歩道、空地の活用等も一括したプログラムとなっている。また、コロナ対応もあり、申請手続きやデザイン協議で従来のパークレットでは半年ほどかかっていたものを3日で迅速に許可できるようにしたことでコロナの緊急措置ということも相待って爆発的に設置数が伸びた。コロナ後も常設的なプログラムへ展開した。
「オープンレストランプログラム」は、ニューヨークのコロナ緊急措置により生まれたプログラムで、ゴーストレストランと呼ばれ店内飲食を禁止した代わりに、道路上の屋外客席を素早く認めたプログラムである。コロナ後は恒久的プログラムに移行している。歩道、車道のオープンカフェを許可し、安全上等のレギュレーションを定め、申請はオンライン。創造性あふれる道路上の空間展開している点も特徴的である。
「オープンストリートプログラム/オープンブールヴァールプログラム」は、ニューヨークの「オープンレストランプログラム」やオープンストアフロント等のコロナ対応に対し、ストリートの人の密度を下げることを目的としており、車道を制限または封鎖し、飲食はもちろん、小学校や地域団体のアクティビティを誘発するためのサポートをしているものである。
「サンデーパークウェイ」は、車道を閉鎖し、歩行者、自転車、ポップアップの飲食販売、路上パフォーマンスに開放するもので、オープンストリートとも呼ばれる。日本では歩行者天国(ホコ天)に近いが、自転車や飲食販売等も認めている点はさらに自由度があるだろう。

広場活用:広場のマネジメント

広場のマネジメントは、「POPSプログラム」「ニューヨークプラザプログラム」の2点である。
「POPSプログラム」は、ニューヨークではPOPS(Privately Owned Public Spaces)と呼び、日本でいう公開空地である。都市開発プロジェクトの容積率のボーナスのインセンティブとして、民地をパブリックスペースに開放する。
「プラザプログラム」は、こちらもニューヨークの制度であるが、対象空間は道路の広場化になる。ニューヨーク市は、オープンスペースの少ないエリアにプライオリティマップ(広場の優先順位)を設け、広場化プロジェクトを行いたい地域を公募し、優先順位の高い地域かつ広場実験を行い、実績をあげたものの広場のハード整備を行うというものである。社会実験がハード整備につながる事例でもあり、オープンスペースの少ないエリアの広場が整備され、かつ公平性を担保した応募機会がある点等は優れている。このように、都心部であれば、公開空地を活用することもできるが、地方都市や都心部でも公開空地だけでは不足している場合は、交通上支障のない道路を広場化するのは日本でも可能性があるのではないだろうか。

文化的活用：
文化をパブリックスペースで表現する

文化的活用は、空間ごとではなく、パブリックスペースでのアートや音楽等を促進、普及するための独自制度を取り上げる。文化的活用は、「バスカー許可制度」「アスファルトアート」「フェスティバルストリート」の3点である。

「バスカー許可制度」は、バスカーとはストリートパフォーマーのことであるが、オーストラリア・メルボルン市のパブリックスペースでバスカーを許可する制度である。審査を経てライセンス等を取得したバスカーはあらかじめ明示されたバスキング(パフォーマンス)のできる場所で、ハンドブックにあるマナー等のサポートやルールメイキングの中で、パフォーマンスをすることができるものである。主に、道路と民間の広場が多い。

「アスファルトアート」は、日本ではあまりないが、道路上にアーティスト等をペイントをすることで、ミューラルアート(許可されたアート)を展開し、ストリートを一変させることが可能である。所定の手続きフロー等もあるが、カラー舗装適用についての解釈の通達を出していることが大きく、道路管理者・交通管理者が許可しやすい根拠、後ろ盾をつくることと、実験的なプロジェクトで事例をつくることが日本での普及や実践には必要かも知れない。

「フェスティバルストリート」は、シアトル市のプログラムで、自動車交通の少ないストリートでアートや音楽、ゲーム等のパフォーマンスやイベントを活用、促進するもので、さらに、民間企業だけでなく、地域団体、個人までが申請することができることも特徴の1つである。

総じて、文化的活用は、東京都のヘブンアーティスト事業や柏市のストリートミュージシャン制度等[注2]はあるが、ルールメイキングや普及の点、また道路空間での常設的な制度展開等まだまだ海外都市から学ぶことは多いだろう。

海外都市には、多様な独自のプログラムが展開されていることが理解できたのではないだろうか。今回は道路空間の制度が多かった。公園や河川に関しては、海外都市と日本では状況も少し違うように感じる中、道路での規制緩和やプログラムが目立つというのが今回のラインナップにもつながっている。その他の空間での制度は今後の研究展開だろう。

また、アクティビティもオープンカフェ等の飲食系はもちろんだが、アートや音楽等の文化的活用、地域の小学校や地域団体の活動を促進するものも見られた。この辺りは、日本ではまちづくり系の枠から外を見れば、交通安全、産業振興、文化振興等の他分野・他部署の政策とも手を取り合いながら展開すれば、アクティビティも多様化するのではないか。

くれぐれも、コピーするのではなく、ローカライズする参考ポイントを探しながら、各地で実践や応用をして欲しい。前例主義の日本ではまずは実験的なプロジェクトから始めて、小さくても実例をつくることが大事だ。それによって、各地で展開しやすくなり、制度化等へ横展開する。そんな実践ができたらぜひ知らせて欲しい。

（泉山塁威）

注釈：

注1　エコディストリクトは名称が変更された(p.157参照)。

注2　千葉県柏市の独自制度として、「ストリートミュージシャン制度」がある。ペディストリアンデッキ上にライセンスのあるミュージシャンが演奏できる仕組みである。泉山塁威・猪飼洋平・松川真友子(2022)「公共空間におけるバスカー制度の可能性と課題―東京都『ヘブンアーティスト事業』、柏市『ストリートミュージシャン登録制度』及びメルボルン市『Busking Permits』との比較を通じて―」『日本建築学会計画系論文集』第87巻、第800号、pp.1975-1986(DOI：https://doi.org/10.3130/aija.87.1975)に詳しい。

20分ネイバーフッド

7つの指標で支える歩行・自転車移動中心のウォーカブルなまちづくり

（宋 俊煥）

基礎情報　実施都市：ポートランド市（アメリカ）／提唱年：2009年／実績数：1（ポートランド市のみ）

制度概要　商業施設や学校、公園等の生活に必要なサービスに、徒歩や自転車で20分以内にアクセスできる生活圏（ネイバーフッド）をつくるまちづくりの考え方。アメリカ・ポートランド市は2009年に20分ネイバーフッド概念を提唱、2009年気候行動計画や2012年ポートランドプランで採用されている。

アメリカ・オレゴン州のポートランド市は、どんなまち？

人口約65万人のポートランド市は、中心部の高速道路や駐車場の公園化、LRTの整備等をきっかけに、1970年代までの車中心のまちづくりから、徒歩や自転車、公共交通を重視した人間中心のまちづくりに舵を切った。都市計画の合意形成ツールとして、都市化の拡張を防止する都市成長境界線（Urban Growth boundary）を設定した1973年には、95の地域組織（Neighborhood Association）を公認。アメリカの他都市に比べ3倍以上の市民が都市政策へ参加し、まちづくりのトップランナーとなった。

メリット

- 生活に必要な施設が身近なエリアに立地することで、暮らしの利便性が向上する。
- 徒歩や自転車等の移動手段を前提としているため、気候変動や環境にやさしいライフスタイルになる。
- 日常的な活動の多くが近隣で行われることで、地域愛着やコミュニティの醸成、地域経済の活性化につながる。

要件・基準

- 20分ネイバーフッドを支える7つの指標（①歩道②自転車道路③公共交通④公園⑤食料品店⑥商業サービス⑦公立小学校）に対し、1マイル（＝1.6km）以内でアクセスできる地域かどうか、ウォークスコア（表1）で評価する。
- 7つの指標のうち、5つの指標が一定の条件（表2）を満足する地域をコンプリートネイバーフッドとし、住民の80%がコンプリートネイバーフッドに住むことを目標とする。

手続きフロー

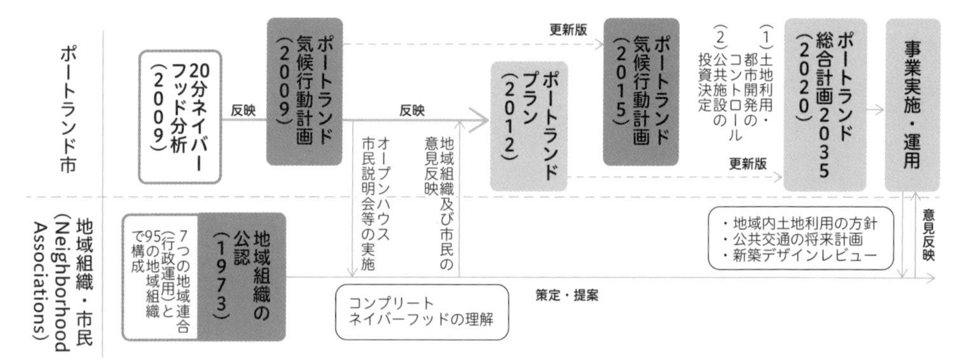

1）20分ネイバーフッド分析の実施

ポートランド市都市計画及び環境対策局（Bureau of Planning and Sustainability）により7つの指標によるウォークスコアの分析を実施・報告。

2）気候行動計画及びポートランドプランの策定

20分ネイバーフッドの分析結果を踏まえ、市が気候行動計画（2009）とポートランドプラン（2012）を策定。その後も既存の20分ネイバーフッド概念を継承しつつプランを更新する。

3）市民参加に基づく計画の運用及び事業の実施

オープンハウスや市民説明会等により、市民参加と市民の意見を踏まえて行政計画を策定する。策定後も土地利用の方針、公共交通の将来計画、新築のデザインレビュー等、地域のまちづくりに関して地域組織への周知と意見反映が義務づけられる。

活用ポイント

7つの指標に関わる現状の施設配置と人口分布との関係性を定量的に把握し、具体的な数値目標を設定することが肝要である。20分ネイバーフッドは制度ではなくまちづくりの理念なので、各自治体が都市計画マスタープラン等に取り入れ、実践しやすい取組みといえる。その際は考え方を表面的に取り入れるのではなく、地域全体のCO_2削減目標値との連動を図る、徒歩圏内の社会密度を増加させ地域コミュニティを強化・醸成させる等、ウォーカブルなまちづくりを見据えることが大切である。

Case study ｜ パールディストリクト（Pearl District／ポートランド市）

ポートランドのダウンタウン北部にある地区で、アメリカで最も成功した都市再生事例の1つとして知られる。1980年代には貨物列車基地と倉庫が立ち並ぶ荒廃したエリアであったが、1990年代からポートランド市開発局（PDC）はTIF（Tax Increment Financing）制度という公的投資を開始。すなわち税収増分を見込んで、公共交通「ストリートカー」をダウンタウン中心部から延長してアクセス性を向上させる公的投資である。これが官民連携による再開発にさらなる拍車を掛け、民間ディベロッパーや地域住民による再開発の機運は高まり、老朽化した倉庫等がユニークなカフェやレストラン、ブティックとしてリノベーションされていった。新旧の建物が混ざり合った雰囲気と一辺60mの小さな街区の大きさとが組み合わさり、歩いて楽しいまちとなっている。

Other cases

15ミニッツネイバーフッド（15 Minute Neighbourhood／オタワ市、カナダ）／15分都市（15-minute city／パリ市、フランス）／20分ネイバーフッド（20 Minute Neighbourhood／メルボルン市、オーストラリア）

意見提示・関与

20分ネイバーフッドを支える7つの指標（①〜⑦）

7つの指標に基づく25圏域の20分ネイバーフッド（図4）の評価

評価結果の行政計画への反映

行政計画の更新（総合計画2035・気候行動計画等）

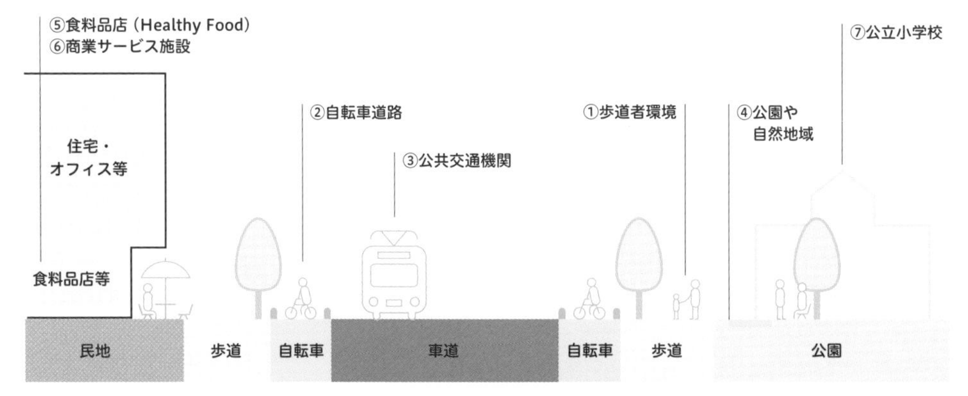

20分ネイバーフッドの概念と計画

ポートランドプランにおける統合的な戦略と公正性、機会との関係性

2009年気候行動計画や2012年ポートランドプランで採用されている20分ネイバーフッドだが、それぞれの政策でどのような機能を果たしていて、また具体的にはどのような評価軸に落とし込んでいるのかを見ていきたい。

ポートランドプラン(2012)とは？

2035年を念頭に、ポートランド市の目標とその手段を定めたまちづくりの総合計画である。統合的な戦略として、「健全な教育を受けた若者」「健康的でつながり合った都市」「経済繁栄と手頃な価格」の3つが挙げられている。各戦略は、全体目標、長期的な方針、短期的(5年間)なアクションプランから構成されている。ポートランドプランでは、地域規模、生活サービス提供範囲、地域の役割、住宅や雇用の密度が異なる4段階(Central City～Neighborhood Center)の拠点を設定し、開発を優先的に誘導し、都市機能を集約する一方、拠点をつなぐ交通軸を設定し、利便性の高い居住エリアの形成を目指している(図1)。

多様なサービスにアクセスできる公正性と機会

ポートランドプランにおいては、理念(図2)として位置づけられた「公正性(Equity)」と「機会(Opportunity)」を実際のまちづくりに落とし込み、わかりやすく具現化するための施策の1つが20分ネイバーフッドとされている。住んでいる地域や所得等に関係なく、だれでも容易に、様々なサービスにアクセスできるまちの実現を目指しており、すでにサービスが充実している地域では住宅開発を促進し、反対に現時点でサービスが不十分な地域では公共交通等新たなサービスの提供や地元商店の確保・維持に向けた取組み、そのほか経済活動の支援等を掲げている。

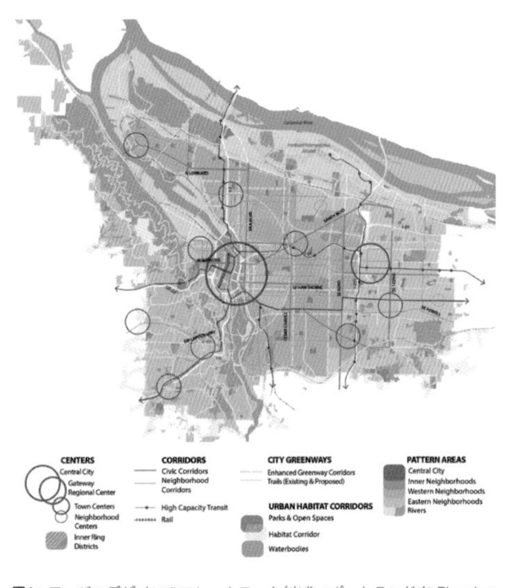

図1： アーバンデザインのフレームワーク(出典：ポートランド市 Planning and Sustainability (BPS))

図2： ポートランドプランの理念

20分ネイバーフッドを支える7つの評価指標

20分ネイバーフッドの7つの評価指標

生活に必要な機能(仕事・商業・公園等)を20分圏内に備えた一定の密度を有する居住地を整備する、というビジョンを都市政策に導入することで、ポートランド市民の90%が車のない日常生活を送れる都市を目指している。

7つの評価指標をより正確に記すと、①舗装された歩道を有する歩行者環境の有無、②整備された自転車道路の有無、③頻繁な公共交通サービスを有する公共交通機関の有無、④レクリエーション機能を有する公園や自然地域の有無、⑤新鮮な食材を提供する食料品店の有無、⑥日常生活に必要な商業サービス施設の有無・⑦公立小学校へのアクセス可能有無となる(表1)。

7つの評価指標	コンプリートネイバーフッドの条件(下記の7つの評価指標の内、5つ以上の条件を満足する地域)
①歩行者環境	少なくとも片側に歩道がある
②自転車道路	自転車道路又は緑道まで1/4mile(≒400m)でアクセス可能
③公共交通機関	1/2mile(≒800m)までMAX(広域トランジット)、1/4mile(≒400m)までStreet car(頻繁な公共交通サービス)、1/8mile(≒200m)まで一般的サービスにアクセス可能
④公園や自然地域	近隣公園までに1/2mile(≒800m)以内でアクセス、コミュニティセンターまでに3mile(4.8km)以内でアクセス可能
⑤食料品店(Healthy Food)	1/2mile(≒800m)でスーパーにアクセス可能
⑥商業サービス施設	1/2mile(≒800m)で商業・ビジネス群にアクセス可能
⑦公立小学校	1mile(1.6km)以内で公立小学校にアクセス可能

表1：コンプリートネイバーフッドの条件
(出典：https://www. portlandoregon. gov/cbo/article/486451)

コンプリートネイバーフッド(Complete Neighborhood)

すべての地区が目指す状態は、コンプリートネイバーフッドと呼ばれる住環境の充実である。コンプリートネイバーフッドとは7つの評価指標のうち、少なくとも5つの指標が下記の表2の条件を満足する地域を意味する。現在、ポートランド市民の約50%がコンプリートネイバーフッドではない地域で暮らしており、特に低所得者や白人以外の人種の暮らす地区に課題が多いことが明らかとなっている。そこで2020年策定されたのが「ポートランド総合計画2035」である。2035年までに80%のポートランド市民が、安全・安心かつ様々な日常生活サービスを受けやすいコンプリートネイバーフッドで暮らせるように、7つの評価指標に関わる施設の整備をさらに推進している。ウォークスコアとは先述のとおり、徒歩での通行や目的施設へアクセスできる距離で居住環境を評価し、1/4マイルごとに加重して、1から100の得点を与えて点数を求める手法である(表2)。

ウォークスコア	定義
90-100	歩行者の天国
	日常生活に車を必要としない
70-89	とても歩きやすい
	ほとんどの用事は徒歩で済ませることが可能
50-69	やや歩きやすい
	いくつかの用事は徒歩で済ませることが可能
25-49	車依存
	ほとんどの用事に車が必要
0-24	車依存
	すべての用事に車が必要

表2：ウォークスコアの定義
(出典：https://www. walkscore. com/methodology. shtml)

気候行動計画(2009)

ポートランド市とマルトノマ郡が2009年に策定した、気候行動計画も注目に値する。2050年までに、1990年のCO_2排出量から80%削減を目指すという目標が掲げられている。この計画立案の目的は、地域のCO_2排出量の削減への取組みを長期的に持続させることであり、中間目標という位置づけで、まずは

2030年までに1990年代の40％削減を目指している。
この中間目標を達成するため位置づけられたのが20分圏の地域づくりである。日常生活のニーズとなる目的地（食料品店、レストラン、パブ、ドラックストア、コインランドリー、公園、学校等）へ、公共交通機関・徒歩・自転車で簡単かつ安全にアクセスできるまちを整備しようというものだ。最終的には、ポートランド住民の90％、マルトノマ郡住民の80％が仕事以外の基本的な日常生活のニーズを上記の条件で満たせることが目標だ。なお、目的地までの距離は、最短直線距離ではなく道路網に基づく必要所要時間で測定している。
2015年による更新版は、未だコンプリートネイバーフッドが少なく、低所得者層の住民が多く住むポートランド市東部地域に着目している（図3）。公共交通機関の充実とともに、急務な歩道整備を完成させるのに不十分なガソリン税に頼ることなく、行政が優先的に歩道整備を支援するため等の安定的な財源確保の必要性を述べている。

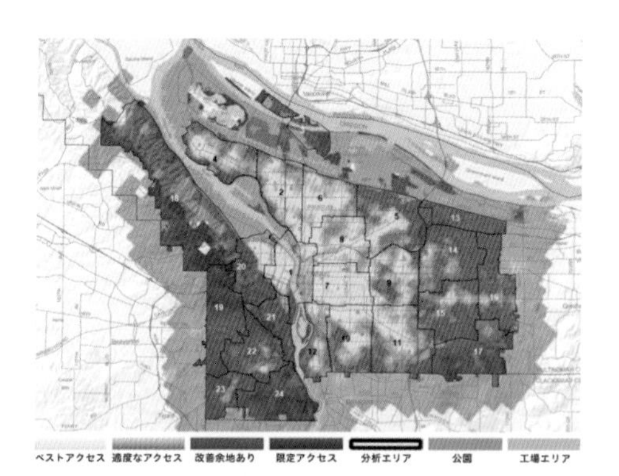

図3：ポートランド市20分ネイバーフッドマップ

20分ネイバーフッドと15分都市

COVID-19を経験した後、広域間移動よりは近所にある公園の利用者が増える等、身近な場所の重要性が高まっており、近年の環境負荷低減への取組みと合わせ、一定の生活圏に基づく都市づくりが注目されている。そこで本稿では、20分ネイバーフッドと15分都市を比較し、近年の生活圏に関わる概念の特徴を考察したい。
20分ネイバーフッドはポートランド市の職員によってつくられたのに対して、15分都市は学術的な概念として登場している。すなわち15分都市は、ある特定の都市計画のために適用されたのではなく、一般的な概念としてカルロス・モレノ教授が2010年後半から論文等により提唱したのが始まりである。20分ネイバーフッドの7つの要素と異なる点として着目したいのは、仕事場、医療、エンターテインメントが含まれていること。仕事場は、公正性と社会的統合の観点からも重要な場とされ、ホワイトカラーからサービス業、さらには芸術まで、多様な機会をもつ都市を目指している。医療では、診療所のサービスエリア内に住む人の密度を上げることが重要であり、低所得者層が多い郊外地域には、民間による薬局が少ないことからそのアクセス性も指摘している。また、シアター等の娯楽施設の利用しやすい環境も社会的な交流の場を増やすために重要。カルロス・モレノ氏は、15分都市を満足させるために、必要な4つの次元として①住宅密度②アクセス性③多様性（土地利用の混在性、人と文化の両輪）④デジタル化の必要性を提示している。

ポートランド市民の都市政策への参加意識

繰り返しになるが、ポートランド市では他都市と比べ、多くの市民が様々な都市施策の策定や都市計画に参画している。1973年に公認した95地域組織がその代表例だ。筆者の95地域組織のアンケート調査（n＝128）によれば、約7割は、自分がポートランド総合計画2035（CP2035）に参加したと回答しており、約3割は、地域組織への参加により自分の意見が都市政策に反映されたと認識していることがわかる（表3）。コンプリートネイバーフッドの概念への理解も約7割に到達しており、うち必要な7つの要素については約6割が理解していることもわかり、特に歩行空間と公共交通について関心が高い(表4)。

ポートランド市では7つの要素のアクセス性から25の圏域で20分ネイバーフッドを構成している。ただし図4を見ると、95地域組織の範囲と、ややずれが生じている。地域組織の範囲だけでは7つの要素をすべて満足しえない場合があるため、20分ネイバーフッド範囲内の地域組織間は、都市や交通計画の立案等においても、相互に連携することが求められている。

	分類	項目	回答数	構成比(%)
都市政策への参加意識	①CP2035策定への参加	参加した	87	68.0
		参加していない	8	6.3
		知らない	33	25.8
	②CP2035策定への参加方法(複数回答可)	計画委員会や議会への手紙(陳情)を送る	66	51.6
		計画委員会や議会への口頭を意見提示	41	32.0
		諮問委員会に参加	47	36.7
		オープンハウスに参加	49	38.3
		オンラインアプリ等で参加	63	49.2
		参加していない	7	5.5
	③ネイバーフッドアソシエーション(NA)意見CP2035への影響	とても同意	7	5.5
		同意	30	23.4
		中立	29	22.7
		不同意	11	8.6
		とても不同意	7	5.5
		策定に参加していない	8	6.3
		知らない	36	28.1
	④NA委員会活動の影響	とても同意	4	3.1
		同意	33	25.8
		中立	44	34.4
		不同意	16	12.5
		とても不同意	6	4.7
		分からない	25	19.5

表3：市民(地域組織)の都市政策への参加意識

	分類	項目	回答数	構成比(%)
コンプリートネイバーフッド(CN)概念の認知度	⑤CNについて	良く知っている	37	28.9
		多少知っている	46	35.9
		分からない	45	35.2
	⑥7つの要素について	良く知っている	31	24.2
		多少知っている	43	33.6
		分からない	54	42.2
	⑦NAで最も議論されている要素	自転車専用道	19	14.8
		歩行空間	38	29.7
		公共交通	42	32.8
		公園	10	7.8
		学校	2	1.6
		健康な食料品販売店	2	1.6
		商業サービス	4	3.1
		無回答	11	8.6

表4：市民(地域組織)のコンプリートネイバーフッド概念の認知度

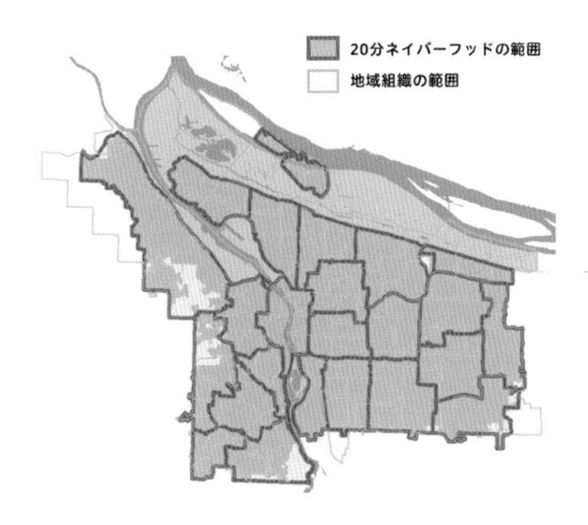

図4：20分ネイバーフッドと地域組織の範囲　(出典：ポートランド市 Planning and Sustainability (BPS))

参考文献：

- City of Portland (2012)、THE PORTLAND PLAN.
- 岩淵泰、イーサン・セルツァー、氏原岳人(2017)「オレゴン州ポートランドにおけるエコリバブルシティの形成—都市計画と参加民主主義の視点から—」岡山大学経済学会雑誌48(3)、pp.35－57
- 杉原礼子、鵤心治、坪井志朗、小林 剛士、宋俊煥、趙世晨(2018)「ポートランド市の計画方針を組み込んだコンパクトシティ計画策定支援システムの提案」『日本建築学会計画系論文集』83 巻 749 号、pp.1251-1261
- 宋俊煥、鵤心治、小林剛士、趙世晨(2019)「ポートランド市の地域組織におけるコンパクトシティ政策への参加意識と活動特性に関する研究」都市計画学会論文集、54 巻 3 号、pp.298-305
- Chaim Simon (2022)、Portland's 20-Minute Neighborhoods after Ten Years: How a Planning Initiative Impacted Accessibility, A thesis for degree of Master of Urban Planning, University of Washington
- ウォークスコアウェブサイト　www. walkscore. com

15分都市 道路空間の再配分で生み出す徒歩圏内の活気あるコミュニティ

（ヴァンソン藤井由実）

基礎情報　実施都市：パリ市／構想：2016年／推進開始：2020年

制度概要　住居から15分以内（あるいは自転車5分圏内）に仕事、医療サービス、食料の買い物、学習（文化）、レジャー等の社会機能にアクセスできる、徒歩移動中心の生活環境を整備する構想。環境保全、経済活動、社会生活の均衡が取れ、活気あるコミュニティ（近隣の集合体や住居拠点）を都市に創出してゆく考え。

市民にとっての「パブリックスペース」とは何か？

15分都市は政策ではなく、都市の在り様に対する哲学、普遍的な概念である。アーバニストのカルロス・モレノ氏とパリ市が共同開発した概念として2016年に発表され、2020年のパリ市長選挙で、現職のイダルゴ女史がパリ15分都市構想のスケッチをマニフェストの一環として発表した（図1、2）。

図1

図2

①パークレットは市民の憩いの場に　②車の走行を抑えた、歩行者にやさしい道路　©Nicolas Bascop
③街中暮らしでも、アパートの下にはすぐ緑の公園　④児童にも安全な道路　⑤近接商店の充実化

メリット　●日常生活における移動時間の減少で、個人の自由な時間が増え、リバランスを図り、より豊かな日常生活を市民が送ることができる。　●身近な住環境を充実させ、環境にも配慮した都市空間の再編成を通じて、より持続可能なまちづくりを推進できる。

要件・基準　●安全な歩行環境の整備を目的とした都市空間の再編成　●道路空間の再配分を通した、モビリティ手段の見直し　●生活に必要な公共サービス機能や商業施設の拠点化　●既存の都市資産（学校等の公共施設）を活用して、住民のコミュニティ活動（スポーツ、文化等）の場として提供

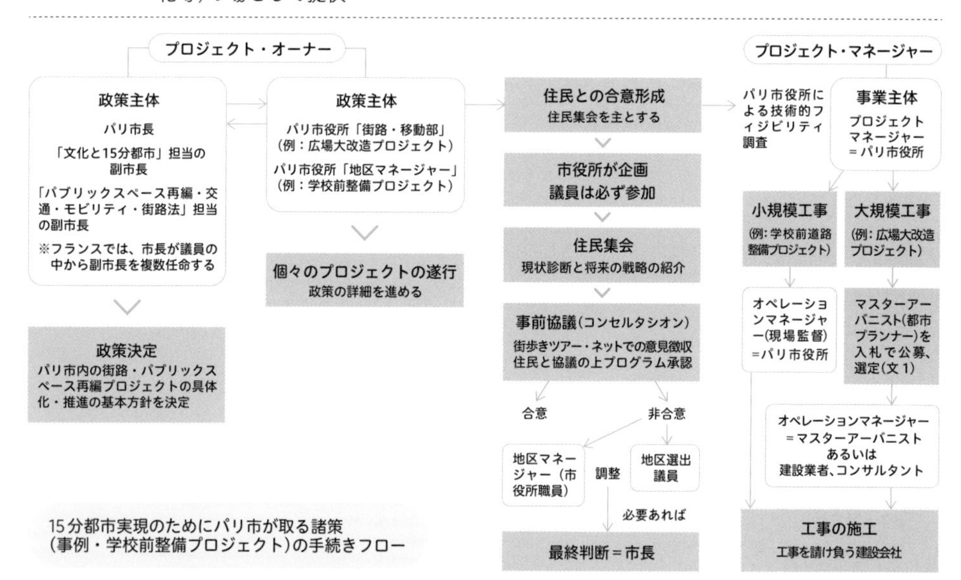

15分都市実現のためにパリ市が取る諸策（事例・学校前整備プロジェクト）の手続きフロー

Case study | モントルゲイユ地区（Quartier Montorgueil）

パリの中心部2区モントルゲイユ地区の13.8haは1990～1994年、歩行者優先空間に再編成された。古き良きパリの雰囲気が漂い、比較的道路幅の狭い街路が残るこの区域は、繊維問屋が多いことから1980年代には交通渋滞が激しくなる。1989年に区長は、「地域の存続性を考えると、歩行者か自動車かのどちらかを選択せねばならない」と述べた。1991年からは沿道住民、医者、消防車等の社会サービス車等以外の一般通行を禁止。一方通行の導入や500台の路上駐車スペースを削除、商業車の搬入・搬出や自家用車の進入も、通学時間帯は30分制限（図3）を設けることで自動車交通量を削減した。

対して自転車利用を促すため、240台の駐輪場と130台のコミュニティシェアサイクルの駐輪ポートを導入。植栽やベンチ、噴水等を設置し、街路にはアスファルトの代わりにカッラーラ産の大理石を敷き詰め歩行者専用エリアを拡充し「村」の街路のような雰囲気を演出した。植林やグリーンスペースが少なかった街路には現在78本の木が植えられ、地区の生活環境は大幅に改善されている。

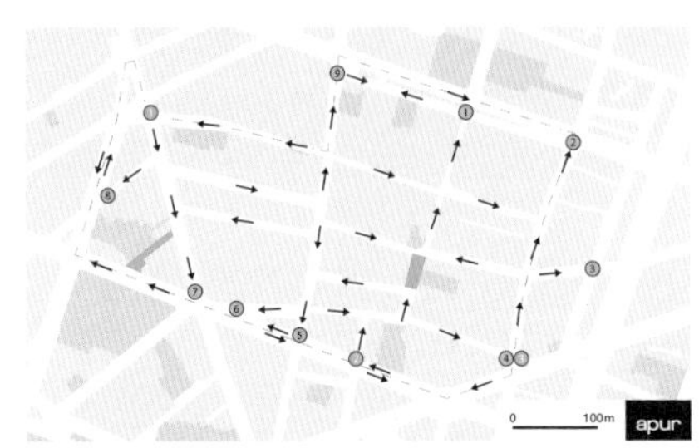

→ 一方通行　■ 車侵入禁止　● 車侵入口　● 車出口

図3：現在の道路利用図　（出典：apurの資料に筆者追記）

図4：2022年のモントルゲイユ地区の一方方向の道路整備。自転車駐輪場所と植栽スペース、歩行者空間を広く取り、車の走行は時速20kmあるいは30kmに制限している　（写真：ヴァンソン藤井）

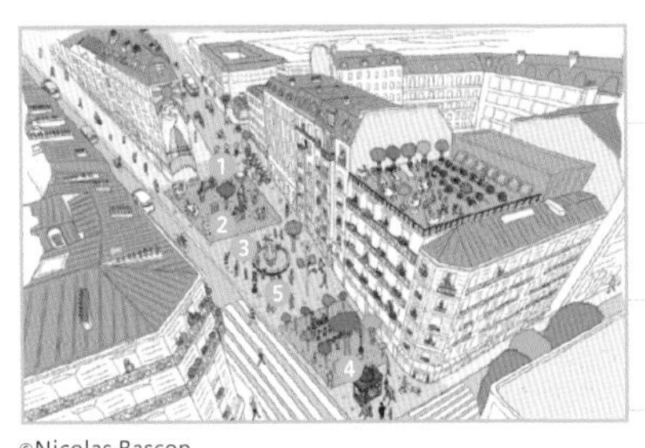

©Nicolas Bascop

①市民の憩いの場となる交差点　②市民の集いの場　③児童公園　④共同家庭菜園　⑤リフレッシュエリア

安全な歩行環境の整備を目的とした、都市空間（注1）の再編成に関するプロジェクト「パリは深呼吸する」

道路空間再配分を通したモビリティに関するプロジェクト

既存の都市資産の活用

パリ市が行うモビリティ再編を包括した都市空間再編成の政策

道路空間の再配分（道路の歩行者空間化）

広場を自動車から解放

「あなたの地域を美しくする」プロジェクト

「学校前通り整備」プロジェクト

街路の緑化

パリ通過交通の削減

駐車対策

公共交通の充実化と自転車利用の促進

小学校施設を市民スペースとして開放

保育園施設を週末に市民交流の場として活用

住む場所の下にすぐ緑の公園

児童に安全な道路

車の走行を抑えた、歩行者に優しい道路

近接商店の充実化

パーソナルモビリティ機能の充実化

パークレットによる市民の憩いの場

アパート

商店

アパート

商店

民地　歩道　公園化　車道　パークレット　歩道　民地

注釈：　**注1**　パブリックスペースと、それ以外の民間所有の建築物及びファサードなども含めた都市の景観。

「あなたの地域を美しくする」プロジェクト
歩行者優先の空間創出がエリアを活性化する

モビリティの見直しに迫られる現代

1990年代、都市の拡大に伴う問題はテクノロジーが解決すると考えられていた。例えば、より遠くへ、より速く移動するための高速メトロ導入。しかしソルボンヌ大学の教授でアーバニスト、カルロス・モレノ氏は、この考え方が住民の生活に及ぼす悪影響に関心をもち、人々が移動に費やす時間のマネジメントや、環境や気候への影響を軽減するために、「モビリティ」の見直しの必要性に着眼した。この流れを汲む15分都市構想は、フランス内ではパリ、ナント、ディジョン、ミュールーズで取組まれている。その他の国でもいまやエジンバラ、ユトレヒト、コペンハーゲン、ミラノ、オタワ、メルボルン、上海、広東といった世界の各都市が、汚染を伴う移動を制限し、生活環境を改善するため、15分都市構想を掲げている。2000年代末のアメリカのポートランドにおける20分ネイバーフッド(20-minute neighborhoods)宣言では、2030年までに住民の90%が、徒歩または自転車で基本的な日常生活ができることを目標としている。

各都市の構想の共通点は車を必要としない生活である。なかでもパリは、自宅から15分以内に必要なものがすべて揃う「近接性」の都市を目指している。前述したモントルゲイユ地区における道路空間の再配分(歩行者道路幅を拡充、植林等の景観形成を同時に行い、歩きやすい街路を創出)は、代表的な実験的なプロジェクトとしてとらえられ、その後も人口推移、店舗構成といった追跡調査が行われている。

15分都市構想の1つとして、現在パリ市内で実施されている5年計画の「あなたの地域を美しくする」プロジェクト(Embellir votre quartier)はパリ市内を80のエリアに分け、毎年パリ17区からそれぞれ1エリアずつを選定して、都市空間整備の対象とする。ここからは、対象エリアの1つである12区のリヨン駅近辺とJardin de Reuilly(ルイイ公園)を含むゾーンを、具体例の1つとして示す。

対象エリアの徹底した現状診断

まずは公共施設、公共交通、車通過量、事故と駐車スペースと駐車状況、グリーンスペース等の数値を挙げて分析して、エリアのプラスとマイナスのチャートをつくる(図1)。対象エリアの評価点としては主に、①数多くの学校、スポーツ、文化施設の存在、②充実した地元商店と2つのフードマーケット、③利便性が高い公共交通機関、④ゾーン30や歩行者天国ゾーンの設定、⑤数本の並木道と、緑の回廊やルイイ庭園等の緑地、⑥主要道路での自転車専用道路と30ゾーンでの逆流防止用自転車専用道路の整備等が挙げられた。一方対象エリアの弱点としては主に、①複数の道路での通過交通、②一部道路での自動車の50km/h走行、③車の通行と駐車スペースの街路占拠、④不連続または不適当な自転車

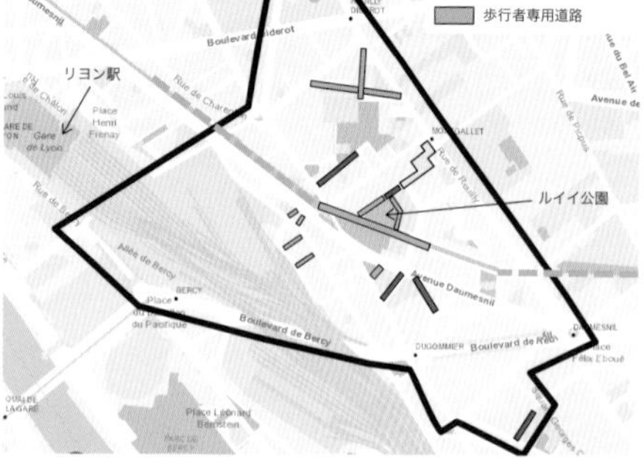

図1：市役所が発表した現状分析図の1つ(出典：パリ市役所の資料に筆者追記)

用道路、不十分な駐輪場、⑤障害者のニーズへの限定的な配慮等が指摘された。

整備の目的を整理し計画を策定する

自治体がエリアを整備する目的は、①交通渋滞と迷惑行為(騒音、公害)の減少、②特に弱い立場にある子どもや高齢者、障害者に、歩行時の快適さを提供。通学路の横断歩道の安全化、③移動者自らの体を使うアクティブモビリティを促進するため、自転車道の安全性と快適性を向上、④多様な利用者同士、穏やかな公共空間の共有を促進、⑤公共空間がコミュニティの交流を促進する新しい使い方、⑥ジェンダーデザイン(例えばトイレ空間の工夫)の考慮、⑦生活環境の改善や地球温暖化対策のための植栽の増加、と設定された。これらの目的を達成するため、学校前道路の歩行者専用空間化プロジェクトのさらなる推進や、モビリティと整合性のある空間再編成のアクションが必要とされている。

自治体が整備提案プランを提示する(図2)

住民集会において地域の現状診断を相互確認したうえで、市役所は整備の戦略プランを住民に提示する。プランは市役所内の専門家グループがまとめ、広場の大改造プロジェクトのような大型整備工事を除いては、外部に発注することは稀である。

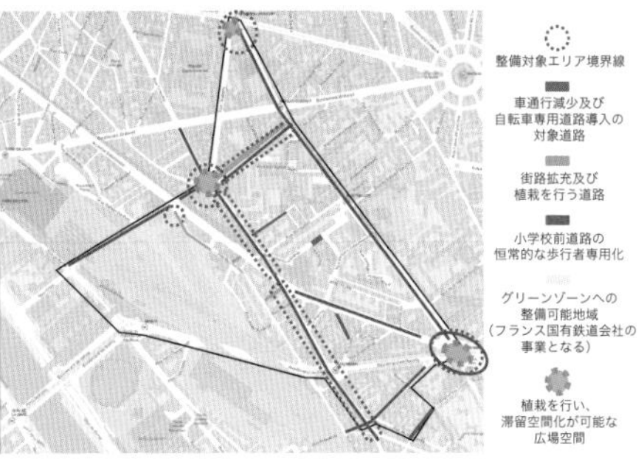

図2： 市役所が発表した整備プランの1つ(出典：パリ市役所の資料に筆者追記)
対象面積0.785㎞^{2}、対象街路距離14.6㎞

住民から意見を募る合意形成の工夫

法律に従い、市民生活に影響を及ぼし得るプロジェクトには事前協議(コンセルタシオン)、環境に影響を及ぼし得るプロジェクトの場合は公開審査等の手順を経る必要がある(文2)。合意形成活動はパリ市役所が通常実行し、そのすべてのプロセスと審査結果の透明性をもった情報公開がなされている。

「あなたの地域を美しくする」プロジェクトのように、私有地没収の必要がない空間整備プロセスでは、住民集会と合意形成には4〜6カ月の期間が必要とされる。工事予定期間は12〜18カ月である。パリ市では現在、インターネット上でダウンロードしたメモ(図3)を手に市民がまち歩きを行い(市職員主催のまち歩きもある)、計画の初期段階で地域へ

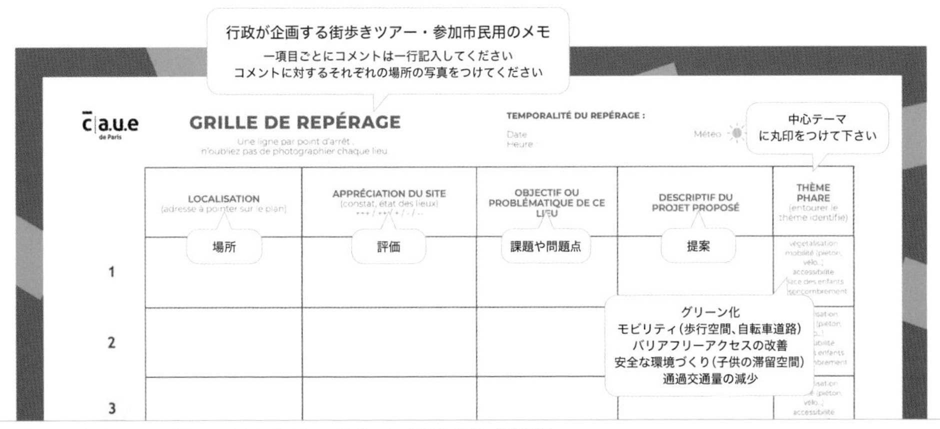

図3： パリ市役所のHPからダウンロードする街歩きメモ(出典・パリ市役所の資料に筆者追記)

の提案・意見を市役所に連絡できる細やかな仕組みが整っている。交差点の危険度等、地区で日常生活を送る住民目線での具体的な問題点の指摘や、解決への諸提案を広く汲み取ることを意図している。住民だけでなく、このエリアに通勤・通学する市民の意見もインターネットで徴収される。

行政がリードする フランス流公共空間整備の特徴

街路は住民のためのパブリックスペースとして再編成されつつある。コロナ後はパークレットにも飲食店のテーブルが増え、道路空間は公共空間であるという認識が、市民の間にも浸透した。一方、学校の中庭は「15分都市」プラン実施の一環として、2022年1月から徐々に一般に開放され、レクリエーションやスポーツ、文化活動で住民を迎え入れている。いずれも、街路や学校施設は都市の資産であるとの考えに基づいた取組みだ。

パリの道路空間再編の整備姿勢を象徴する、「公共空間、交通、モビリティ、街路法、道路の改革」担当のパリ副市長・ダヴィッド・ベリアール氏の発言を紹介しておきたい。「公共空間は歴史的にフランスでは自治体の管轄であり、個々の歴史遺産建造物の改築に民間資本が協力することはあるが、部分的であっても、都市整備事業の政策策定を民間に頼ることは少ない。民間資本導入は、公共空間の私有化につながるので、フランスではそれは行政能力のある種の減退ととらえられる。もし、ルノーやアップルが、例えばバスティーユ広場の再編成に対する意見を述べたりすれば、政権の左右を問わずパリ市議会の政党は反対するだろう(2022年3月発言)。」

選挙で選ばれたことを背景にして、できるだけ大多数の利益と将来への持続性を見据えながら、まちづくりを行うフランスの政治家と行政の姿勢がうかがわれる。同様に、15分都市は近隣コミュニティの活性化を目的としているが、決して住民の交流や参加を義務づけるものではない。都市計画とモビリティ政策との連携が重視されることから、地区の将来像を考えるのは首長・議会の役割であって、市役所はそのうえで具体的な施策を考案、そこに市民も意見できるという構図である。

パリ市議会の議員や行政職員たちには「みんなの都市」という連帯意識に支えられて、次世代に豊かに残せるまちづくりを総合的にとらえることが求められる[文3]。街路の1階に構える店舗のテラス使用料等は自治体への直接財源となる。回遊・滞留・植樹空間として街路を見直し、快適な住環境やすべての住民が外出しやすい安全な歩行環境の供給は賑わいを呼び、結果的に近隣商店の活性化につながっているのだ。

図4：2023年のモントルゲイユ地区の歩行者専用道路の賑わい

図5：パリ12区の小学校前の歩行者専用空間となった車道景観

参考文献：

文1：ヴァンソン藤井由実「フランスにおけるウォーカブルシティ・モビリティを包括した街路整備(後編)」『運輸と経済』交通経済研究所、2022年、2月号、p.94

文2：ヴァンソン藤井由実『フランスのウォーカブルシティ』学芸出版社、2023年、pp.226-231

文3：ヴァンソン藤井由実、他「地方都市の賑わいをもたらした都市空間再編成の政策・フランスの事例」土木学会論文集D3(土木計画学)、2022年、Vol77、No5、pp.461-462

Column スーパーブロック(バルセロナ、スペイン)

バルセロナ市グラシア地区の歩行者空間計画

(吉村有司)

車に侵食された街に公共空間を取り戻す

17世紀に創設された修道院を中心に発展してきたグラシア地区は、バルセロナ市内北部に位置するエリアである。イルデフォンソ・セルダ(Ildefonso Cerdà)によって描かれたバルセロナ拡張計画(1859)においてバルセロナ市に吸収され、現在では市を構成する10地区のうちの1つとなっている。

この逸話が物語っているように、グラシア地区は産業革命以前につくられたエリアであり、街の主な骨格がその時期に形成されているため、自動車の利用に適した街路構造にはなっていない。ヨーロッパの街にありがちな、近代化に適応できていない典型的なエリアの1つだった。その結果、グラシア地区内ではこのエリアに住んでいる住民の利用する自動車に加えて、このエリアを通って別の地区に行く通過交通が万年渋滞を引き起こしながら排気ガスをも撒き散らし、公共空間は駐輪場として利用される状況が続いていた。

ここでは、この地区で2000年代に取組まれた歩行者空間(ウォーカブル空間)化プロジェクトを紹介したい。このエリアに位置する公共交通機関(地下鉄入口やバス停)が立地する通りからグラシア地区の教会(エリアの中央付近に位置する)を中心に展開する歴史的中心地区に向かうエリアを全面的に歩行者空間にする計画だ。

地中海住民にとってのリビングルーム

密度高く集まって住むことに喜びを見出してきた地中海の住民達にとって、パブリックスペースは自宅の延長でありリビングだった。コンパクトシティの事例として良く引き合いに出されるバルセロナであるが、そもそも彼らが自宅の狭さと質の悪さに我慢できているのは、自らの住環境が都市内におけるパブリックスペースの質の高さとコインの裏表を形成しているからだと言える。「家の中のリビングルームは狭いし日当たりが悪いけど、目の前には広くて日当たりが良く、みんなが集まることができる広場がある」。彼らにとって自宅近くに存在するパブリックスペースというのは、自分の部屋の延長であり、青空が広がるリビングルームだと捉えられている。

都市におけるパブリックスペースを大切にしてきた彼らにとって自分達のパブリックスペースが自動車に浸食されている風景は到底我慢できることではなかった。また、パブリックスペースが自動車の駐車場に利用されてしまっているが故に地区の子供達が遊べる空間が奪われていることも彼らのストレスを向上

図：典型的なグラシア地区の道路(写真上)と新しく生まれ変わった歩行者空間(写真下)

させている原因の1つだった。バルセロナに暮らしていると、なぜメッシのような選手が出てきたのか、なぜイニエスタのような選手が育ったのかが良くわかる。小さな頃からところ構わずサッカーボールを蹴りながら暮らす文化が根付いている。そんな彼らにとって、子供達がサッカーボールを蹴ることができるパブリックスペースがないことは我慢できなかったに違いない。みんなが歩いて暮らせる街路空間、子供達が安心して遊べるパブリックスペースを取り戻そうという気運が住民達の間に高まっていった。

歩行者空間化による街の変化

自動車で満ち溢れていたグラシア地区を歩行者空間にしたことによるメリットは主に3点ある。

①エリア内のパブリックスペースの増加

1点目は、エリア内のパブリックスペースが劇的に増加したことが挙げられる。「できるところから始める」をモットーに始まったグラシア地区の歩行者空間計画は、リリシャ広場に駐車されていた自動車を撤去し椰子の木を植え、地域住民達によるゴミ掃除から始まったと言われている。その後、地区内のツボを押すようにしてパブリックスペースをどんどんと開放していき、それをネットワークで繋ぐことによって地区全体の改善を図っていった。その結果、歩行者空間前後においてパブリックスペースの面積が劇的に増加した。

②エリア内の大気汚染の改善

バルセロナは非常にコンパクトな都市形態をしていると言われている。その都市形態が関連しているという科学的な根拠には乏しいのだが、市内に大気汚染が留まっているということは誰の目にも明らかであり、市役所を悩ませている長い間の課題であった。実際、欧州委員会からは繰り返し、大気汚染を改善するようにと言われ続けていた。グラシア地区の歩行者空間計画はこの観点からも功を奏したと言える。エリア内を大幅にウォーカブルに用途変更したことにより、通過交通と渋滞が減少し、地区内の大気汚染レベルも劇的に改善された。

③エリア内の騒音レベルの改善

バルセロナでは都市内における騒音が都市問題の1つとして知られていた。グラシア地区においても渋滞や通過交通が引き起こす自動車による音の問題が問題視され、地区住民を悩ませていた。しかしこの点もウォーカブル政策の実装によって改善された。

自家用車による騒音は劇的に改善された一方で、新たな騒音問題が浮上してきた。それが観光客による騒音問題だった。バルセロナではオーバーツーリズムによる観光公害が年々目立ってきており、観光客の目的地の1つであるグラシア地区も焦点の1つになってきていた。特にヨーロッパ各地を格安で結んでいる格安航空機に乗ってやってくる若者達は、パブリックスペースでお酒を飲み散らかし深夜まで騒ぎながらパブリックスペースを汚していくことが社会問題と化していた。

しかし市役所に苦情を言いに行っても信じてもらえず、市役所側としてもエビデンスがないことには何も効果的な対策を講じられないという状況が続いていた。そこで住民達がとった行動がFablabとのコラボレーションだった。パブリックスペースに面して住んでいる住民達が中心となってFablabの助けを借りながら騒音センサーを作り出した。それらを自宅のベランダに取り付けて長期間にわたり騒音に関するデータを取得し続けた。そうして取得したデータを専門家の力を借りることによって可視化し、それらのデータ分析の結果を市役所に持ち込んだ。エビデンスとしてのデータと、それらのデータがうまく視覚化されたグラフを見た担当者が納得し対策を施した。

「歩いて楽しいまちづくり」は住民とともにつくる

このように歩行者空間化は地域住民はもちろ

ん、周辺の都市域に住んでいる人々にとっても多大なるメリットをもたらす。Yoshimura et al. (2022a)では歩行者空間化がその周辺に立地している飲食店や小売店の売上を向上させることをビッグデータと機械学習を用いることで統計的有意性を示し、Yoshimura et al. (2022b)では都市多様性が高いエリアほど地区としての売上が高くなることを統計的に示した。様々な職種・業種の小売店・飲食店が集積しているエリアの方が、1つのタイプのお店しか集積していないエリアに比べて歩行者の買い周り行動をより引き起こしやすく、その結果として経済的にも豊かになるのだと考えられる。これらの例からもわかるように、人口減少・成熟期の都市において、我々の社会が「歩いて楽しいまちづくり」に向かっていることは確実だと言えるだろう。
しかし歩行者空間化は決して魔法の杖ではない。歩行者空間化すれば、全ての都市問題が解決される訳ではない。また、いくつかの問題が解決されたとしても、また新しいタイプの都市問題が出てくることのほうが多い。
重要なのは、それらの問題が出てきた時にどう対処するかだ。そこに住む住民達と一緒になって街を作っていく、街を育てていく観点が今後ますます重要になってくる。その時のプラットフォームとして、歩行者空間や公共空間、ウォーカブルな空間は存在するのだと思う。

参考文献：

- Yoshimura, Y., Kumakoshi, Y., Fan, Y., Milardo, S., Koizumi, H., Santi, P., Murillo Arias, J., Zheng, S., Ratti, C., 2022a, "Street Pedestrianization in Urban Districts: Economic Impacts in Spanish Cities", *Cities*, 120, DOI：https://doi.org/10.1016/j.cities.2021.103468
- Yoshimura, Y., Kumakoshi, Y., Milardo, S., Santi, P., Murillo, J., Koizumi, H., Ratti, C., 2022b, "Revisiting Jane Jacobs: Quantifying urban diversity", *Environment and Planning B: Urban Analytics and City Sciences*, 49(4), pp.1228-1244. DOI: https://doi.org/10.1177/23998083211050935
- 吉村有司(2021)「建築家にとって科学とはなにか?」吉村有司編『a+uアーバンサイエンスと新しいデザインツール』新建築社、pp.3-8
- 吉村有司(2022)「デジタルテクノロジーによってジェイン・ジェイコブズを読み替える：都市多様性のビッグデータ解析手法の提案」『都市計画』71(1)、pp.76-81
- 吉村有司(2023)「スマートシティとはなにか?—バルセロナのウォーカブルなまちづくりを通して—」『新都市』77(1)、pp.19-24

エコディストリクト※

1つ1つの意思決定において人々と地球を中心に捉える枠組み

（村山顕人・久保夏樹）

基礎情報　創設年：2013年／実績数：認証8件、認証手続き中11件（2023年9月時点）

制度概要　公正性、レジリエンス、気候保護を原則とする地区スケールの既成市街地再生を、地域主体主導で推進する認証制度である。3つの原則、6つの優先項目、20の目標カテゴリー、3つの実現段階で構成されるプロトコルに基づく取組みのプロセスを非営利団体が認証する。

なぜ地区スケールなのか？

エコディストリクト（EcoDistricts）の発祥地はアメリカ・オレゴン州ポートランド市である。都市および広域のスケールで環境にやさしい土地利用・交通政策を展開する一方、都市は様々な地区で構成されるとの認識の下、ハード・ソフトのプロジェクトを通じて地区の持続性を高める取組みが重視された。地区スケールは迅速にイノベーションを起こすのに十分小さく、意味のある影響をもたらす十分な大きさをもつ。

メリット

- エコディストリクト・プロトコルは、環境・社会・経済の持続性やレジリエンスを含む包括的な枠組みを提供し、従来型のまちづくりで見逃されている領域や人々を巻き込むチェック機能がある。
- エコディストリクトの指標は、まちづくり団体が持続性に配慮した取組みを進める際のマイルストーンとなり、取組みを適切に評価するローカル指標となる。

要件・基準

- 公正性、レジリエンス、気候保護の3つの原則を地区のあらゆる側面に組み込み、多様な地域主体が真摯に取組むことが求められる。
- 場所、繁栄、健康と幸福、接続性、生態系、資源再生の6つの優先項目に対して目標と指標を1つ以上設定する。
- ロードマップ策定時に与えられる認証は、その更新や軌道修正によって地区の取組みを継続的にモニタリング・評価する役割をはたす。

手続きフロー

CERTIFICATION　　MAINTENANCE

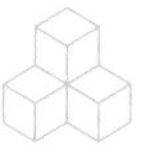

REGISTER ＞ STEP 1：IMPERATIVE COMMITMENT ＞ STEP 2：FORMATION ＞ STEP 3：ROADMAP ＞ STEP 4：PERFORMANCE

STEP 1
- ワーキンググループを結成
- 公正性／レジリエンス／気候保護の3つの原則に取組む同意書を作成・提出

STEP 2
- 地区資産マップを作成
- 地区チームを公式化
- リーダーシップと意思決定機関を決定

STEP 3
- ロードマップを作成（課題整理と優先度設定・指標を用いた現状把握・目標設定・資金調達方法を含む）

STEP 4
- 指標を用いて進捗状況を把握、ロードマップを修正
- 進捗報告書を作成し、利害関係者と地域に報告

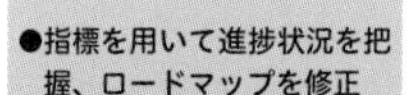

1）3つの原則への同意（Imperatives Commitment）
主要な利害関係者を集めてワーキンググループを結成し、地域主体主導で公正性、レジリエンス、気候保護の3つの原則に取組む方法を詳細に記載した同意書を作成・提出する（登録後1年以内）。

2）地区チームの構築（Formation）
主要な利害関係者を集め、暫定的な地区境界を設定し、地区資産マップを作成する。地区の市民、民間団体、公共団体を代表する協働的な地区チームを公式化し、リーダーシップと意思決定機関を形成する（同意書提出後2年以内）。

3）ロードマップの策定（Roadmap）
地区境界の確定、課題の整理と優先目標の設定、指標の選択とそれを用いた現状把握・目標設定を行ったうえで実現可能な戦略を立て、資金調達方法を検討し、包括的な行動計画を組立てる（同意書提出後2年以内）。

4）モニタリングと評価（Performance）
指標に基づき取組みの進捗状況を把握し、必要に応じてロードマップを修正する。最新の指標を含む進捗報告書を作成し、利害関係者や地域に報告する（認証後2年ごと）。

出典：EcoDistricts ウェブサイト：https://ecodistricts.org に加筆

Case study | ロイド・エコディストリクト(ポートランド市)

アメリカ・オレゴン州ポートランド市の都心部の北東に位置する約160haの商業業務地区で、大規模商業施設やコンベンション施設、オフィスが立地する。就業者人口約2万4000人に対して居住人口は約2100人と少ない。2013年までは、市、再開発公社、ポートランド・サステナビリティ機構(エコディストリクトの前身)の支援による地区の更新が行われていたが、2013年以降は、既存のBIDであるロイド・エンハンスト・サービス・ディストリクト(Lloyd Enhanced Services District: ESD)の支援を受ける非営利組織ロイド・エコディストリクト(Lloyd EcoDistricts)が活動している。環境負荷の小さい面的再開発、道路上への自生植物プランターの設置による地区の生物多様性と自転車レーンの確保、駐車場のホームレス一時滞在場所としての活用、高齢者施設の評価等に取組む。

Other cases

ミルベール(ペンシルバニア州)/キャピトルヒル(シアトル市)/メトロヘルスコミュニティ(クリーブランド市)/エトナ(ペンシルバニア州)/シャープスバーグ(同左) ほか

地区の資源 | 空間・課題への対応＋手法の分類

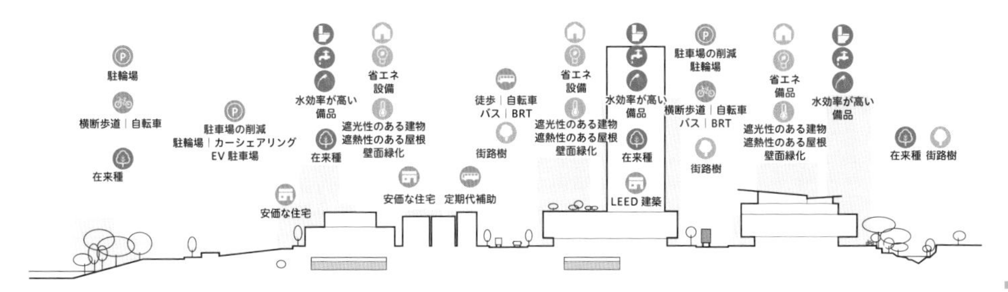

エコディストリクト | 複数の街区からなる地区を1つの環境システムと捉えて施策を行う都市再生手法

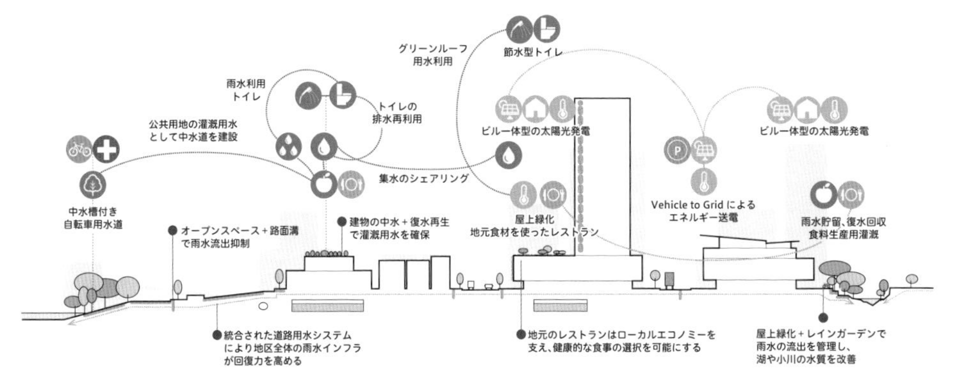

出典：Seaholm EcoDistrict(2013)を参考に作成

※EcoDistricts(エコディストリクト)は2023年10月5日に「Just Communities」に改称された。

地区のまちづくりに“持続性”を導入するヒント

世界共通の目標に対する世界標準のプロトコル

近年、持続可能な開発目標(Sustainable Development Goals: SDGs)の達成を意識した取組みが増えてきた。エコディストリクトとは、こうした世界共通の目標の達成に向け、地区の再生を進めるための世界標準のプロトコル、すなわち共通言語である。公正性、レジリエンス、気候保護の3つの原則、場所、繁栄、健康と幸福、接続性、生態系、資源再生の6つの優先項目、20の目標カテゴリー、組織形成、ロードマップ策定、モニタリングと評価の3つの実現段階で構成される明快な枠組みは、エコディストリクト発祥の地であるオレゴン州ポートランド市から全米へ、そして日本を含む世界へと普及しつつある。

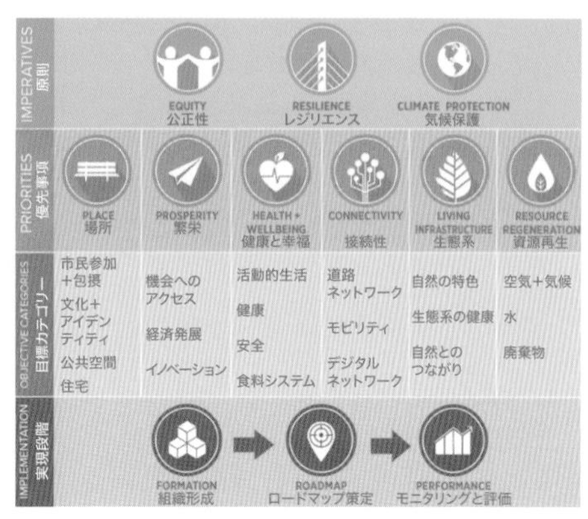

図1：エコディストリクトの原則・優先事項・実現段階(出典：EcoDistricts: EcoDistricts Certified Handbook, 2018に加筆)

エコディストリクトのロードマップ

アメリカ・ペンシルベニア州ミルベール(人口約4000人の低中所得自治区)の「ミルベール・ピボット・プラン2.0」には、人間の生存に不可欠な食糧、水、エネルギーに加え、大気汚染、モビリティ、社会的公正の6分野のビジョンが描かれている。太陽光発電の共同利用、都市農業とレストラン、小川沿いの開発やコンプリート・ストリートの整備、カヤック拠点の整備、建物への空気清浄装置の設置ときれいな空気の公園の整備、緑地のネットワークやアフォーダブル住宅の整備といった小規模事業が既成市街地の中で展開されていく様子がプランから読み取れる。ロードマップには図2の総括図に加え、より詳細な分野ごとの図面と文章も掲載されている。

小規模事業を通じた漸進的な地区再生

既成市街地を対象とするエコディストリクトは、大規模再開発ではなく、小規模事業の積み重ねを通じて漸進的な地区の再生を重視している。そのため、DIY的あるいはタクティカルアーバニズム的なプロジェクトが多い。事例を見ると、交差点や横断歩道のペインティング、LED照明の普及促進、道路の歩行者専用化の社会実験、既存建物における省エネルギー化や節水、ゴミ箱の適正管理、地域の人々が道具を共有するツール・ライブラリー、低所得者への公共交通パスの提供、都市農業の推進、グリーンインフラの整備等魅力的な小規模事業がある。大きな目標を掲げつつも、地域主導でできることから始める姿勢に学ぶべきことは多い。

ローカル指標を用いた現状把握と目標設定

プロトコルの6つの優先項目については、より詳細な項目ごとに目指すべき状態が記述され、それを確認するための指標が例示されている。地区ごとに目指すべき状態について議論し、指標を選択することとなる。例えば、優先項目の1つである「場所」については、市民参加＋包摂、文化＋アイデンティティ、公共空間、住宅の項目がある。このうち公共空間については、すべての人にとってアクセスしやすいこと、質が高く魅力的で活発な空間

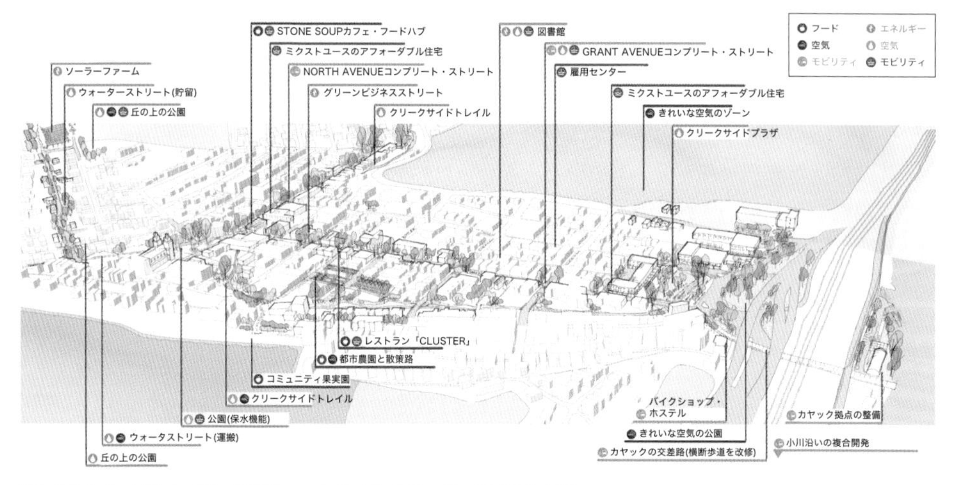

図2：ミルベール・ピボット・プラン2.0(出典：evolveEA: Millvale Pivot Plan 2.0,2016に加筆)

図3：キャピトルヒルのツール・ライブラリーでは電動ノコギリやトンカチといった大小工具や3Dプリンターもあり地域住民は自由に借りることができる

になっていることといった目標に対して、街路以外の公共空間から400m以内の住宅と事業所の割合、パブリックスペースで実施されるプログラムや活動の数、パブリックスペースを毎日利用している人の割合といった指標が紹介されている。

日本のまちづくりへの適用

日本の地区スケールのまちづくりは、住環境整備、景観、防災・減災、災害からの復興、商店街活性化、超高齢社会への適応、交通静穏化、水と緑等の分野別にアプローチし、当該地区の課題の解決に貢献してきた。しかし、地球規模の気候変動への対応や社会のレジリエンス・公正性の確保といったより大きな課題には、必ずしもうまく対応できていない。今こそ、既成市街地において、世界共通の課題に対応する高い目標を目指す地区の再生(再開発、修復、保全を含む)を持続的に進め、より良い社会と空間をつくる努力をすべきだと考える。それを多様な主体の協働で進めるための枠組みの1つが、ここで紹介したエコディストリクトである。

リンク&プレイス

「通行」と「滞在」の2軸で見える化を図る、新しい街路計画手法

（大藪善久）

基礎情報　**実施都市**：ロンドン市(イギリス)、沼津市ほか ／ **発行年**：2007年(イギリス)
書籍：『Link & Place: A guide to Street Planning and Design』Peter Jonesほか

制度概要　ストリートの機能を「リンク(通行)」機能と「プレイス(滞在)」機能、そしてこれらを支える「アクセス環境整備」に区分し、都市内のストリートのタイプを2軸で表現したマトリクスを用いて、ストリートの特性を把握し計画する理論である。

海外ではどのように位置づけられているか？

イギリスでは、イングランド交通省発行の住宅地街路に関する体系的なガイドラインである『Manual for Streets』(2007年)、市街地内街路を対象にした『Manual for Streets2』(2010年)に掲載され、幹線街路のみならず、街路ネットワーク全体において考慮され、街路空間再配分の事業とその効果分析まで行われている。さらにロンドンをはじめとして、オーストラリアやアイルランド等周辺諸国でマトリクスを用いた街路デザインガイドラインが策定されている。

メリット

- リンク機能とプレイス機能を2軸のマトリクスを用いて、都市内の各街路の機能や性格づけをわかりやすく「見える化」することができる。
- これまで交通機能の優先順位が高かった日本の街路において、通行以外の路上活動としてプレイス機能を交通機能と同等に重要視し、計画することができる。

要件・基準

- リンク(通行)軸に関しては、交通量が多く広域交通を担う幹線道路や、一度に大量の人やモノを運べる公共交通を担う道路は、相対的にレベルが高いと評価することができる。
- プレイス(滞在)軸に関しては、散策や座るといった行動等に加えて、例えばマルシェやパフォーマンス等、より様々な幅広い活動が繰り広げられるストリートは、レベルが高いと評価することができる。
- 2軸評価を3段階で分類した3×3のマトリクスで表現を行い、対象街路がどの位置にいるのか、目指すべきはどの位置になるのかを明らかにする。都市の特性により、5段階で評価する等、見える化を目的に相対的に定めることができる。

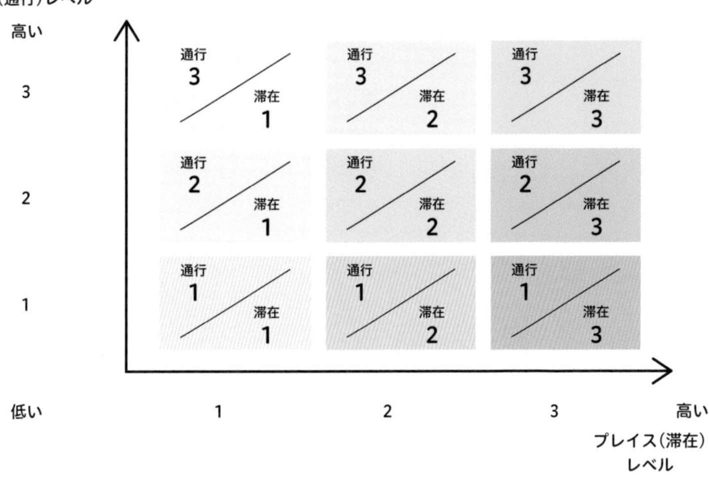

出典：ストリートデザインガイドライン

Case study | 公共空間再編整備計画(沼津市)

沼津市では、鉄道高架事業を始めとする沼津駅周辺総合整備事業が本格展開を迎えるなか、「中心市街地まちづくり戦略」を策定し、短期・中期・長期と段階的にヒト中心のまちづくりを進めている。2022年に策定された公共空間再編計画では、「中期(5〜15年)」のまちの姿の実現に向けて、公共空間の再編として取組むべき事項や施策の方向性、進め方等を定めている。再編にあたっては、駅周辺の公共空間が有する性格に応じて6つの空間タイプ(広場、シンボルロード、生活道路等)に分け、それらをリンク&プレイスのマトリクスを用いてリンク機能とプレイス機能の2軸で分類し、将来目指すべき方向性をわかりやすく説明するとともに、まち全体の骨格づくりに活かしている。なお、この6つの空間タイプは、公共空間再編整備計画と対となる「沼津市都市空間デザインガイドライン」の空間種別と同一となっており、行政と民間の取組みが相乗効果を生むよう、計画づくりがなされている。

■ 3つの再編項目の方針

〈駅前広場〉まちなかで過ごしたくなる、居心地の良い空間へ

〈駅前街路〉駅からまちへ、まちから駅へと歩きたくなる街路空間へ

〈地区交通体系〉"歩き"を最優先に、安全や使いやすさを意識した交通体系へ

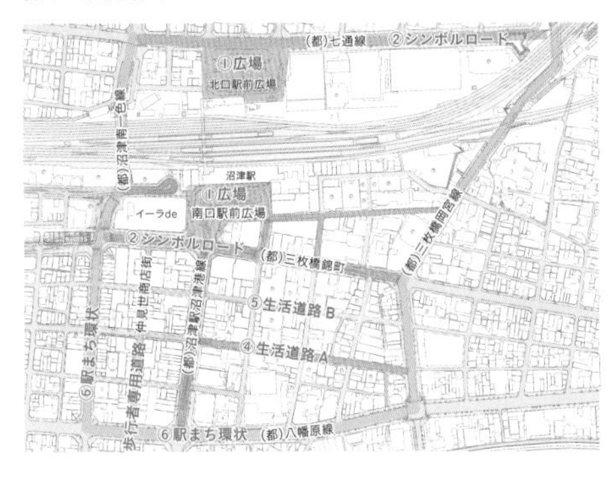

■ 公共空間の性格付けによる分類

①広場 / 沼津の玄関口であり、交通結節点となる場所。公共交通の利便性は確保しつつ、新たに生み出されるオープンスペースを有効活用することにより、プレイス機能を拡充する。

②シンボルロード / 一般車両の通過交通を抑制し、歩行者と公共交通優先とする道路。沿道店舗等と連携し、拡張した歩行者空間の活用等によるプレイス機能を拡充する。

③歩行者専用道路 / 歩行者のまちなか回遊の主動線となる道路。滞留施設の適切な配置等により、プレイス機能を拡充する。

④生活道路A / 主に地域住民の日常生活に利用され、自動車の駅まち環状やシンボルロードから各街区へのメインアクセス動線となる道路。

⑤生活道路B / 主に地域住民の日常生活に利用され、自動車走行速度の抑制を図り、歩車共存を目指す道路。

⑥駅まち環状 / 駅まち環状エリア内を目的地としない自動車交通や自転車交通を受け止める道路。

■ 目指す方向性

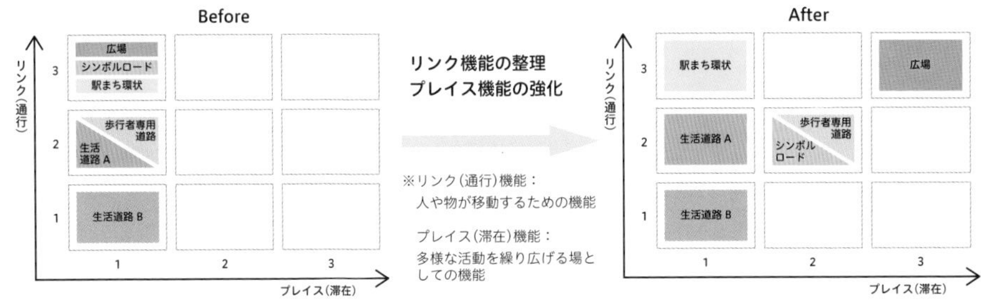

出典:沼津市公共空間再編整備計画 https://www.city.numazu.shizuoka.jp/shisei/keikaku/various/machisenryaku/kukansaihen.htm

参考文献:

- 国土交通省都市局・道路局「ストリートデザインガイドライン—居心地が良く歩きたくなる街路づくりの参考書—(バージョン2.0)」https://www.mlit.go.jp/toshi/toshi_gairo_fr_000055.html
- 三浦詩乃、森下恵介、中村文彦、秋山尚夫(2020)「Link and Place理論の街路交通マネジメントへの適用に関する基礎的研究—英国におけるケーススタディから—」『国際交通安全学会誌』45巻2号、pp.154-163

スローストリート 車両通行規制でつくるインクルーシブな近隣コミュニティ

（宋 俊煥）

基礎情報　**実施都市**：サンフランシスコ市（アメリカ）ほか ／ **施行年**：2020年（新設） ／ **法令**：緊急公衆衛生指令（Emergency Public Health Order） ／ **実績数**：4カ所 ／ **事業期間**：数カ月〜恒久的

制度概要　ストリートに標識やバリケードを設置し、車両の通行を最小限に抑えて歩行・自転車・屋外滞留スペースとしての利活用を優先するための制度。子ども、高齢者、障がい者、有色人種等、多様な利用者の幅広いニーズに合わせてパブリックスペースの再利用を促している。

「スローストリート」が登場した理由は？

新型コロナウイルス感染症（COVID-19）の流行に対応するため、各市町村の緊急公衆衛生指令により考案され実施された。住宅街の近隣住民はソーシャルディスタンスを確保しながらもレクリエーションや運動スペースとして道路空間を活用しつつ、徒歩や自転車等の通行も共存させている。こうした利活用が公共交通サービス偏重の暮らしを多様化させ、近隣住民のコミュニティを強化することを最終目的としている。

メリット

- 感染症への安全性を確保しつつ、徒歩や自転車、車椅子で移動したい人々にとっても快適な道路通行を可能にし、地域経済の再開を支援する。
- 近隣住民間の人中心のコミュニティの増進と強化に寄与する。
- 長期的には気候変動対策や市民の健康促進に貢献する。

要件・基準

- 一時的な交通バリアと「地元交通のみ」「徐行／歩行者共存」または「ブランド標識（Stay Healthy Street等）」等を設置し、地元住民や配達・緊急車両のみは車両通行を許可する。
- 住宅街の道路ネットワークを維持し、車両通行が近隣地域内部の歩行・自転車移動の妨げにならないよう、入口にバリケードを設定する。
- バリケードの管理・監視を行う管理者を任命する必要がある。

手続きフロー

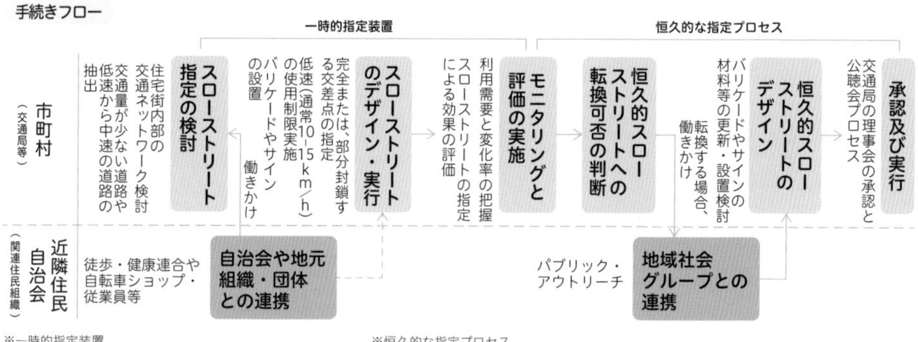

※一時的指定装置

1）計画と市民参加

近隣の緑道・自転車道、交通量が少ない道路や、低速から中速の道路を中心にスローストリートの指定を検討する。その際、自治会や地元組織、徒歩・健康連合や自転車ショップ等にも働きかけ、道のデザインや課題解決のための連絡体制を整える。

2）デザインと実行

どの交差点を完全に／部分的に閉鎖するかを明確にし、地元住民の通行は確保しつつ通過交通を最大限防止する。通行を部分的に遮断するライトセパレーション（仮設の分離帯）を配置し、低速（通常10〜15km/h）制限とする。必要に応じてバリケードや立て看板の設置、「地元通行のみ」の標識を使用する。

※恒久的な指定プロセス

3）モニタリングと評価

利用需要とその変化率を主な評価指標とし、通行する自転車台数や歩行者数（15分〜1時間）のサンプルを収集する。スローストリートを指定した効果を評価し、恒久的に実施するのか、一時的な取組みとして終了するのかを判断する。

4）地域社会への働きかけ

住民や関係者を巻き込んだパブリック・アウトリーチ・プロセスを開始し、賛同があれば、恒久的なスローストリートをデザインする。なお、交通迂回装置の設定以外の恒久的な処置については、通りのすべての利用者の安全を確保する。

5）デザインの恒久化・承認・実行

自治体は関連する他部署の意見を踏まえて計画を進める。一時的なデザインからさらに堅固かつ合法的な材料等を用いて、バリケードやサインを設置。交通局の理事会と公聴会プロセスを得て承認される。道路のバリケードやサインは耐久性の高い材料に転換する。

活用ポイント

国内のコロナ道路占用特例、またその恒久的な設置プロセスとして歩行者利便増進道路(ほこみち制度)への転換を目指す点が類似する。しかし国内制度は中心市街地や商店街の経済復帰が狙いである一方、スローストリートは住宅地の様々な移動手段を確保し、生活の質を保つことが目的となる。制度運用面では、歩行者や自転車等のモニタリングや住民満足度調査を通じて、近隣住民の意見を踏まえながら導入の必要性を明確に評価し、恒久設置へ転換させている点は、多くの示唆がある。

Case study | スローストリート・プログラム(サンフランシスコ市)

サンフランシスコ市の交通局(SFMTA)が、コロナ禍の経済再開を支援する目的で実施。徒歩や自転車、車椅子、スクーター、スケートボード、その他のマイクロモビリティで移動する人々がより快適でアクセスしやすい場所とするため、約30の通路がスローストリート(Slow Street)となった。交通局から提供された税金によって実現された一時利用後も、市のインフラとして恒久設置するため、①交通量の少ない住宅街で、②近隣住民からの永続性に対する強い支持があり、③連携する地域コミュニティのパートナーが存在し、④市の交通計画(グリーンネットワーク・自転車ネットワーク等)と整合性が取れ、⑤交通データの評価で周辺交通網に悪影響がない、という5つの実現可能性基準を設け、現在4つのスローストリートが恒久化されている(2022年12月時点)。

ショットウェル・スローストリート(Shotwell Slow Street／サンフランシスコ市)
出典：サンフランシスコ市交通局HP(SFMTA)

Other cases

ブリュッセル市(ベルギー)／オークランド市(アメリカ)／ダニーデン市(ニュージーランド)ほか

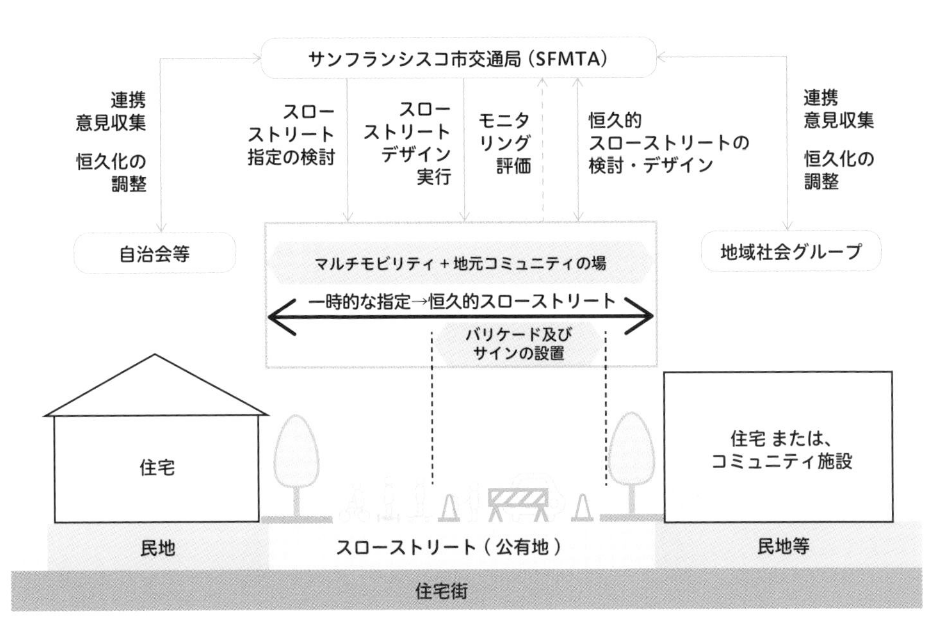

シェアードスペース／シェアードゾーン

人の賑わいと交通のアクセス性、安全性を両立させる道路空間のデザイン

（吉野和泰）

基礎情報

施行年：2013年（オーストリア）等

法令：1960年道路交通法（Strasenverkehrsordnung 1960、オーストリア）等

（法令とは別に、地域ごとに、デザインガイドラインや指針文書が発行される場合もある）

制度概要

歩車分離のための縁石や段差を設けず、単断面の道路空間に歩車を共存させることで車両の速度抑制を図り、交通の機能性の確保とパブリックスペースとしての質向上を図るデザインコンセプトである。市街地の商店街や広場等、歩行者が特に多く通行・横断する道路に導入される。

ハードからソフト、住宅地から市街地へ、交通静穏化の新たな展開

2000年代以降、道路利用者の心理的側面に着目し、標識や物理的デバイスの設置を最低限に留め、アイコンタクトによる自発的な譲り合いを導くという、新しい交通静穏化の考え方が注目されるようになった。ヨーロッパやオセアニアのシェアードスペースでは、各国の交通規則・基準の枠組みのなかで様々なデザイン・パターンが見られ、近年では交通量の多い市街地の主要な道路に導入する事例も多く報告されている。

メリット

- 道路の単断面化により、横断方向で一体的な空間の利活用を図ることができる。
- 車両の通行を一定の制限のもとで認めるため、荷捌きや駐車場へのアクセスといった点で合意形成が容易である。
- 速度規制や道路上の歩行者の存在により、通過交通を減らす効果が期待される。

要件・基準

シェアードスペースの成功の鍵として、道路における歩行者のプレゼンス（存在感）が卓越することが重要であると指摘されている。国・地域により目安は異なり、例えばオーストリアでは、日交通量が1万台、延長100mにつき1時間あたりの歩行者・自転車の横断が500回程度を目安に、歩車共存が可能性であるか判断される。

手続きフロー

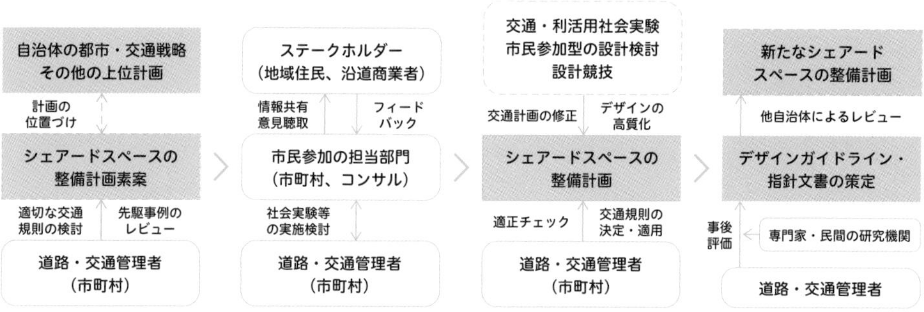

自治体の都市・交通戦略 その他の上位計画
計画の位置づけ
シェアードスペースの整備計画素案
適切な交通規則の検討
先駆事例のレビュー
道路・交通管理者（市町村）

ステークホルダー（地域住民、沿道商業者）
情報共有 意見聴取
フィードバック
市民参加の担当部門（市町村、コンサル）
社会実験等の実施検討
道路・交通管理者（市町村）

交通・利活用社会実験 市民参加型の設計検討 設計競技
交通計画の修正
デザインの高質化
シェアードスペースの整備計画
適正チェック
交通規則の決定・適用
道路・交通管理者（市町村）

新たなシェアードスペースの整備計画
他自治体によるレビュー
デザインガイドライン・指針文書の策定
事後評価
専門家・民間の研究機関
道路・交通管理者

1）交通規則（速度規制、駐車規制等）の検討

整備計画素案では、歩車共存のための速度・駐車規制等新たな交通規則の適用可能性を検討する。国・地域により適用の目安や基準がある。

2）市民参加・社会実験の実施

計画の初期段階からステークホルダーと対話を重ね、合意形成を図ることが強く推奨される。対話の一環として、歩車共存の効果検証の社会実験や、市民参加型の設計検討のプロセスがある。

3）交通規則の決定・適用

周辺交通への影響や荷捌きの方法、交通安全上の工夫等を踏まえた整備計画のもと、道路・交通管理者が交通規則や区間を決定。なおヨーロッパ・オセアニアでは交通管理者も各市町村の行政内に置かれる場合が多い。

4）事後評価

整備後には、車両速度の低減や歩行者数の増加、交通事故件数の変化といった整備効果を測定し事後評価を行う。交通とデザインのノウハウを蓄積し、ガイドラインを作成することで、シェアードスペースの普及と展開を図る。

Case study | マリアヒルファー通り(Mariahilfer Straße/ウィーン市)

自動車交通の削減、公共交通・徒歩・自転車への転換を図る施策の一環として、ウィーン市有数のショッピングストリートであるマリアヒルファー通りの再整備が進められた。沿道の商業機能の維持、パブリックスペースの質向上を両立させるため、シェアードスペースの導入が当初より検討されていた。計画の実現可能性を吟味しつつ、道路利用者の歩車共存環境への順応を促すため、半年以上にわたる交通社会実験が実施された。また空間設計においては設計競技が実施され、デザインの高質化が図られた。

2015年に通りの一部区間(約1.2km)が20km/h規制のゾーンに指定され、ヨーロッパ最大規模のシェアードスペースが実現した。全区間を通して歩道と車道の段差は取除かれ、車両通行帯は舗石のラインによって明示されている。ベンチや照明といったストリートファニチャー、および沿道のカフェテラスのデザインも刷新され、滞在の質を高める工夫がみられる。

Other cases

ヘレンガッセ(ウィーン市)/オットーバウアーガッセ(ウィーン市)/ノイバウガッセ(ウィーン市)/ランゲガッセ(ウィーン市)/ライナー通り(リート・イム・インクライス)

参考事例:マリアヒルファー通り(ウィーン市)

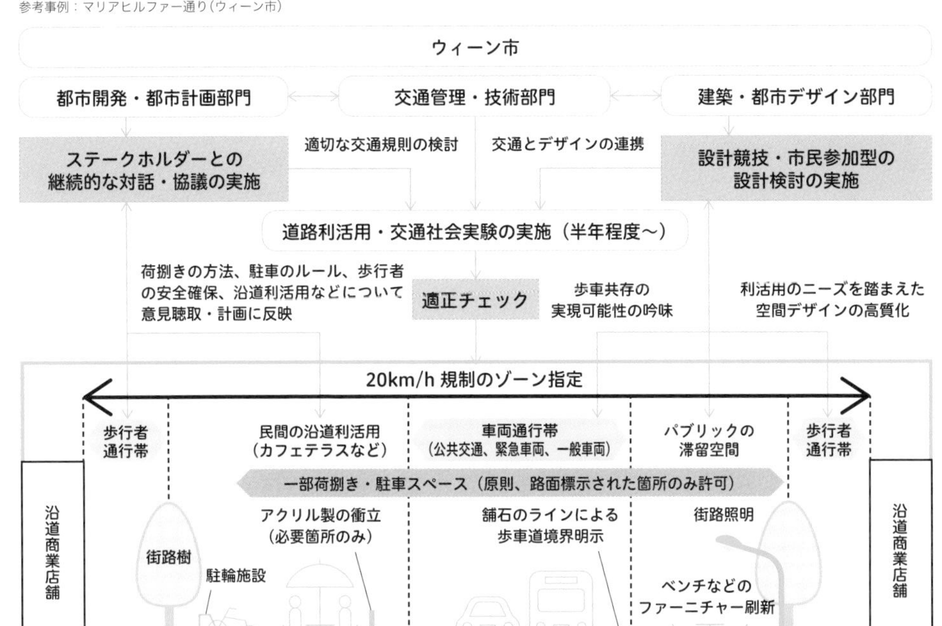

人のための空間と交通機能を両立させる工夫

市街地における道路空間再編の難しさ

都市の市街地において道路を人のための空間に転換しようとする場合、車両の通行をどのように取扱うかが非常に悩ましい。車両の通行を完全に止め歩行者天国にしようとしても、沿道の商業者や駐車場の所有者等、車でのアクセスを必要とする立場からの反対が大きく、実現に至らないケースも多い。許可車両制にする場合、だれがどのように許可の有無を確認するのか、費用や体制の面でハードルが高い。このように交通機能の確保とパブリックスペースの質向上をどのようにして両立させるかという問いは、日本のみならず世界各国で共通の課題として認識されている。歩車分離を原則とする現行の国内法令では、シェアードスペースをそのまま導入することは難しいものの、交通とデザインの工夫によって柔軟かつ合理的な空間のシェアを実現した海外の先進事例から学ぶべき点は多い。

速度抑制を促す交通計画の工夫

ヨーロッパでは、シェアードスペースを導入する道路には原則として20km/hの速度規制が設定される。しかし道路標識を設置しても、必ずしも運転手が規制速度を遵守するとは限らない。シェアードスペース成功のためには、自発的な車両速度の抑制を促すような工夫が必要となる。まずシェアードスペースを導入する道路の選定が重要である。商店街や広場、公共交通駅の周辺等、歩行者の通行・横断がもともと多く、沿道の利活用が盛んな道路が最も適しているとされる。シェアードスペースにおける「賑わい」は、滞在の質のみならず、交通静穏化の観点でも重要な役割を果たしていると言えるだろう。

また、シェアードスペースを導入する道路の区間長にも注意が必要である。これは、区間が長くなればなるほど運転手が歩車共存環境に慣れ、車両速度を上げやすくなるためである。例えばオーストリアでは、目安として100～500mの範囲が望ましいとされる。このほか、当該道路の周辺にゾーン30(30km/hの速度規制)等を面的に設定し、車両速度を段階的に低減させる、一方通行の向きを対向させて通過交通を抑制するといった、より広域での交通計画上の工夫も有効である。

図1：マリアヒルファー通りの沿道利活用(カフェテラス)の様子(筆者撮影)

速度抑制を促す空間デザインの工夫

空間デザイン上の工夫も、車両速度の抑制に寄与する場合がある。まずシェアードスペースの区間に入ったことを運転手が直感的に理解できるよう、周辺の道路と色や質感が明確に異なる舗装材を用いて、シェアードスペースの出入口を「明示的」なデザインにすることが望ましい。また、舗装パターンの滲み出しによって車両通行帯を視覚的に狭める、あるいは広場空間のようにデザインし車両通行帯の存在を認識しづらくさせるといった工夫も有効である。近年では、ストリートファニチャーや街路樹等の配置に工夫がみられる事例も増えてきている。例えばマリアヒルファー通りでは、車両通行帯の端に合わせて比較的堅強なパブリックベンチや駐輪施設を配置し、視覚的・立体的な狭まり効果を発揮させつつ、沿道を歩く歩行者にとっての防御装置のような機能をもたせている。単にボラードを設置するのではなく、パブリックスペースとしての質により重点を置き、デザインの改良を図っていることがわかる。このように、道路空間全体のデザインをどのように複合的に機能させ速度抑制を促すかがポイントである。

図2：マリアヒルファー通りに新たに設計・設置されたファーニチャー（筆者撮影）

国・地域ごとの制度のカスタマイズ

このようなシェアードスペース導入の取組みは、オランダに端を発し、2000年代以降ヨーロッパ各国で次々に試みられてきた。またそれら先進事例のレビューも踏まえ、海を越えてオーストラリアやニュージーランドの各地域でも積極的に導入・展開されている。例えばオーストラリアでは「シェアードゾーン」という名称で、10km/h規制の交通規則が各州の道路規則に位置づけられている。シェアードゾーンでは速度規制に加え、「歩行者優先」および「指定場所以外の駐車禁止」の標識の設置が義務づけられている。ニュージーランドでも同じくシェアードゾーンという名称であるが、こちらは速度規制が特に設けられていない。駐車については、オークランドの中心市街地では「午前6時から午前11時まで、指定場所（ローディングゾーン）で5分以内」に限り認められている。各国とも標識や物理的デバイスの設置を最低限に留め、道路利用者の相互配慮を導くというデザインのコンセプトは共通であるが、それぞれの交通規則の枠組みや交通戦略、交通静穏化の実態等に応じて制度がカスタマイズされている。

図3：エリオット通りにおける荷捌きの様子（筆者撮影）

市街地での面的な展開に向けて

ウィーン市やオークランド市ではシェアードスペースを市街地全体に面的に導入していくことで、歩行者の利便性と快適性をさらに高めつつ、不必要な自動車の市街地への進入を排除することに成功している。シェアードスペースを導入する際は、その後の面的な展開を見据え、事後評価やデザインのノウハウ整理までをセットで行うことが望ましい。事後評価では、車両速度の低減や歩行者数の増加等交通に関する効果測定のほか、歩行者の滞在時間や消費金額等の経済効果についても定量的なデータを収集し、市街地の経済戦略としても導入のインセンティブを高めている点に注目したい。

参考文献：

- *Mariahilfer Strasse Neu : Der Weg zu Umgestaltung und Neuorganisation*, Magistratsabteilung 18 - Stadtentwicklung und Stadtplanung, Magistrat der Stadt Wien, 2015
- *RVS Arbeitspapier Nr.27 Einsatzkriterien für Begegnungszonen Juli 2016*, Forschungsgesellschaft Straße – Schiene – Verkehr, 2016
- B＋B（マリアヒルファー通りの設計を担当した建築事務所）のHP（https://bplusb.nl/en/work/mariahilferstrasse/）
- Walk-Space.at | Der Österreichische Verein für FußgängerInnen（オーストリア歩行者協会）のHP（https://www.walk-space.at/）
- *SHARE THE WEALTH SHARED SPACES MAKE GREAT BUSINESS PLACES, STREETS// STREETS CASE STUDY Fort St Precinct, Shared Surface, Auckland*, AUCKLAND DESIGN MANUAL, Auckland Council, 2014, pp.1-13
- *Shared Spaces Guidelines 2017 Requirements for the management and use of shared spaces*, Auckland Council, 2017, pp.1-19
- *Guide to Traffic Management Part 7: Activity Centre Transport Management*, Austroads, 2020
- 吉野和泰、山口敬太、川﨑雅史「オークランド中心市街地におけるシェアードスペースの導入と歩行者空間整備の実現過程」『土木計画学研究・講演集No.63』2021年6月、pp.1-12（77-3）
- 吉野和泰、山口敬太、西村亮彦、川﨑雅史「欧州におけるシェアードスペースのデザイン手法－出会いゾーンの導入に着目して－」『景観・デザイン研究講演集No.17』2021年12月、pp.135-139（A54D）
- 吉野和泰、山口敬太、川﨑雅史「ウィーン・マリアヒルファー通りにおける歩車共存道路の実現過程と合意形成：歩行者中心の道路空間への再編」『土木学会論文集D4（土木計画学：政策と実践）Vol.79 No.6』2023年6月、pp.1-20（22-00224）

ベター・ストリート・プラン

サイドウォークカフェで創るサンフランシスコ市の賑わいと安全

（郭東潤）

基礎情報

創設年：2010年12月(ベター・ストリート・プラン／Better Street Pan制定)

法令：公共事業条例第5条第2項(Public Works Code, Article 5.2)、公共事業規定第183項および第188項(Public Works Order 183,188)

制度概要

歩行環境や街路空間マネジメントのため、サンフランシスコ市が2010年12月に制定したベター・ストリート・プラン(Better street plan)において、歩道のカフェ占用ルールを定めたガイドライン。賑わいや活力、街路のアメニティを高めるパブリックスペース活用の一環と位置づけられる。

街路景観を向上させるメリットって?

通りの重要な景観要素と位置づけられ、積極的な利用が図られるサイドウォークカフェ(Sidewalk cafe)。ベター・ストリート・プランで示される歩行空間の環境整備指針を具体化するガイドラインである。その目的は来訪者に都市の視点場を提供し、歩道上に視覚的な興味を誘発する賑わいの連鎖だけではない。住民や訪問者がまちの目(eyes on the street)をもつことで地域の安全・安心を建設的に向上する役目も果たす。

メリット

●居心地良く歩きたくなるための、ウォーカブルな空間再編を促進し、訪問者の増加は商店街等のローカル地域の商業活性化にも貢献することができる。 ●多様な通行人の存在は地域の治安維持や向上、犯罪の抑止にもつながる。

要件・基準

●上記の公共事業条例・公共事業規定のガイドライン、ベター・ストリート・プランの規定、連邦・州・地方の利用規制や条例すべてに適合すること。 ●カフェ利用区域は営業者(申請者)の敷地前面空間とし、占用規模は歩道幅員やピーク時に予想される歩行者混雑度、近隣状況も加味して決定される。 ●歩行空間は最低6フィート(約1.8m)を確保し、いかなる設置物も建物・施設のアクセスを妨げてはならない。 ●カフェの両サイドには利用区域の境界明示と歩行者注意のディバーター(Diverter)設置が義務づけられ、椅子やテーブルをディバーターより突出して設置しない。

手続きフロー

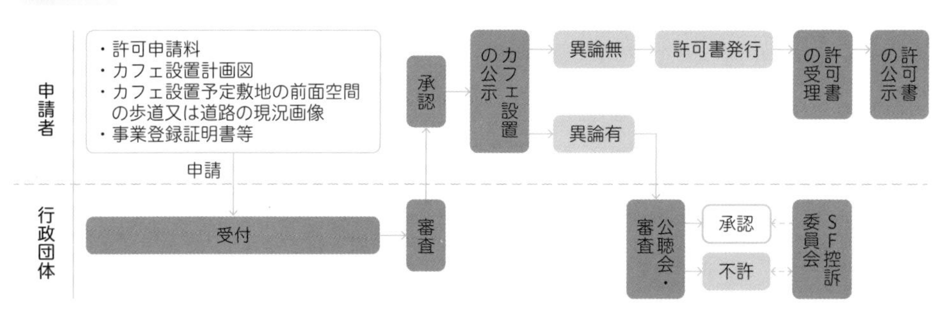

1）申請とサイト計画の提出

許可申請はオンライン(Shared Spaces Application Portal)において行われ、その際、申請者の事業登録証明書、許可申請料、オープンカフェが提案される店舗に面する歩道や車道の画像、設置するテーブル・椅子・ディバーターの位置・数量・サイズ等を記入したCAD等の図面を提出する。

2）許可審査と設置の公示

公共事業局(Public Work Bureau)は安全性と申請要件の適合性を審査する。審査の承認後、申請者はカフェ設置の公告を、当該申請地内に10日間掲示し、異議等が寄せられなければ許可証が発行される。

3）異議時の公聴会

カフェ設置公示に対して、異議等が寄せられた場合、公聴会(Public Hearing)が設けられ、公共事業局長は承認・条件付承認または不許を決定する。不許された場合、申請者は決定から15日以内にサンフランシスコ控訴委員会(San Francisco Board of Appeals)に上訴することができる。

4）許可書の公示

承認された許可書コピーは一般に公示し、要請に応じてすぐに入手できる営業場の場所に展示しなければならない。

活用ポイント

都市の楽しさだけでなく、界隈の公共性や経済性を形成していることに着目したい。前述のとおり、サイドウォークカフェは都市景観の重要要素と位置づけられる一方、ベター・ストリート・プランではパブリックライフ(Public life)を奨励し、カフェの設置にも積極的だ。歩道環境整備も物理的整備のみを前提とせず、レクリエーション機能も想定している。また景観創出の観点から見ても、起伏が激しいサンフランシスコ市の地形の特徴を活かした再編と言える。

Case study | ブリッジウェイ(Bridgeway/サンフランシスコ市)

ブリッジウェイはサンフランシスコ市のゴールデンゲートブリッジを渡った北側海岸沿いのメインストリートである。その沿道には高級ブティックやアンティークショップ、ギャラリー等が多く、またお洒落な雰囲気は観光客にも人気のスポットである。
沿道のレストラン等の民間事業者はサンフランシスコ市街地が一望できる地理的条件を活かし、サンフランシスコ湾に向けてサイドウォークカフェを積極的に設置している。特にカフェを設置する民間事業者は自主的に利用区域の境界部において花が植えられるプランタータイプを導入し、歩行者の安全面だけではなく、歩道空間の美観維持にも努めている。近年には車道を占用したパークレットも見られ、歩行者のためのパブリックスペース再編が一層加速している。

参考事例:ブリッジウェイサイドウォークカフェ(著者作成)

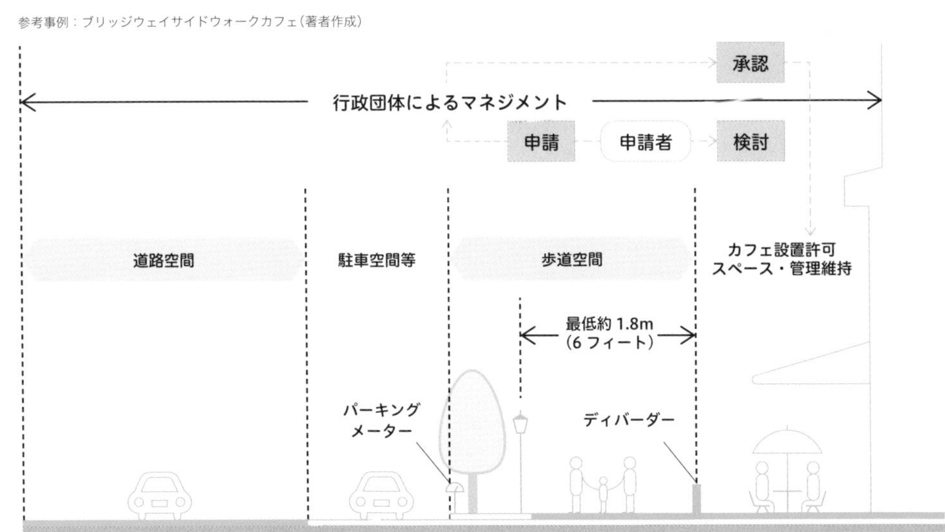

Guidelines for placing outdoor seating in the public right of wayをもとに著者再構成

※主体や許可条件等は街路空間形態により異なる

シアトル市条例

柔軟な条例解釈で促すシアトルのサイドウォークカフェ整備

（郭東潤）

基礎情報　**施工年**：1961年（2019年11月にシアトル市条例第15章およびディレクター規定（Director's Role 02-2019）が更新）／**法令**：シアトル市条例第15章（Seattle Municipal Code, Title 15.Street and Sidewalk Use）の公共空間内のカフェに関する節（Chapter 15.16-Cafes in the Public Place, Section 15.04.010）およびディレクター規定（Director's Role 02-2019）

制度概要　シアトル市条例（Seattle Municipal Code）には街頭販売、ニューススタンド、看板・バナーの設置等、物件の用途ごとにパブリックスペースの活用ルールが定められているが、カフェに関するデザイン指標はディレクター規定（Director's Role 02-2019）にて示されている。

歴史的なまちなみにフィットする柔軟な条例運用

19世紀の街区割が残るシアトル都心部の街路は、その多くが狭い歩道幅員しかもたないため、サイドウォークカフェの設置もケース・バイ・ケースの対応をとる。そのため条例では、街路に面するカフェ・レストラン・居酒屋の営業者に向けた許可申請の手続きや、利用区画の管理義務等、定性的な基準のみであり、詳細なデザイン指針はディレクター規定（Director's Role 02-2019）で示されている。

メリット　柔軟な条例なので、街路空間の現状を踏まえた臨機応変なカフェ設置が可能。

要件・基準

- カフェの運営には交通局長（Director of Transportation）の許可が必要。ランドマーク地区・歴史的地区では歴史的保全プログラム承認証書（Certificate of Approval from the Historic Preservation Program）の取得も必要。
- 立地の要件や設計基準によってカーブスペースカフェ（Curb space cafe）、家具ゾーンカフェ（Furniture zone cafe）、間口ゾーンカフェ（Frontage zone cafe）と区分され、さらに詳細化されるゾーンによって最低4～6フィートの通路空間確保が必要。
- 障がい者連邦法（Americans with Disabilities Act）ほか連邦や州の基準すべてを遵守すること。
- 酒類の扱いはワシントン州酒類・大麻委員会（LCB）の承認と、200万ドルで酒類責任等の保険に加入すること。

手続きフロー

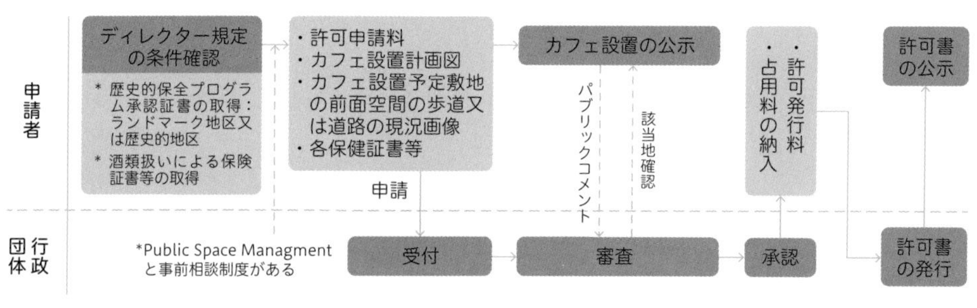

1）ディレクター規定の検討

申請前にディレクター規定の条件を満たす必要があり、また、当該地区の特性に応じた承認証書や、酒類扱いによる保険証書等の取得を要する場合がある。

2）申請とサイト計画の提出

申請はオンライン（Seattle Services Portal）において行われ、その際、営業予定時間、年間の利用期間、酒類取扱いの有無、オープンカフェが提案される区域の画像とコンセプト図面等を提出する。

3）審査とカフェ設置の公告

申請者はカフェ設置の公告フォームを当該申請地内に掲示し、パブリックコメント期間を10日間設ける。また、担当者の当該地確認から申請内容や図面等が基準を満たしているか確認を行う。

4）設置の許可

占用料や発行手数料の納入後、使用許可書が発行される。許可書は営業場内に保管し、要請に応じて閲覧できるようにする必要がある。

活用ポイント

2016年に通行人の動線や歩道空間の私有化認識の改善等のためにフェンス・フリー・パイロット(Fence-free pilot)が導入され、2019年フェンス・フリーカフェ(Fence-free cafe)が正式化された。この類型のカフェや利用緩和は屋外食事体験の促進だけではなく、民間事業者がカフェを隣接した公共空間と統合し適切にマネジメントすることで、コロナ禍におけるパブリックスペースの活用機会を拡大すると同時に、都市のモビリティとアクセスのニーズに対応することができる。

Case study ダウンタウンのフェンス・フリーカフェ (Fence-free cafe in Downtown/シアトル市)

シアトル市は古い市街地の基盤形状が残っているため、十分な歩道幅員の確保が難しいという課題を抱えつつも、地域の活性化や安全性の向上といった視点からパブリックスペース利用に柔軟に対応している。特にフェンス・フリーカフェは民間事業者のフェンス設置・原状回復等の費用削減により室内から屋外へとダイニングの拡張が容易となる。
こういった柔軟な試みは民間事業者の積極的なパブリックスペース利用の促進とともに、物理的な障害物を減らすことで歩行者移動の快適性が確保できる。また、歩道空間の利活用はより活気のある地区を創造し、カフェが位置する公共領域に質の向上を図ることができる。

参考事例：ダウンタウンのフェンス・フリーカフェ(著者作成)

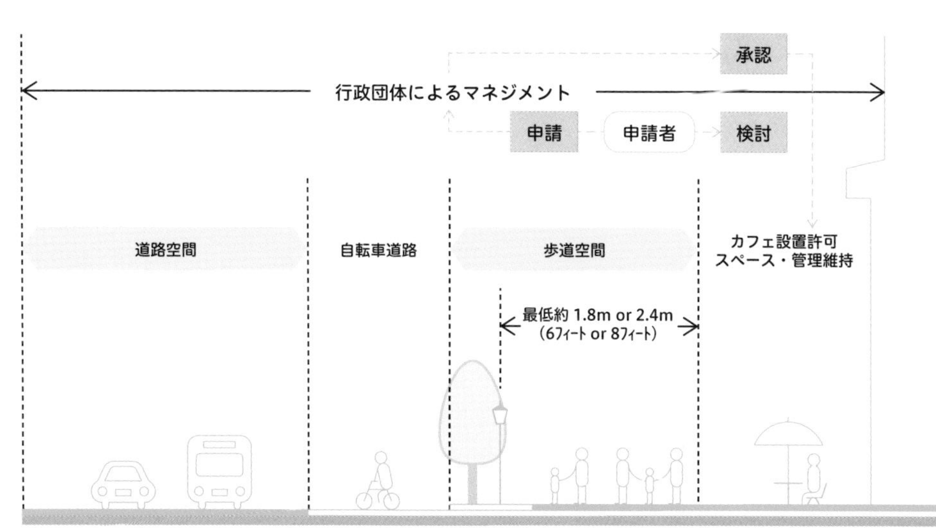

歩行者専用ゾーン(Pedestrian clear zone)カフェ設置基準(出典：Director`s rule 02-2019)

※主体や許可条件等は街路空間形態により異なる

シティベンチプログラム

ベンチがつなぐウォーカブルなエリアネットワーク

(小泉智史)

基礎情報　実施都市：ニューヨーク市(アメリカ)／施行年：2011年／法令：City Bench Program
実績数：2100基以上／占用期間：10年以上

制度概要　ニューヨーク市交通局(NYC DOT)が、すべての市民、特に高齢者や歩行障がい者に対してニューヨークのまちをより快適に過ごせるよう、市全域にベンチを設置する制度である。当初1500基であったシティベンチは、市民の要望に応えながら、現在2100基を超えて設置されている。

ウォーカブルな都市を支える政策

マイケル・ブルームバーグ前市長が2007年に策定したニューヨーク市長期計画「PlaNYC」をきっかけに、市の面積の27%を占める道路空間をパブリックスペースとして再編するビジョンが示された。そこで、道路空間を管轄する市交通局は、歩行者目線に立った活用計画として、プラザプログラムやストリートシーツ等を策定。
そのなかの1つがシティベンチプログラムであり、歩行者が主役となったウォーカブルな都市の形成を担う政策である。

メリット

- 交通結節点や商業施設等、不特定多数が利用する公共空間にベンチを設けることで、都市をよりウォーカブルなものに変える。
- 高齢者や障がい者にも配慮した寸法で設計されたベンチは、気軽に隣人とコミュニケーションが図れ、コミュニティの形成を助ける。

要件・基準

- シェルターのないバス停やシニアセンター、病院等、公共性が高く高齢者や歩行障がい者の利用が多いエリアを優先して設置する。
- 歩行空間の、幅員を3.7m(12フィート)以上保持する等、安全性や技術面での条件が設定されている。

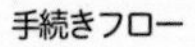

手続きフロー

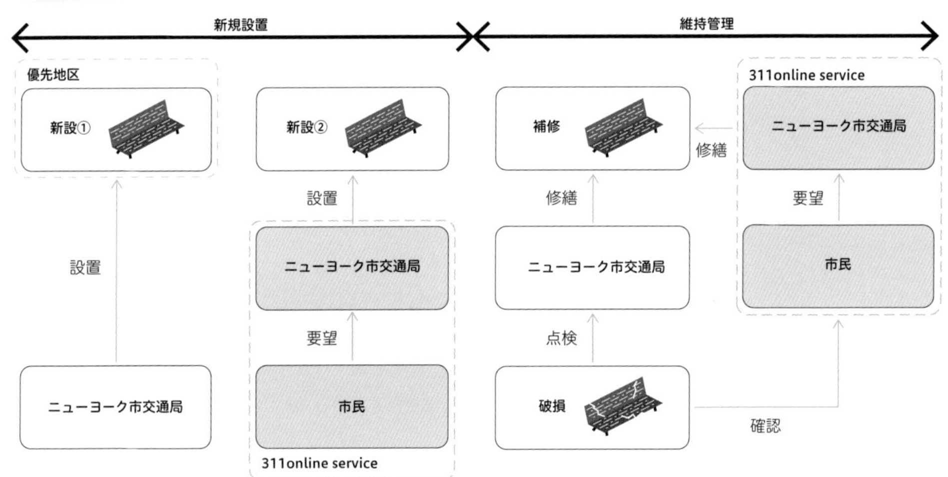

1) 優先地区での設置

ニューヨーク市交通局が定めた設置エリアの優先順位と設置の詳細規定を基に、市交通局が設置。

2) 市民からの提案

市民が必要だと感じた場所については、311というオンラインシステムを通して、市交通局へ設置の提案。

3) 維持管理の方法

維持管理についても、市交通局の管理はもちろん、オンラインシステムを利用した市民の要望を管理に取り込むことで、市民が直接的に維持管理に関わることが可能。

活用ポイント

行政主導でエリアの特性を読み取り、ベンチを設置していく一方で、市民からの設置場所の提案や、修繕やメンテナンスの依頼まで、オンラインシステムで行えるという双方向性の高い仕組みに注目したい。設置されたベンチはすべてウェブ上で地図にマッピングされ、市民に共有されている。ベンチはただ行政から与えられたものではなく、市民自らが維持管理に積極的に関わることができ、公共資産の管理にシビックテックを活かして解決した好例である。また、行政が直接的に市民と連携した仕組みという意味でも、興味深い公民連携プログラムである。

Case study ｜ ベンチデザイン（ニューヨーク市）

シティベンチは、ニューヨークを拠点に活躍している、工業デザイナーであるイグナシオ・チョッキーニによってデザインされた。
すべての面が放熱性のあるパウダーコーティングが施されたスチールで構成され、耐久性があるため、メンテナンスがほとんど必要ない仕様となっている。そして、ニューヨーク市の気候を考慮し、積雪対策を施したデザインや、すべての都市利用者が利用しやすいサイズで設計された66cm（26インチ）という少し幅の広い座面は荷物を横に置いた状態でも十分に腰掛けることができる寸法で、コミュニケーションを誘発する、“適切な社会空間（Proper social space）”と表現されている。

出典：PARKFUL（https://parkful.net/）

ベンチ設置の基本ルール

■優先的に設置する施設

- シェルターのないバス停
- 交通機関（地下鉄の駅など）付近の歩道
- シニアセンター
- 商業エリア・商店街
- 市の施設（公共図書館、学校、病院など）

■ 配置の基本的考え方

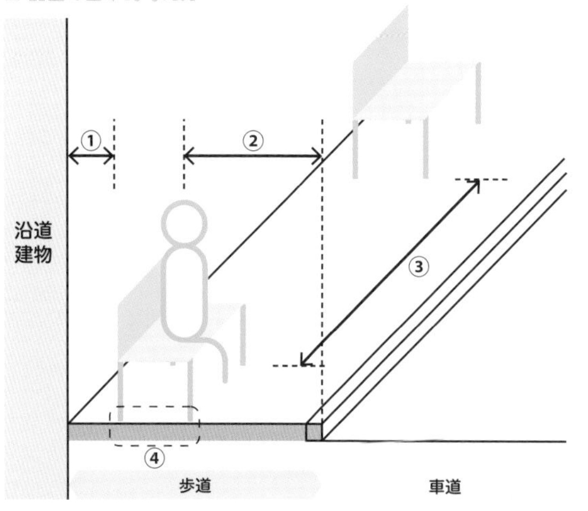

①建物に隣接して平行なベンチは、建物の面から 30.5cm（12 インチ）以内に設置する。

②縁石に隣接して平行なベンチは、縁石から 91.5cm（36 インチ）以上離して配置する。

③最小通行距離：8 フィートとする。

④コンクリート系舗装の上に設置する。特殊な舗装の場合は、コンクリート基礎を用いて固定する。

ファーニッシングゾーン　居心地のよい街路空間の設え方

（山﨑満広・江川海人）

基礎情報　施工年：1998年（アメリカ、オレゴン州ポートランド市）ほか／関連法令：1990年障害をもつアメリカ人法（the Americans with Disabilities Act）ほか　※ガイドラインでカバーされている規定のほとんどは、他の条例や法令の対象であり、それら複数の条例や法令を、歩道整備という観点でまとめられたものが歩行者デザインガイド（PEDESTRIAN DESIGN GUIDE）となっている。

制度概要　街灯や植栽、テーブル、ベンチ、看板、インフラ等を配置することができる空間のことを指す。ファーニッシングゾーンは移動だけではなく、滞在のための場所でもあり、歩行者と車道との間に安全帯を確保し、両者の共存を橋渡しする役割を果たしている。

Portland Pederstian Design Guide

1990年代初頭、オレゴン州ポートランド市中心地北部の旧操車基地を再開発する際に、公園や緑地にできる面積が限られた余地をいかに豊かな道空間に演出するかが、ポートランドにとっての大きな都市的挑戦であった。その思案の結果として、ポートランドペデストリアンデザインガイド（PORTLAND PEDESTRIAN DESIGN GUIDE）が制定され、その当時、アメリカ内で最も先進的な取組みと評価された。

メリット

- 椅子やテーブル、街灯等のファーニチャを配置する場所を整備することで、歩行者のための空間を十分に確保する。
- 歩行者を車道から分離することで、歩行者の安全性を向上させる。
- 緑化のためのスペースを提供し、人々が長居して楽しめるような、魅力的な空間をつくり出す。

要件・基準

- 歩道に植栽が行われている場合、ファーニッシングゾーンは最低3フィート（約90cm）の幅が求められ、幅は周辺道路の制限速度や交通量、路上駐車の有無に基づいて決定される。
- すべての道路において、幅員が5フィート（約1.5m）またはそれ以上の幅の並木道とファーニッシングゾーンが推奨される。
- 高さ制限は交差点からの距離により異なり、交差点付近では仮説テントの設置は認められない。

手続きフロー

※ステークホルダーとは、その事業に関わり、将来直接または間接的に影響を受けるすべての利害関係者を指す。主に住民、事業者、エリアマネジメント組織、行政、金融機関、教育機関等がステークホルダーとなる。

1）プロジェクトの概要を共有する

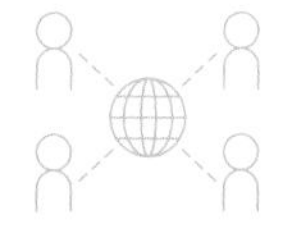

通常、行政やエリアマネジメント組織が主体となり、対象となる道空間の候補選定や、ステークホルダー*の参画プロセス、ファーニッシングゾーンの整備にあたるスケジュール、プロジェクトの達成点の目安等を、ステークホルダーへ向けてわかりやすく共有する。

2）意思決定者を把握する

意思決定者は、あらゆるステークホルダーが参加する場面において、主要メンバーとなりうる。重要な意思決定をだれが担うのか、そして彼らが意思決定することでプロジェクトにどのような影響があるかを明確にする。ファーニッシングゾーンの整備においては、構想、デザイン、設計、施工、利用、維持管理といった各フェーズにおいての意思決定者を明確にする必要がある。

3）ステークホルダーの参加を促す

重要事項を決定する場面や、プロジェクトの各マイルストーンに合わせて、ミーティングやワークショップを開催しステークホルダーを巻き込むプロセスを設定する必要がある。ステークホルダーがフィードバックを行うための十分な期間を確保することが重要で、特に、構想、デザイン、利用や維持管理といったフェーズにおいては、住民や事業者、エリアマネジメント組織等の参画が必須である。

4）予算計画を作成する

ステークホルダーの参加を促すうえで、どのような支出が発生するかを検討する必要がある。その負担者となりえる、行政、エリアマネジメント組織、事業者、住民等の間での協議、合意形成が求められる。

ポートランド市中心部では、歩道空間を活用したファーニッシングゾーンが戦略的に配置されてきた。緑豊かな植栽やベンチ、店舗の屋内の賑わいを屋外の道空間まで展開させるための看板設置、視覚的に快適な歩行空間の実現のためにデザイン・配置されたゴミ箱や電灯、アート等が、まちの賑わいを生み出している。同時に道の空間とまちをつなぎ、その地域一体のデザインとして連続性をもたせる役割も担っている。ファーニッシングゾーンを気候変動対策としてさらに発展させたのが、2007年に市議会承認を受けた「グリーンストリート」政策だ。歩道の一部分であるファーニッシングゾーン全体を活用し、雨水貯留を目的とした浸透植栽枡やレインガーデン、ポケットパーク等を組み込んだ包括的な道の整備が、公共事業や民間開発で積極的に進められている。

Other cases

ダンデノン（Dandenong／メルボルン市、オーストラリア）／ロサンゼルス市（アメリカ）／ニューヨーク市（アメリカ）

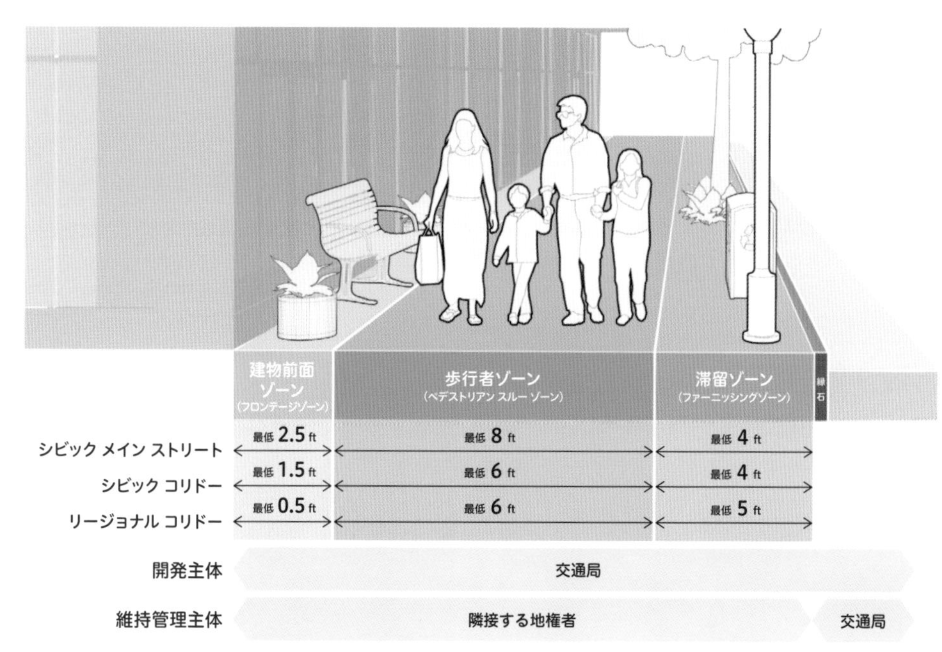

出典：PORTLAND PDESTRIAN DESIGN GUIDEをもとに筆者作成

建物前面ゾーン（Frontage zone）は、私有地に接したゾーンで、私有地の境界線に隣接している区域である。このゾーンを設定することで、歩行者が建物前面から快適な距離を保ちながら歩行でき、ウィンドウショッピングをしたり、店内に入るための行列をつくったり、テラス席を設けるゾーンとして活用される。
歩行者ゾーン（Pedestriran through zone）は、歩行回遊性を目的としたゾーンで、恒久的にも一時的にも障害となる物を置かない連続した通路になっている。歩道幅員は、歩行者が快適にすれ違うまたは並んで歩けるよう設計する必要があり、バッグや荷物を持っている人、ベビーカー、車椅子、杖等で歩行する人も考慮する。市内では、ペデストリアンゾーンの最小幅員は6フィート（約1.5m）と定められており、少なくとも大人2人がすれ違うまたは並んで歩くことができる。飲食店や商業等が立ち並び、多くの歩行者交通が予想されるエリアでは、歩道幅員を8フィート（約2.5m）に定められている。
基本的には市の交通局が開発、維持管理費用を負担するが、地区によってはファーニッシング（ベンチ、電灯、植栽等）の維持管理費用をBID（ビジネス改善地区）組織が負担していることもある。

市の長期目標と市場のニーズをデザインで適合させる

ローコストで活気が生まれる仕掛け

植栽やベンチ等の設えで歩行者と車の通行を自然に分離し、歩行空間を滞在空間へと進化させるファーニッシングゾーンの試みは、ポートランドだけでなく世界の主要都市でも多数実践されている。いずれの都市においても、市が掲げる長期的なビジョンを、デザインの力で市場のニーズに適合させる意欲的な試みが多い。それらをいくつか紹介してみたい。

パブリックスペース再編をリードするニューヨーク市では、ファーニッシングゾーンの活用がより発展的に行われている。市全体において、2009年よりストリートシートというプログラムが取入れられていて、ベンチのほかに交通緩和や歩行者の安全確保のための歩車分離、滞留スペース、駐輪場の設備等を組み込むことが可能である。これらは基本的に路盤に直接設置される。整備後は、道空間に多様な利用の余地が生まれ、道空間での滞留時間が増え、道全体の賑わい創出につながるという好循環をもたらした。こうした設えは、設置が容易なため、コストをかけずに整備できるのが大きな特徴である。

ニーズ把握はステークホルダーの発掘から

ビジョンを市場のニーズと適合させるといっても、そもそものニーズを適切に把握できていなければ始まらない。注目すべき取組みとして挙げられるのが、ポートランド交通局の作成した「ステークホルダー分析ワークシート(Stakeholder Analysis Worksheet)」である。プロジェクトのステークホルダーがだれであるかを判断するためのこのシートは、声なき多数の関係者の意見を聞くためにつくられた。

ステークホルダーというと一般的には組織化された団体が多く、彼らは認知されやすく、自分たちの意見を言いやすい立場にある。一方、地域の住民や沿道の個人商店主・小規模事業者等も当然関係者であるものの、こうした話し合いの場には現れないことも多い。そうした多様な関係者とのコミュニケーションツールとして、意見を聞くべき人を漏れなく取込めるような仕組みをつくることが望ましい。

図1：ニューヨーク　ローワー・イーストサイド・マンハッタン

ストリートシートは、近隣の通りを改善し、歩行と活気あるストリートライフをサポートするアメニティを提供する魅力的な設備である。すべての設置場所には、通り全体の視覚的透過性と縁石に沿って連続したオープンエッジを提供しながら、交通から座席エリアを遮蔽する植栽を含める必要がある。

出典：ニューヨーク市交通局(https://www.nyc.gov/html/dot/html/pedestrians/streetseats.shtml#design)

図2：ポートランド　アルバータストリートのストリートシート

出典：ポートランド市交通局(https://www.portlandoregon.gov/transportation/article/511050

“歩行者最優先”転換への契機

前述のとおり、ポートランド市はファーニッシングゾーン整備の発展形として、2007年からグリーンストリートの普及にも大きく力を入れている。雨水を降水地で処理するために、道路と歩道の間に浸透植栽が設置されているグリーンストリートは、①歩道空間に設けた浸透植栽帯で雨水を管理して川の流量・水質を改善し、流域の健全性を高める。②都市の緑地を増やして空気の質を向上させ気温を下げる。③自転車レーンを植栽帯で分離し歩行空間の安全性を高める。といった主に3つの目標のもとにつくられている。こうしたファーニッシングゾーンの整備実績等を念頭に、市は2009年にClimate Action Plan（気候変動対策計画）を制定。計画では、2030年までの都市整備や交通目標を以下に宣言した。

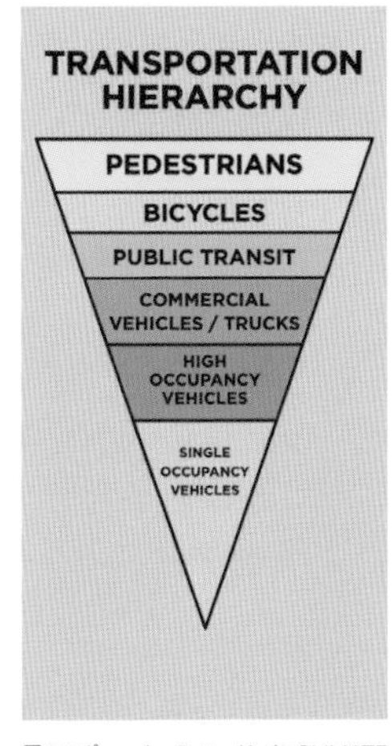

図3：ポートランド市 CLIMATE ACTION PLAN 2009

- ポートランドの住民の90％が、日常生活の基本的なあらゆる用事を徒歩または自転車で済ませられる、活気ある地域をつくる。
- 1人あたりの1日車両走行距離（VMT）を2008年比で30％削減する。
- ポートランド都市圏の貨物輸送の効率を向上させる。
- 乗用車の平均燃費を1ガロンあたり40マイルに向上させ、道路システムの性能を改善する。
- 輸送用燃料のライフサイクルにおける温室効果ガス排出量を20％削減する。

またポートランド市は歩行者を道路利用者のヒエラルキーの最上層とした「緑の交通階層（The Green Transportation Hierarchy）」を作成している。歩行者や自転車を優先したファーニッシングゾーン整備が、環境に配慮しながらも界隈の賑わいを創出できる有用な手立てであるとの手ごたえあってこそのビジョンだろう。こうした階層は、1994年にカナダの政治家であるクリスブラッドショーにより提唱され、イギリスのスコットランド、カナダのカルガリー等でも掲げられている。

大通りの中央の公園

またロサンゼルスといえば、車がないと簡単に生活できないほどモータリゼーションが進行した都市として知られるが、そのロサンゼルスでも2016年から、大通りの中央に幅33フィート（10m）の公園をつくるという、目新しい緑化計画「The Spot @ Hope Street」が進められている（図4）。車の交通量が少なく近年歩行者の数も増えていることから、この通りが実験に最適な場所として選ばれた。こうした道の中央に公園を整備する取組みはロサンゼルスでは珍しいものの、世界の主要都市では、すでに同様のスペースが整備されている。また、公園と道路の境目には、ところどころコンクリートのポールが置かれており、車と人とを物理的に分離する仕掛けがなされている。

図4：ロサンゼルス　ホープストリート
出典：INCLUDEPICTURE "https://hdp-au-prod-app-cbnks-haveyoursay-files.s3.ap-southeast-2.amazonaws.com/1915/7534/0088/Arbour.jpg" ¥* MERGEFORMATINET

歩行者中心の大通りをつくるメルボルン

グリーンストリートの整備はアメリカ以外でも着実に普及している。オーストラリア・メルボルン南東部の郊外ダンデノンに位置する、歩行者を中心とした大通りとして構想されたロンズデール・ストリート・ブーラーバード(Lonsdale street bravado)は、2011年に整備された。

中央の4列の車道に交通を集中させ、沿道店舗に隣接した広い並木道と歩行者・自転車の両方が通行できるゾーン、150m続くリニアガーデンがあり、ゆとりある歩行者空間を提供している。床材に見られる平行線と、長い道路にさりげなく見られる2本ずつの線、そして駐車場を備えた歩行者エリアが目を引き、これらのゾーンを、自然のバリアである樹木が仕切っている。植栽帯は二酸化炭素を吸収して空気を浄化するだけでなく、日陰をつくり人々へ休息する場所を提供している。

地域住民には、環境負荷を低減する空間として親しまれている。また、ロンズデール・ストリートに沿ってつくられた線状の庭は、雨水を再利用しており、ほかの自治体が緑地管理等に要する水道代を節約することも可能にしている。

今後の展望や課題、日本での取組みへの応用可能性について

このように、各地で進むファーニッシングゾーンは、それぞれの地域の環境やニーズ、整備主体によって様々な活用をされている。道空間を単に移動のための空間と捉えるのではなく、様々な用途で活用することにより、歩行者や自転車利用者の安全性向上や、環境への配慮、通り全体の賑わいの創出といった様々な効果が見込まれる。

これらの道空間の活用は、日本においても様々な先進的な取組みが見られる。そのうえでのさらなる発展を考えるならば、より柔軟で積極的な官民連携が求められる。ファーニッシングゾーンの多くはパブリックスペースの位置づけである上に、その活用方法は非常に多岐に渡る。ステークホルダーは行政の各部署、民間事業者、地域住民、その立場は様々である。それゆえに、ファーニッシングゾーンの可能性を最大限に引き出すためには、これまでの部署や組織の壁を乗り越え、柔軟で多様な協業が必要である。

図5：メルボルン南東部の郊外ダンデノン　ロンズデール・ストリート

出典：INCLUDEPICTURE "https://lh4.googleusercontent.com/vorE5_d6RXk8d_QHZTDKUkuDZCRFWj46kdHNT8hu1Bkyz1-KryrX6aWcP-BCOnPmIrOTaVoB21sA1MpDX5okGNnWD-V8VJ1J8-la4q8SM76DPUFxOmcvc02nk6APompUHSMLJAKWk4LLwyVSGaA3k-vm6e3XQaW8bOYJ5xlEmbEF1AcUmhiAg9vX" ¥* MERGEFORMATINET

図6：東京　丸の内仲通り

出典：https://picryl.com/media/marunouchi-nakadori-street-20201206-1227-photo-by-pcs34560-21047f

フレキシブルゾーン

路上の飲食スペース化で飲食店の営業を支援

（矢野拓洋）

基礎情報 施行年：1989年／実績：マウンテンビュー市(アメリカ)

制度概要 歩道と自動車走行車線の間の路上駐車帯であるフレキシブルゾーンを、沿道店舗が自治体から許可を得ることで飲食スペース等に転用できる活用法。店舗誘致機能をもち、同時にストリートに賑わいを醸成している。

経済活性化を目的としたハードとソフトのデザイン

カリフォルニア州マウンテンビュー市のカストロストリートで適用されている制度。市が経済活性化を目指してダウンタウンのメインストリートであるカストロストリートのハード整備をした際に導入された。4車線の車道を3車線にし、歩道幅員を3.6mから3mに削ることで車道と歩道の間に駐車場にも店舗飲食スペースにも使えるフレキシブルな空間を創出した。

メリット

- 無料で飲食スペースを設置できるため、民間の新規開業を後押しする。
- 沿道店舗から需要がない期間は駐車帯として機能するため、空間に無駄が生じない。

要件・基準

- 椅子やテーブル、プランターの規格は自治体が定めている。
- 沿道店舗は毎年申請し占用料を支払う必要がある。

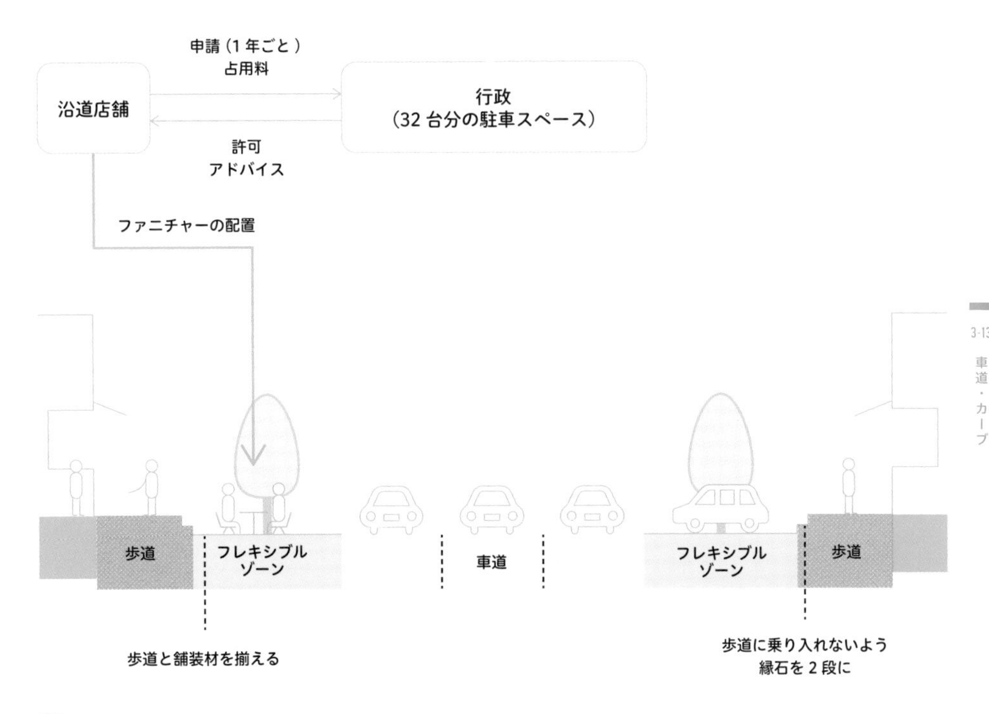

出典：
- 佐々木宏幸「歩行者利用可能な途上駐車帯「フレキシブルゾーン」を有するガイドに関する研究」日本建築学会計画系論文集、2014年
- マウンテンビュー市ウェブサイト「Outdoor Patio License」(City of Mountain View)
https://www.mountainview.gov/our-city/departments/public-works/real-estate/outdoor-patio-license

パークレット

路上駐車帯を公園化してつくる沿道の滞留空間

（泉山塁威）

基礎情報	実施都市：サンフランシスコ市（アメリカ）／施行年：2010年
制度概要	路上駐車帯（Parking Lane）を柵、机・椅子といったアメニティ、大型プランター等で一時的に人の滞留空間に設え、休憩や飲食を含むイベントスペースとして活用する制度。カフェ等の民間事業者が申請し、パークレットマニュアルに即して協議し、設置する。

パークレットの原点と進化

パークレットは、2005年にPark(ing)Dayという1日限定の路上駐車スペース活用イベントを、常設化しようとしたサンフランシスコ市で生まれた。2009年には道路を公園的空間にするペイブメントトゥーパークスプログラムに位置づけられた。2017年にはグラウンドプレイ、2021年にはシェアードスペースプログラムの制度に組み込まれる。

メリット

- 車中心のパブリックスペースを人中心へと転換し、賑わいを創出する。
- 歩道が狭いストリートでも車道に余地があれば適用可能である。
- 民設民営のため、高質なパブリックスペースを創出可能である。

要件・基準

- バリアフリー等の安全基準に準拠すること。
- 商業等のビジネス活動はできず、あくまでパブリックスペースとして活用すること。
- 近隣店舗・住民の合意を経たうえで申請すること。

手続きフロー

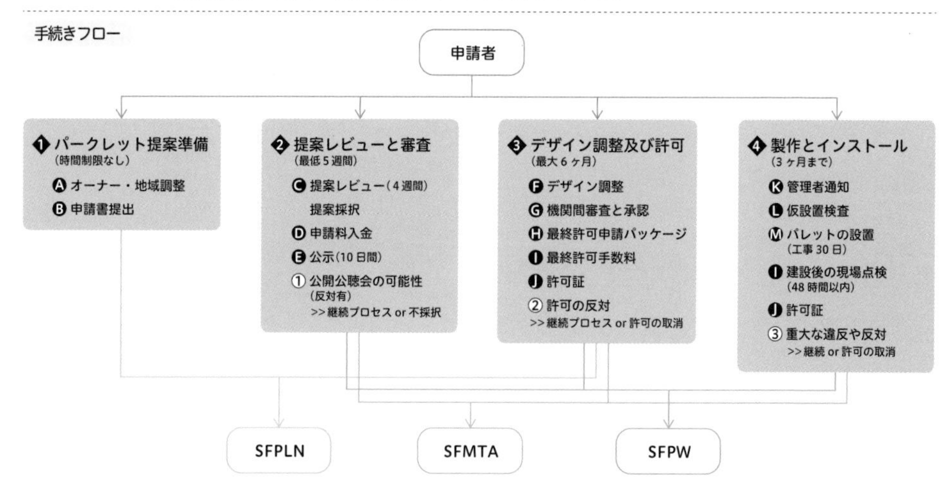

1）パークレット提案準備（時間制限なし）

申請者（民間事業者）は不動産オーナーや地域の調整を行い、パークレット実施の可否を判断。パークレット申請書をサンフランシスコ市都市計画局（SFPLN）に提出する。

2）提案レビューおよび審査（最低5週間）

市都市計画局が提案書を審査し、資格要件や基準等をクリアし採択となれば申請料を納付。10日間の公示期間に市民の反対意見等があれば公開公聴会を開く。

3）デザイン調整および許可（最大6カ月）

市都市計画局のデザイン調整と並行してサンフランシスコ市交通局（SFMTA）・パブリックワークス局（SFPW）の審査、駐車場や自転車等の交通レビュー等を行う。最終審査後パブリックワークス局に許可手数料を納付し、許可証が発行される。

4）製作とインストール（3カ月まで）

パブリックワークス局は管理者通知を送付し、仮設置検査、民間事業者による設置（工事30日）、建設後の現場点検（48時間以内）を経て設置が完了。市のモニタリングで違反や反対意見があれば許可取消しとなる。

申請者：Parklet sponsors パークレットの設置・管理者（店舗、BID等）／**SFPLN**：The San Francisco Planning Department サンフランシスコ市都市計画局
SFMTA：The San Francisco Municipal Transportation Agency サンフランシスコ市交通局／**SFPW**：San Francisco Public Works サンフランシスコ市公共事業部

活用ポイント

サンフランシスコ市のほか、現在はニューヨーク市のストリートシーツ(Street Sheets)、オーストラリアのアデレード市等、世界中に展開している。設置費用が嵩むためか日本での常設例は少ないが、管理はそれほど難しくない。ちなみに日本では、行政が設置し地域が管理するケースが多い。路上駐車帯は沿道の建築と立地上密接な関係をもつ。目の前の路上駐車帯をパークレットに変えたいと思う民間の飲食店がいれば、まずは社会実験等で、パークレットをスムーズに導入できる行政と民間の連携体制を構築しよう。

Case study | バレンシアストリート(Valencia Street/サンフランシスコ市)

バレンシアストリートは、サンフランシスコ市の中でもパークレットが最も集積したストリートである。近隣商業地域のようなエリアで、直線に貫くストリートに、ちらほらと店舗がパークレットを設置している。歩いていると様々なデザインのパークレットが並び、競い合うように質の高いパークレットが並んでいる。ジョイライドピッツァ(Joyride Pizza)のパークレットはパンチングメタルにアートが描かれている。沿道の店舗の建築ファサードのデザインと同一であることがわかる。沿道建築とパークレットが空間と管理がセットになっていることがわかる象徴的なパークレットである。行政はデザイン審査や許可しておらず設置と管理が民間で行うパブリックスペースになっている。

サンフランシスコ市バレンシアストリートのパークレット(ジョイライドピッツァ、ミッション地区)(筆者撮影)

Other cases

カフェグレコ(Caffe Greco/コロンバス通り、サンフランシスコ市)/リヴァリーコーヒーパークレット(Reveille Coffee Co./コロンバス通り、サンフランシスコ市)/シンプルプレジャーパークレット(Simple Pleasures Parklet/バルボア通り、サンフランシスコ市)/ストリートシーツ(Street Sheets/ニューヨーク市)/チーボピリー通り(Cibo Pirie/アデレード市、オーストラリア)

パークレットの申請者(店舗)との設置および管理、行政の審査・許可の関係

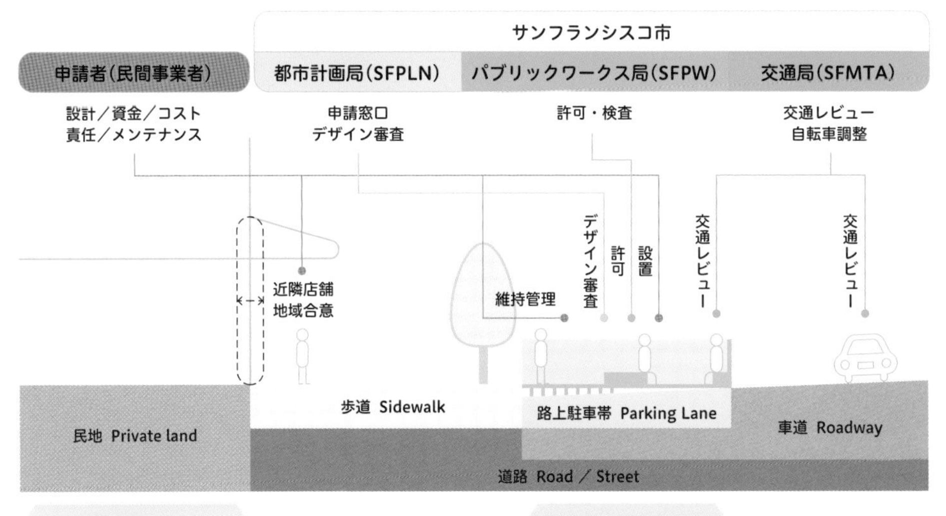

シェアードスペースプログラム

商業活動も可能とした新たなパークレットの仕組み

（泉山塁威・染矢嵩文）

基礎情報　**実施都市**：サンフランシスコ市（アメリカ）／**施行年**：2020年6月
法令：San Francisco Administrative Code／**実績件数**：2043カ所（2022年6月）
占用期間：1年ごとの更新

制度概要　サンフランシスコ市では新型コロナウイルス感染症（COVID-19）拡大で営業機会を奪われた飲食・小売事業者のため、路上駐車スペースの活用のプログラムを促進。パークレットとは異なり商業活動を可能とし、ルールを詳細化して計画実施までの期間を大幅に短縮した。

サンフランシスコ市におけるパークレットとコロナウイルス感染拡大

前述（p.180）のとおり、もともとサンフランシスコ市には2017年時点で67のパークレットが存在していたが、コロナ禍の入店数制限を受け、屋外の飲食については対策を行うことで入店人数の制限がなくなることから、シェアードスペースプログラムの活用が増加した。シェアードスペースプログラムでは、パークレットの設置許可をオンライン申請可能とし、最短40日で許可を得ることができる。

メリット

- 飲食店や小売店が車道や歩道、街路、空き地等で営業することを可能となる。
- 路上駐車スペースを含む道路空間全体の活用における多様性が増加する。

要件・基準

- 信号機や標識の妨げにならず、歩道から車道に視線が通るようにすること。
- 消火栓設備を塞がない等、救急隊員の救急活動の妨げにならないようにすること。
- 清潔感・安全性・利用のしやすさを常に保つように事業者が維持管理を行うこと。

手続きフロー

歩道幅員や消火栓設備の位置の確認
→活動に適したものを6種の整備形態を選択する

サンフランシスコ市
適正チェック
申請（オンライン可）
事業者
ガイドラインを基に計画図面を作成
必要に応じた計画の変更
活動内容　実施時間　配置計画
署名
近隣住民

サンフランシスコ市
違反行為のチェック
事業者
維持管理
・使用場所の清掃
・利便性や安全性の維持
維持管理
売上の向上
近隣住民

1）種類の選定

まずは6種の整備形態を選択する。許可を得る事業者が、Parking Lane（駐車帯）、Sidewalk（歩道）、Roadway（車道）、Open Lots（空地）のいずれかから活動に適したものを選ぶ。

2）申請と認可の取得

歩道幅員や消火栓設備の位置等に問題がないかガイドラインを確認し、実施可能と判断したら計画図面を作成する。あわせて道路空間で実施したい活動と実施時間の検討を行い、オンラインでの申請が可能。計画図面や近隣住民の署名等、必要書類を提出する。さらに計画場所の写真も提出し、計画に変更が必要な場合は適宜修正を行う。

3）維持管理

道路の使用許可を得た後は、清潔感・安全性・利用のしやすさを常に保ち、これら維持管理の費用は事業者が負担する。適切な管理が行われていないと違反通知を受ける。

活用ポイント

駐車場等の道路空間活用は日本国内でも注目されているが、パークレット等の設置には必要な手続きや協議が多く、実施に要する期間が長いことが課題である。サンフランシスコ市はオンライン申請で手続きの単純化を実現した。ただし、感染症拡大対策下の急ごしらえで一夜にして整備された事例もあり、質の確保は課題である。設置後も維持管理や必要に応じた改修が成功の鍵となる。

Case study ｜ バレンシアストリート(Valencia Street／サンフランシスコ市)

バレンシアストリート(Valencia Street)は、ダウンタウンの中心部にあるストリートとして知られるグランドアベニューと並び、2020年にシェアードスペースプログラムが始動。サンフランシスコ市初の事例である。
飲食店や雑貨屋等の店舗が集積するバレンシアストリートには、本プログラム以前からパークレットが多数整備されていた。2020年7月からは、木曜日から日曜日の16〜22時の時間帯は自動車交通を排除して歩行専用道路化を行い、店舗前に設置されたパークレットで飲食や路上パフォーマンス等を楽しむ人々の様子が見られるようになった。また一部の区間では、特定時間帯は荷捌き車等許可車の通行を認める等、交通の柔軟な対応もされている。

出典：The San Francisco Municipal Transportation Agency (SFMTA)

Other cases

グラントアベニュー(Grant Avenue)／カストロストリート(Castro Street)／ガルベスアベニュー(Galvez Avenue)／オースティンストリート(Austin Street)／ヘイズバレイ(Hayes Valley)／ナトーマストリート(Natoma Street)／ラーキンストリート(Larkin Street)／ノイストリート(Noe Street)／エリスストリート(Ellis Street)／トリニティストリート (Trinity Street)、(以上、すべてサンフランシスコ市)

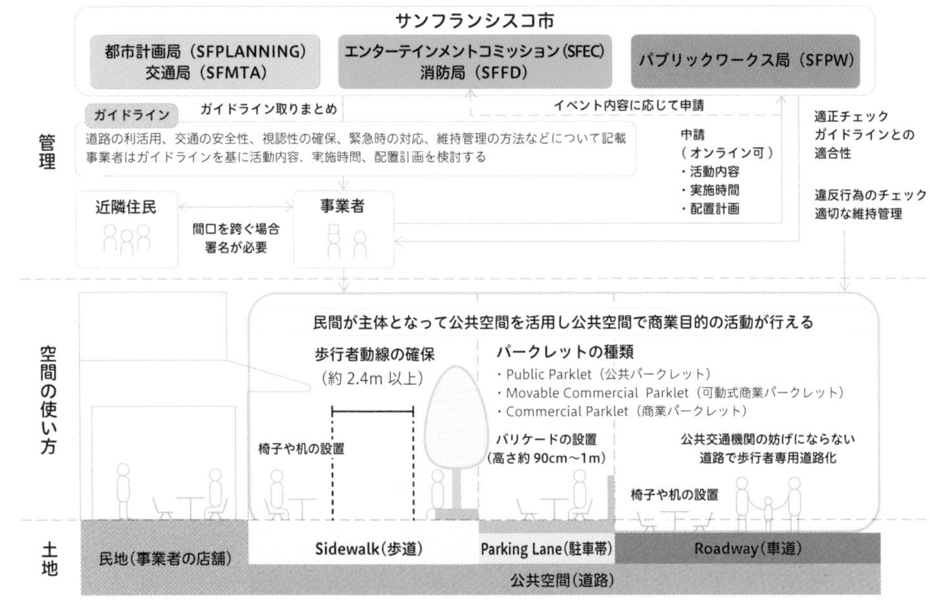

オープンレストランプログラム

コロナがもたらした路上スペース活用の劇的な変化

（山﨑清志）

基礎情報　**実施都市**：ニューヨーク市(アメリカ)／**施行年**：2020年6月／**法令**：COVID-19 緊急市長命令(Emergency Executive Order)／**実績数**：1万1500カ所以上(2021年12月時点)／**占用期間**：緊急市長命令解除までの間。2022年末まで有効の見通し。現在恒久的プログラム施行準備を行っている。

制度概要　コロナ禍で営業を縮小せざるを得ないニューヨーク市内のレストランが、歩道や道路上に屋外飲食スペースを確保するためのプログラム。手続きを簡素化し広く参加を促すため、従来の行政による審査・認証プロセスでなく、各レストランが自己認定する形を取った。

緊急プログラムの恒久化を準備

1976年以降歩道カフェ設置規制を強化してきたニューヨーク市だが、コロナ禍の2020年3月時点で業界の雇用が64%失われた。6月には一連の規制を一時的に解除する緊急市長命令が出され、経済活動が再開。2021年12月時点で市内全域に1万1500件以上のレストランが同プログラムに参加、商業地区の活性化に大きく貢献している。緊急プログラムの成功を受け、市では2022年末までに同プログラムの恒久化を目指し準備を進めている(2022年10月時点)。

メリット

- 飲食業の雇用確保、商業地区の経済活性化。
- 道路スペースを市民の憩いの場として活用。街並み、通りの賑わいを創出。
- 既存の地理的制限を排除し、市内すべてのレストランに参加資格を与えた。
- 専門家や行政認証がいらない簡易な手続きで、レストラン事業者が参加しやすい。

要件・基準

歩道設置の場合：

- 約2.5m(8フィート)以上の歩行幅員を確保。テーブルやイスは閉店時に撤去。

路上設置の場合：

- すべての路上駐車スペースに設置可だが、テントや屋根で道路標識等を遮らない。
- プランター等の保護バリアを設置。設置場所によっては専用の車両バリアが必要。
- 地域コミュニティ団体または3つ以上のレストランからなるグループは一時的車両通行止めを伴う路上スペース占用利用の申請が可能。

手続きフロー

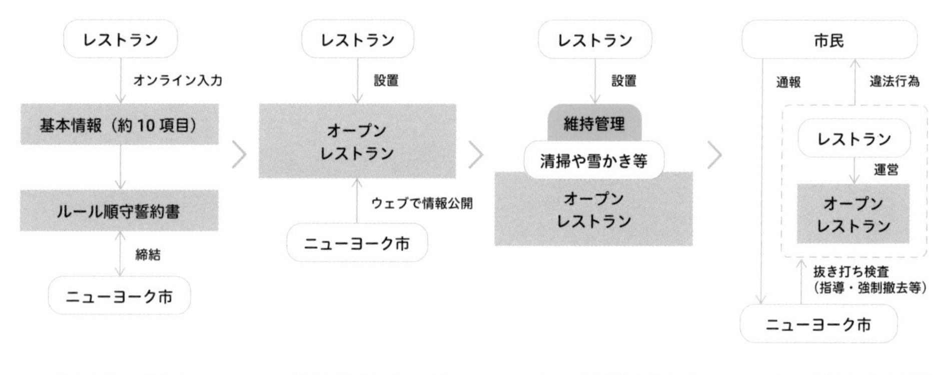

1) 専用のウェブサイト上でレストランが10項目程度の基本情報入力やルール順守宣誓等の自己認定を行う。申請費用は無料。

2) 自己認証後、ルールに則り事業者自らがカフェスペースを設置。

3) ルールに則り十分な歩行者スペースを確保しつつ営業。清掃や雪かき等はレストランが行う。

4) ルール違反の場合は通報、強制撤去等の罰則がある。

Case study ｜ リトル・イタリー（マンハッタン、ニューヨーク市）

リトル・イタリーはローワー・マンハッタンに位置し、SoHoや中華街に隣接するイタリア系住民が多い地区である。年間を通じて賑わうニューヨーク定番の観光地で、もともとの通りは幅員8mの車道とその両脇に3.5mの歩道が連なる。活気が溢れ多くの人が行き交っていたが、新型コロナ感染拡大後に国内外の観光客は激減。同地域内も、観光業、主にレストランは大きな痛手を負った。2021年に入り国内やヨーロッパからの旅行制限が次々と緩和され、市内に観光客が戻り始めた。ニューヨーク市が室内飲食に厳しい制限を続けるなか、感染リスクを抑えながら業務を行えるオープンレストランのプログラムに多くのレストランが参加し、リトル・イタリーも、車道の両側2.5mの路上駐車スペースをカフェスペースに拡張する店舗がひしめき合い、再び賑わいを取り戻している。

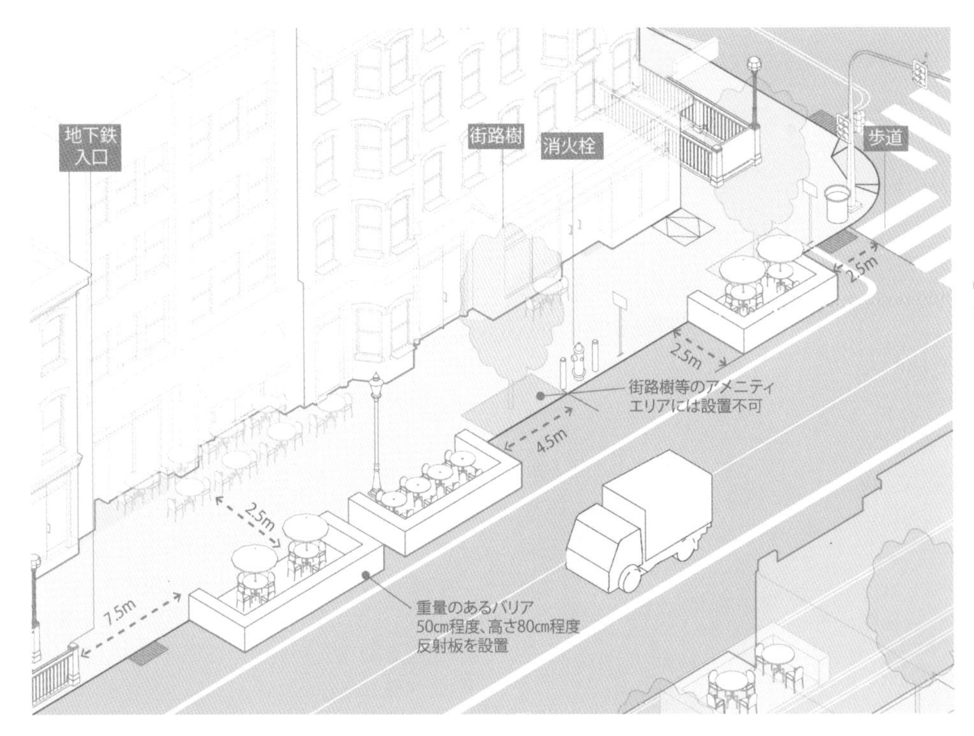

出典：ニューヨーク市都市計画局

緊急市長命令による暫定的オープンレストランプログラムの成功と恒久的プログラム施行準備

コロナ禍以前の歩道カフェ・プログラム

ニューヨーク市では1976年以降、主にマンハッタン地区住民の要望により、混雑する歩行者スペースの公共性を保つため歩道カフェ設置規制を強化してきた。2020年以前のルールは、市内全域の通りや用途指定地区ごとにカフェの種類や大きさを3種類に分類し、設置の可・不可や立地に適したカフェの種類を指定していた。緊急市長命令以前に歩道のカフェスペースが規制された通りや地区を表す地図を見ると、大通りやミッドタウン等の中心商業地区の多くで歩道カフェ設置が禁止されていたことがわかる。また、オープンレストランプログラムに比べ当初の手続きは煩雑で、担当行政機関に必要書類を提出、アプリケーション費用を支払い、審査後にようやく、歩道カフェ設置の許可が発行されていた。新型コロナ以前ではマンハッタンを中心に市内に1200件程度の歩道カフェスペースが設けられていた。

出典：ニューヨーク市都市計画局

新型コロナ感染拡大、屋外飲食スペースに関する規制の一時的解除

2020年3月、新型コロナウイルス感染症拡大により、ニューヨーク市内2万7000件を超えるレストランで店内飲食が禁止され、レストラン業界の雇用のうち64％が失われれた。非常に多くの感染者、死亡者を出したニューヨーク市の行動制限は世界的に見ても非常に厳しいものであった。筆者自身も外出制限3カ月目の5月中旬には行き場のない閉塞感に苦しみ、屋外で時間を過ごしたいという願望が切実になっていた。6月に入ると感染拡大第一波収束の見通しが立ち、感染対策を徹底しつつ市内の雇用確保、経済の再開が急務となった。3カ月におよぶ厳しい外出制限を余儀なくされた市民と経済的に大きな痛手を負った飲食業界双方にとって歩道や路上を活用した屋外飲食スペースの確保は大きなメリットがあった。規制緩和の機運が一気に高まるなか、緊急市長命令が下され、市内全域で該当する屋外飲食スペースに関連する規制が一時的に解除された。同時に緊急オープンレストランプログラムが施行される。

緊急オープンレストランプログラム

まず設置条件だが、地理的制限は全面的に解除となった。市内の道路に面したほぼすべてのレストランにプログラムへ参加する権利が与えられた。同プログラムの最大の目的はレストラン業界の雇用の確保、コロナ禍での経済再開である。プログラムの利用拡大を進めるため、参加手続きに従来の行政による審査や認証を取り入れず、自己認証制としている点に注目したい。レストランの経営者は交通局のウェブサイトで10項目程度の基本情報を入力し、設置ルールを確認後、ルール順守

コロナ後も通りの賑わい、経済の活性化に活用される

の宣誓に同意するだけで手続きが終わる。難しい情報入力やルール確認を必要とせず、弁護士や建築士といった専門家の手を借りなくてもレストラン経営者が自ら手続きを済ませることができる。
同プログラムでは従来の歩道スペースだけでなく、店舗に面した路上駐車スペースすべてが屋外飲食スペースとして使用できるようになった。これにより、レストランは大幅に座席数を増やすことが可能になり、より多くの雇用確保や経済効果が期待できるようになった。従来車両に占用されていた市内の広大なスペースが、人々の憩いの場として活用されるようになり、コロナ禍以前よりも通りが活気づいた、という地域も少なくない。

恒久化へのコンプライアンスと罰則

緊急オープンレストランプログラムの成功を受けてニューヨーク市は、2021年春、同プログラムを恒久化することを決定した。2021年秋には作業委員会を設置し、都市計画局と交通局が協力して市内全域で市民公聴会を開催し、設置ルールの作成を行ってきた。COVID-19緊急市長命令は2022年内で解除となる見通しで、解除前に最終的な恒久プログラムが採択、施行される見通しである。
2022年2月、コロナ禍以前に屋外カフェを規制していた土地区画法の項目をリセットする法案が市議会で採択された。現在は交通局が中心となり、土地区画法のプログラムを置き換える恒久プログラムづくりに着手している(2022年10月現在)。2022年末には申請受付を開始し、2023年からは恒久プログラムに順守した屋外飲食スペースが設置される見通しである。
恒久プログラムは、2年間におよぶ緊急プログラム中に課題となっていた車両バリア設置、騒音やごみ問題といった問題点の改善が目指される。また、プログラム開始から年月が経ち、レストランが立ち退いた後に路上カフェスペースが放置される問題も大きな課題である。
緊急プログラムの最重要目的は、コロナ禍で甚大な被害を受けた飲食業界の保護と雇用確保であり、厳格なルールの順守や罰則は悪質な場合を除いて緩やかに適応されていた。ルール違反の摘発も、主に一般市民からの通報に依存している。しかし新型コロナ後の恒久プログラムに移行するとなれば、改善されたルールの順守・執行が必要になる。恒久プログラム施行後、プログラムの運営者となる交通局では取り締まり機能を強化して問題を積極的に取り締まることとなる。

すべての道路利用者のために

恒久化に向けては、経済活動だけでなく歩行者・自転車・自動車の快適さにも配慮し、すべての道路利用者の利害を調整する必要がある。緊急プログラムでは通りの幅や歩行者数に関係なく一律8フィート(約2.5m)の通路の確保が義務づけられていた。まず、通りの幅や用途地区によって8〜12フィート(約3.6m)の通路確保が義務づけられることになる。また歩道の状況によっては特例として6フィート(約1.8m)の通路幅を認めることもある。緊急プログラム下で緩やかに容認されていた路上飲食スペースの外壁や屋根等の構造物は、設置不可となる見込みである。設置可能となるのは取り除き可能なテーブルやイス、日除け等の家具、可動式の車両バリア等の一時的なものに限られる。これらの設置物は、緊急時や違反状況に応じて交通局の一存で取り除くことができるよう、レストラン経営者が事前に同意書にサインをすることが義務化される予定だ。

オープンストリートプログラム／オープンブールヴァールプログラム

3タイプの車両規制で促進する近隣コミュニティの路上活用

（矢野拓洋）

基礎情報　実施都市：ニューヨーク市（アメリカ）／創設年：2020年
実績数：ニューヨーク市内の150以上のストリート／有効期間：1年

制度概要　飲食店等の企業、地域団体、学校はニューヨーク市交通局（NYC DOT）に申請し、許可された道路について車両の侵入を制限または禁止し、飲食スペースや様々なアクティビティのための場所として活用できる。

ストリートの密度をコントロールする

これまでニューヨーク市運輸局（DOT）は、プラザプログラムを通して都市の余白に人の居場所をつくってきた。2020年、新型コロナウイルス感染症拡大の影響を受けて、公共空間を有効に活用し路面店の販売スペースや飲食スペースを確保するオープンストアフロントやオープンレストランプログラムを施行し、それに併せてストリートにおける人の密度を下げることを目的としてオープンストリートを施行。

メリット

- オープンストリートプログラムのなかでも商店街の維持・管理を希望する団体は、市の中小企業部から補助金を受けることができる。
- 地域団体、沿道3店舗以上のグループ、公立・私立校等様々な団体が好きなストリートを対象に申請できる。

要件・基準

- 主体や目的に応じて、フル・クロージャー、フル・クロージャー（スクール）、リミテッド・ローカル・アクセスの3つに分類されている。
- 申請するオープンストリートのタイプごとに、道路占用主体、車両の進入、オープンストリート化の頻度、活動内容に制限がある。

手続きフロー

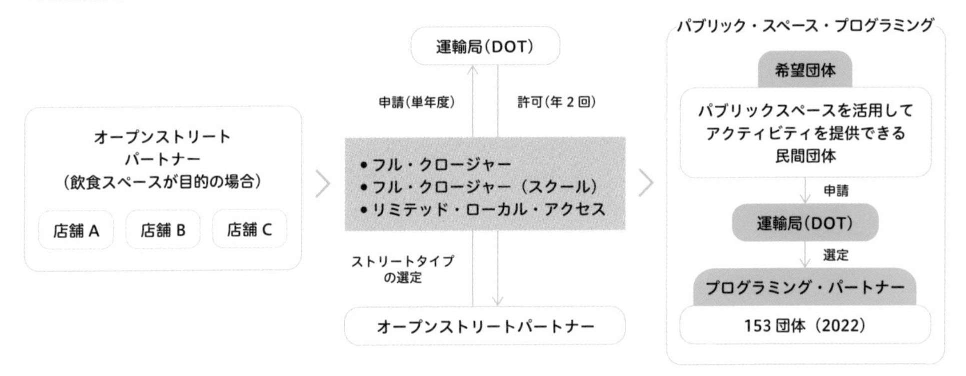

1）申請する店舗を募る

飲食スペースのみがオープンストリートの目的である場合は、3店舗以上の実施店舗が申請に記載されていなければならない。

2）対象道路の選定

3つのオープンストリートのタイプから、適したタイプを選ぶ。対象道路を選定し、オープンストリート化のスケジュール等を決める。1回の申請につき1つのストリートを対象とする。実施にあたって、通りの課題や懸念事項、指定を受けるとその道路にどう有益かをまとめ、申請時に記入する。

3）プログラミングパートナーと協働

占用主体であるオープンストリートパートナーは、プログラミングパートナー（運輸局が審査・選定した信頼性と共益性が高い活動団体）と連携して対象となる道路空間でアクティビティを提供する。プログラミングパートナーとの協働によるアクティビティはすべて無料で開催される。

活用ポイント

ニューヨーク市がまとめた『パブリックスペース・プログラミング・カタログ』には、行政が選定した、パブリックスペースを活用したアクティビティを提供できる団体が紹介されている。パブリックスペース活用をマネジメント主体の力量のみに任せるのではなく、信頼できる団体と共同でコンテンツを提供する仕組みをつくることで、賑わいが定着するパブリックスペースを安定して創出することができる。活動提供団体の選定のためには、行政が専門的な視点と経験をもっていることが前提となっている。

Case study | PLAY NYCプログラム（ニューヨーク市）

2020年にオープンストリートプログラムが導入されて以来、アトランティックアベニュー（Atlantic Avenue）以南550mの区間を毎年オープンストリートプログラムにより活用している。実施団体（Prospects Heights Neighbourhood Development Council）は、ブルックリンでオープンストリートに取組む主体として唯一のボランティア団体である。近隣住民が計画、運営、住民の巻き込み、資金調達、空間設計等すべてを行っている。資金は、地域住民からの寄付、地元企業、スポンサー企業と市からの補助金から構成されている。2022年は、4月1日から11月20日までの毎週末（金、土、日）をオープンストリート実施期間としている。

Other cases

タイムズスクエア（Times Square）／ジャクソン・ハイツ34丁目オープンストリート（34th Avenue Open Street in Jackson Heights, Queens）／イースト12thストリート（East 12th Street）、（以上、すべてニューヨーク市）

3つのタイプ

1）リミテッド・ローカル・アクセス：車両の通過交通は認めない（送迎・配達等は可能）。2日／週以上は定期的にオープンストリート化しなければならない。

2）フル・クロージャー：緊急車両以外の侵入は不可。緊急車両のため幅 15 フィートの通行を常時確保。1日／週以上は定期的にオープンストリート化しなければならない。飲食スペースのみが目的の場合は、3店舗以上の実施店舗が必要。

3）フル・クロージャー（スクール）：緊急車両以外の侵入は不可。緊急車両のため幅 15 フィートの通行を常時確保。学校管理者の申請で、開校日の午前7時から午後6時までのみ実施可能。

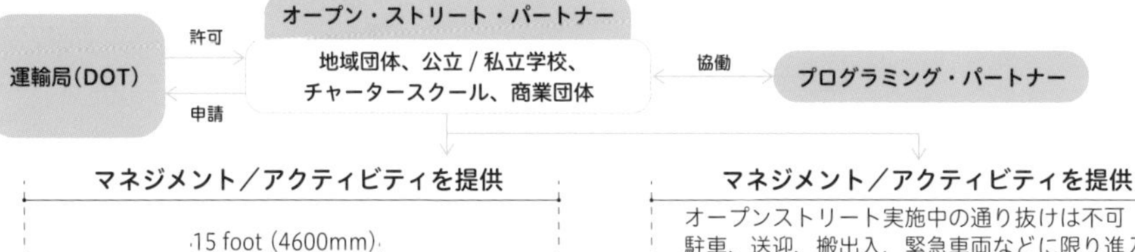

フル・クロージャー／フル・クロージャー（スクール）　　リミテッド・ローカル・アクセス

参考文献：

● ニューヨーク市運輸局ウェブサイト　https://www1.nyc.gov/html/dot/html/pedestrians/openstreets.shtml

● Daily Newsウェブサイト　https://www.nydailynews.com/coronavirus/ny-coronavirus-nyc-street-closures-corey-johnson-mayor-de-blasio-20200326-jbzr4xoiz5cfppzhgaorecgruu-story.html

サンデーパークウェイ

都市環境と公衆衛生の改善をもたらす歩行者・自転車天国プログラム

（石田祐也）

基礎情報　**実施都市**：ポートランド市（アメリカ）ほか ／ **施行年**：2008年 サンデーパークウェイ（ポートランド市）、ほか各地で実施 ／ **実績数**：16回（ポートランド市、2023年時点） ／ **占用期間**：1日

制度概要　自動車道路の一定区間を一時的に通行止めにして、歩行者や自転車に開放する取組み。市の許認可により、身体を動かすアクティビティや市内飲食店の出店、路上パフォーマンス等が指定ルート内や沿道の公園に展開される。

なぜ道路を封鎖するのか?

アメリカでは、自動車による移動から自転車や公共交通機関、徒歩等の代替の交通手段に移行させる政策を打ち出す都市が増え続けている。オープンストリート※（ポートランド市では、サンデーパークウェイとして開催）は、ハード整備せずとも市民が自動車の心配のない安全な環境下で自転車やランニングを体験できる、費用対効果の高い街路政策として取組まれている。

※本項で扱うオープンストリートは大気汚染や運動不足などの社会問題の改善を目的としたムーブメントを指す。制度としてのオープンストリートはp.188のオープンストリートプログラムを参照されたい。

メリット

- 低コストかつ環境負荷をかけずに都市資源の柔軟な使い方を試行できる。
- 身体を動かすプログラムは市民の健康向上のほか、コミュニティづくりにも寄与する。

要件・基準

- 指定ルートを横断する自動車通行を想定し、警察および警備会社との連携のもと横断可能な交差点を設定すること。
- スポンサーや出店者は市内事業者が望ましく、健康・環境・コミュニティの主旨に沿っていること。

手続きフロー

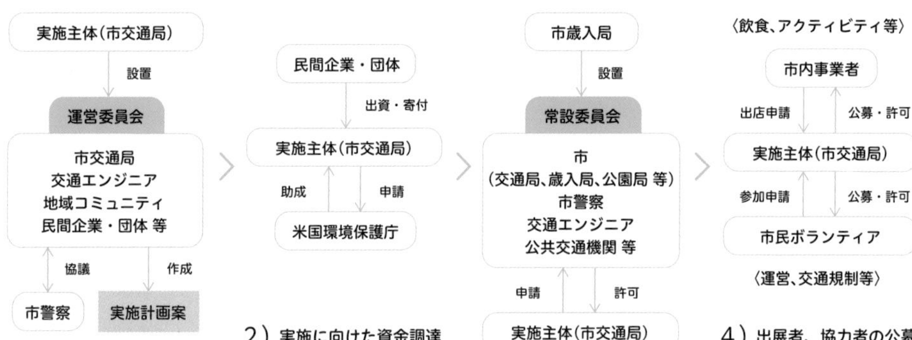

1）実施体制の構築と実施計画案の作成

実施主体である市交通局が、交通エンジニア、地域コミュニティ、民間企業・団体等からなる運営委員会を設立し、市警察と協議のうえで実施計画案を作成する。

2）実施に向けた資金調達

実施計画案をもとに民間企業・団体からの出資や寄付を募るとともに、公的な助成金を申請する。ポートランド市の場合、民間組織によるスポンサー料のほか米国環境保護庁の助成を取得し実施している。

3）実施許可手続き

予算も含めた実施計画が作成されたら、市歳入局による常設委員会において、総合的な見地から、本事業の実施可否が決定される。

4）出展者、協力者の公募

実施許可が下りたら、ルート沿道の飲食出店や身体を動かすアクティビティの開催等については市内事業者に、当日の運営や交通規制等については市民ボランティアに、実施主体である市交通局がそれぞれ公募を行う。

活用ポイント

短くても5km以上の、自転車で飽きずに巡ることができるルート設定が成功への第一歩となる。つまり、公園・広場・ランドマークを接点（ノード）、また道路をパスと捉え、面的な都市資源を歩行者・自転車ネットワークに組み込む。沿道や公園内には、例えばフィットネス教室やコンサートといったプログラムを設定するほか、市内事業者から出店を募ることで、公衆衛生や地域コミュニティに寄与するとともに一定の収入を見込める。

Case study | サンデーパークウェイ(ポートランド市)

オレゴン州ポートランド市では、2008年より毎年春~夏にサンデーパークウェイというオープンストリートが開催される※。ウィラメット川右岸の閑静な住宅街地区で、複数の公園をつなぐループ状に延長7~13km程度のルートを設定することが多い。沿道の公園では、市内飲食店が出店する屋台やキッチンカーが並ぶほか、ヨガやフィットネス等身体を動かすアクティビティが行われる。また、市役所が最近の都市開発をプレゼンしたり、スポンサー企業が自社の健康グッズを紹介したりと、取組みの趣旨に合う様々なブースが出店する。主催はポートランド市交通局。出資形式はPPP(Public-Private Partnership)で市といくつかの民間企業・団体(業種は健康保険、エネルギー、高齢者サービス等)が参画している。

※2020、2021年は新型コロナウイルス感染症拡大の影響で、バーチャルプログラムを中心に実施された。

Other cases

シクロビア(Ciclovia/ボゴタ市、コロンビア)/サマーストリート(Summer Streets/ニューヨーク市)/バイシクルウィークエンド(Bicycle Weekends/シアトル市)/バイクドライブ(Bike the Drive/シカゴ市)等

参考事例:サンデーパークウェイ(ポートランド市)

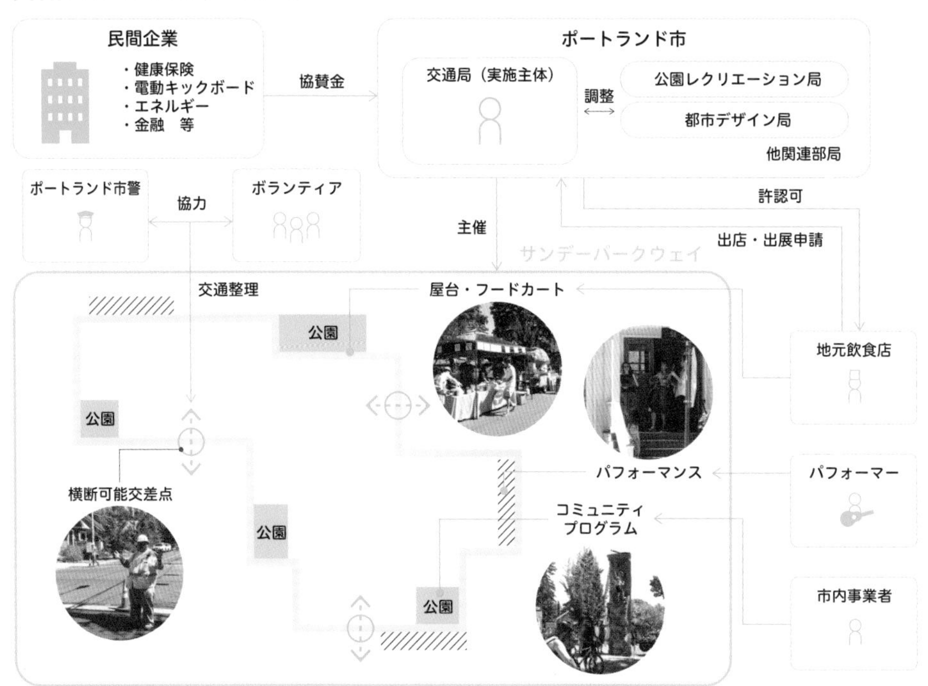

参考文献:

- OPEN STREET PROJECT　https://openstreetsproject. org/
- THE STREET PLANS COLLABORATIBE + THE ALLIANCE FOR BIKING & WALKING, The Open Street Guide, 2012
- Portland Sunday Parkways Annual Report　https://www. portland. gov/sunday-parkways/reports

POPSプログラム

民間活力を活かしたパブリックスペースの設置

（山﨑清志）

基礎情報　**実施都市**：ニューヨーク市（アメリカ）／**施行年**：1961年・1975年、1977年、1996年、2007年（改正）
法令：ニューヨーク市土地区画法／**実績数**：591カ所（2021年12月）／**占用期間**：無期限

制度概要　主にニューヨーク市内の高密地区の民地に、法令に基づき設けられた公共空間を指す。市民が憩うプラザ、アーケード等の設置、歩道幅の拡張を行う。自然光や新鮮な空気に加え、開発業者は無償で緑地やベンチ等のアメニティを市民に提供する見返りとして、容積率ボーナスや高さ制限緩和等を得ている。

時代とニーズの変化に対応し法改正

土地区画法上の容積率ボーナスを伴う最初のPOPS（Privately Owned Public Spaces）設置ルールは、1961年に施行された。当初はデザインガイドライン等がなく、事例もデザインやアメニティ面で不十分なものが多い。1970～1990年代に幾度もの法改正を経て、設置要件やデザインガイドライン等が強化されていった。2007年には複数あったプラザプログラムを1つに統合。現在は、特別地区や大規模開発特別許可案件等の高さ制限緩和にも活用されている。

メリット

- 高密度商業地区に不足しがちなパブリックスペースを民地や民間資金を活用して確保できる。
- 設置要件・基準や容積率ボーナス等のルールが明確で、民間開発業者も参加しやすい。
- パブリックレビューが不要かつ比較的簡易なレビューで設置できる。都市計画委員会が法令に則っていると認定すれば、容積率ボーナス等の受理が可能。

要件・基準

- 容積率ボーナス条件に該当する場合、基本容積率＋20％を上限とする（基本容積率1000％の場合は1200％が上限）。
- 間口の大半は歩道に隣接させ公共性を保つ。道路面から窪ませる、高い位置への設置は不可。
- 基本寸法やデザイン基準等（緑地の面積や内部通路の幅、面積あたりのベンチ・街灯数等）も細かく指定。公共性を保つためプラザ内のプライベートカフェスペース設置も制限されている。
- 原則24時間365日一般開放。都市計画委員会が認めた場合は夜間の施錠等が許可される。
- 設置後は年に一度、専門家作成の「法令に順守している」というレポートを都市計画局に提出する。

手続きフロー

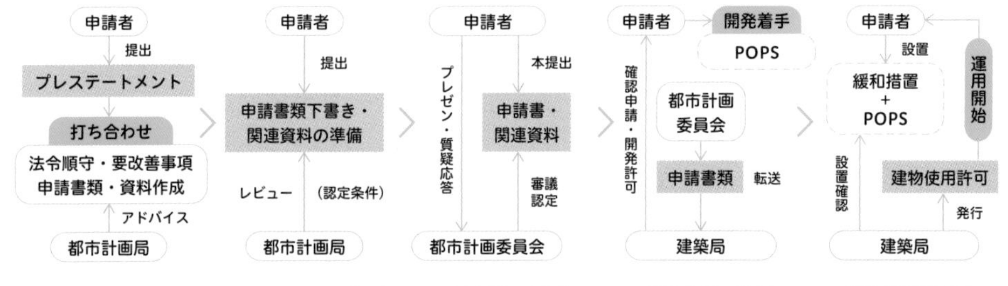

1）プレステートメントを提出

申請者が計画の意図を記し提出。都市計画局がステートメントを基に計画の法令順守や要改善事項を判断し、双方打合せ。POPSのデザイン、申請書類や資料作成のアドバイスを行う。

2）申請書および関連資料の準備、提出

申請者は申請書類や資料の下書きを行い提出。都市計画局は下書きのレビューを行い、認定に必要な条件を満たしているか判断する。

3）都市計画委員会での審議

計画が法令に順守しているか否かを認定するため、委員会への申請書と資料を提出。プレゼンテーション、質疑応答等を経て法令順守の認定を判断する。

4）開発許可の発行・開発着手

認定された計画を基に建築局は開発許可を発行する。委員会は認定された計画を建築局に転送。確認申請を経て開発開始。

5）建物使用許可証の発行

建築局はPOPS設置後（開発終了後）、POPSが計画通りに設置されたことを確認し、建物使用許可証を発行する。

Case study | 25ケントアベニュー(ブルックリン、ニューヨーク市)

25ケントアベニュー(25 Kent Avenue)は2019年にブルックリンのウィリアムスバーグ地区に設置された最新のPOPS事例である。市が約111億円を出資して建設中のブッシュウィック・インレット公園(約11万m²)に隣接するビルの敷地内に設置された。公園から道を挟んだ反対側、2016年に筆者が法令下書きを担当した同地区イーストリバー沿いにあり、水辺の利用者に都市型の憩いスペースを提供している。

「25ケント」は産業ビジネス推進エリア(Industrial Business Incentive Area)の特別許可制度に基づいて建設された製造業、オフィス、商店の総床面積4万5000m²の複合開発で、1ブロック(約7300m²)を占有し、容積率は480%である。法令上の基本建物高は最大33m(機械室を含めない)だが、POPSを提供して最大45mへ引き上げられた。活気ある街並みを推進するため、通常は建物を歩道ぎりぎりに建てる義務があるが、POPSを提供することにより一部セットバックが許される。

プラザ内の詳細

プラザと建物の関係性

プラザ設置ルール

設置条件

- 最低設置面積は2,000 feet² (185m²) でプラザ全体の設置高は原則歩道から2 feet (60cm)以内。
- 構成：主要部分はプラザ面積の75%以上で最低寸法は40 feet (12m)以上、付加部分は25%以下で最低寸法15 feet (4.5m)以上。
- 設置場所の制限：他のプラザや公園から175 feet (53m)以内の設置は原則不可。
- 原則南向さに開放する。南向きに幅40 feet以上の敷地がない場合は東、又は西向きに設置可。
- 隣接するすべての通りからプラザの最低50%以上が見えること。
- 歩道との接続を最大限確保：歩道隣接幅の50%以上は設置物不可。
- プラザ内にステップ設置の場合は上り幅は4-6 inch (10-15cm)程度、踏み込みは17 inch (43cm)以上。
- 循環経路：プラザ内の経路は幅8 feet (2.4m)以上。
- 隣接する歩道や建物入口を始点とし、プラザの深さに対し80%以上の長さ。
- 障害物：開放的なスペースを確保。ベンチやプランター等の障害物はプラザの面積に対し40%から50%に制限。

アメニティ

- ベンチと椅子：プラザ面積30 feet²に対して幅1 feetの割合で設置。
その内の一定以上のベンチは歩道から15 feet (4.6m)以内に設置。
ベンチのスタイル、腰掛の高さ、深さ、背もたれの設置割合等を指定。
- 樹木や芝生等の設置：プラザ面積の20%以上は緑化。指定の大きさ以上の樹木を4本以上植える。
- 大きなプラザには一定の割合で追加の樹木を植える。
- 照明：定められたスタイル、出力以上のライト設置。日没1時間前から日の出一時間後まで点灯。
- プラザ1,500 feet²(139m²)に一つのごみ箱をすべてのベンチから50 feet (15m)以内に設置。
- プラザに隣接した歩道上に2つ以上の駐輪スペースを設置。プラザの規模によって追加のスペース。
- 一定サイズ以上のプラザには追加のアメニティ設置義務が発生。

出典：ニューヨーク市都市計画局Zoning Resolutionを筆者要約

初期のPOPSプログラムの失敗

フォーマルスペースに重点を置く法令

1961年施行の法令では容積率ボーナスを伴うPOPS設置に関し、数項目の最低限のルールのみが設定されていた。建築局の確認申請だけで設置が許可され、最低寸法や面積の指定、階段やビルの装飾、噴水やパブリックアート等の最低限のオブジェクトのみがPOPS内の占用を許されていた。ベンチやプランター等のアメニティの提供を禁止する法律により、無機質で人々が憩える場とは程遠い空間が多くつくられてしまった。

歩道上の活気を失わせるPOPSの乱立

法令施行後は、市内の高密地区で住宅指定地区、商業指定地区を問わず大通り沿いにPOPSが乱立するようになる。POPSは自然光や新鮮な空気の取入れという面では利点が多いが、建物内の活動スペースが道路から遠ざかってしまい、デザインによっては道路上の活気が薄れてしまうデメリットがある。案の定、既存の活気のある街並みを阻害してしまう、という弊害のほうが目に付くようになる。観光客やビジネスパーソンで賑わうウォール街に位置する140ブロードウェイ(140 Broadway)のPOPS事例(図1)は、1961年施行の法令に順守して設置された。数十m角の無機質な空間が歩道と建物の間にあり、市民の憩いの空間とは程遠い。イサム・ノグチの"The Cube"と呼ばれるパブリックアートが、唯一のアメニティとして観光客を引き付けている。

図1：ウォールストリート街・140ブロードウェイの敷地内で1961年の法令によるPOPS

現行のPOPSプログラム

詳細なルール化で居心地の良さを創出

こうした弊害を受け導入されたのが、1975年のアーバンプラザプログラム、1977年のレジデンシャルプラザプログラムである。設置要件やデザイン義務が大幅に強化され、十数項目におよぶ条件が課されるようになる。緑化スペースやベンチ等の設置を義務づけ、キオスクやオープンカフェ等の商業スペースも、基準内であれば認められるようになった。1996年、1961年施行のプラザプログラムは完全に排除される。

その後、2007年には複数あったプログラムへ統廃合し、パブリックプラザプログラムという新たなプログラムに置き換えられている。パブリックプラザプログラムは四十数項目におよぶ詳細な条件が課され、都市計画委員会が法令順守を認定する。プラザと歩道の接続方法、階段の高さや幅、プラザ面積に対するベンチの数、腰掛や背もたれの高さ、角度に至って詳細に定めている。認定手続きは時間の掛かるものになったが、デザインの質や憩いの場としての質は確保されることとなった。

厳しい条件と市民の目で育てるこれから

チャート(図2)に見られるように、1961年の施行から1990年にかけて多くのPOPSが設置された。都市環境に必要な公共空間の確保という目的は大いに果たしたのだが、前述したように、POPSの乱立は既存の景観を損ね、歩道上の活気を阻害するという問題が注目されるようになる。この問題を改善するため、既存のPOPSから一定の距離内に新たなPOPSの設置を禁止する、容積率ボーナスを伴うPOPS設置を認める用途地区を大幅に減らす等の措置が取られた。2007年には住宅指定地区においては新たなPOPSの設置を禁止した。商業指定地区では大通り沿いには原則POPS設置を原則禁止し、商業スペースを含む建物の壁を歩道ぎりぎりに設置する義務を課した。

これにより2000年以降新規の容積率ボーナスを伴うPOPS設置は大幅に減少した。一方で、大規模開発等の特別許可事例等に隣接するPOPSが新たに設けられるようになり、1095 6thアベニュー、550マディソンアベニュー等、限られた数ではあるが質の高い公共空間が提供されるようになる。

認可されたPOPSのデザインと運営ルール順守を徹底する

1961年の施行後、590におよぶPOPSが設置された。これらのPOPSの質の維持と公共空間としての運営順守はニューヨーク市の大きな課題である。2017年には専門家による法令順守の年次報告を義務化。建築局が検査官を送り違反を取り締まる一方で、市では市民の監視の目の活用にも力を入れている。

POPSには法律を順守した公共空間である旨を掲げた看板の設置が義務づけられており(図3)、利用者に規定違反の報告を促している(図5)。2019年にはPOPSに設置する新たなロゴのデザインを一般市民に公募、数百の応募の中からファイナリストを絞り、オンライン経由で一般投票を行った。市内に設置されているPOPSをデータベース化しオンライン上で公表し 認知度を向上させている(図4)。

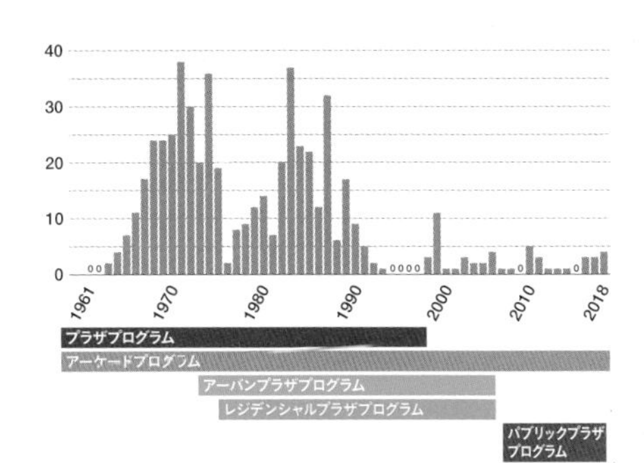

図2：POPSの設置

図4：オンラインを用いたPOPSの認知度の向上

図3：法律を順守した公共空間であることを示した看板

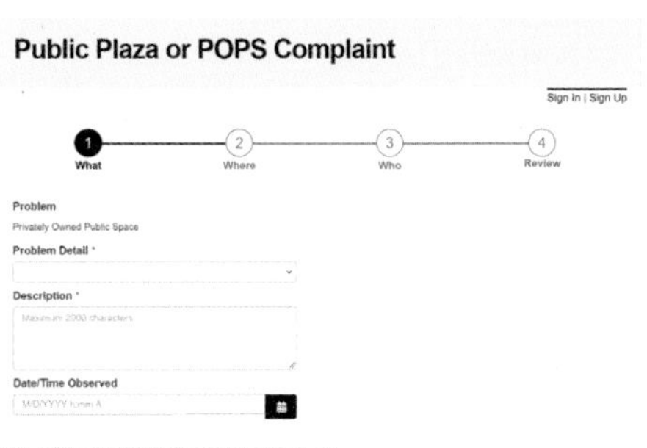

図5：利用者が規定違反を報告するサイト

出典：
ニューヨーク市都市計画局
(図2〜5)

プラザプログラム

大都市の路上変革をリードしてきた道路空間の広場化

（矢野拓洋）

基礎情報　実施都市：ニューヨーク市（アメリカ）／施行年：2008年／実績数：70以上

制度概要　道路空間を民間の力を活用して広場に変える制度。BID（Business Improvement District）をはじめとする非営利組織から道路空間を広場化する提案を募集し、審査を通った対象地を広場化する。オープンスペースが不足している地域を優先するが、地域のイニシアチブ等のソフト面も審査の重要項目となっている。

転機となったタイムズスクエアの広場化

1960〜70年代に推進された行政主導のパブリックスペース活性化のための事業は、合意形成に困難が生じたり、財政難に陥ったことにより継続しなかった。2000年代のマイケル・ブルームバーグ市政によりパブリックスペースへのマインドセットが変わり、公民連携により財政難を補いつつBIDがマネジメントするタイムズスクエアの広場化が成功を収めた。この公民連携の仕組みを、ニューヨーク交通局が制度化した。

メリット

- パブリックスペースが不足している地域に優先的に広場を確保することができる。
- 不足する公共空間を民間のノウハウや資金を活用して確保することができる。
- 広場運営を通じてコミュニティの結束力やコミュニティによる地域経営能力の向上効果がある。
- 恒久的に広場化するのが難しい場合でもポテンシャルの高い候補地には、交通局が実態に応じて短期的、中期的に広場化するメニューを提供する。

要件・基準

- オープンスペースが不足している地域（30点）、低所得者居住地（10点）、申請者のこれまでの実績（20点）、組織体制及び管理運営能力（20点）、地域のコンテクスト（20点）の合計100点で提案が評価される。
- 採択された対象地は、その申請組織がプロモーションやデータ収集等のアウトリーチ、空間の設計と維持管理、運営、運営のための予算管理の責任を負う。

手続きフロー

1）申請段階

申請者は、ニューヨーク市に申請書とステークホルダーの支持表明書を提出する。交通局は100点満点の評価基準で対象空間・組織を選考。選ばれた広場は「1Dayプラザ」「暫定プラザ」「恒久プラザ」のうち1つ以上のタイプが適用される。適用タイプごとに実施機関が異なる。

2）計画段階

交通局は、選考された地元民間組織とともに住民参加型ワークショップや住民投票を企画・運営する。また、住民を巻き込むツール等も提供する。暫定プラザや恒久プラザの場合、交通局の資金で広場を整備する。地元民間組織は、交通局とデザイン専門グループと定期的なミーティングを重ね、地域性に合う広場をデザインする。

活用ポイント

民間組織の自発性を促しながらも、行政がハード、ソフト両面において広場化のプロセスを伴走している。フェーズに応じて両者の役割は明確に分担されている。計画、整備段階では行政が中心的な役割を担っており、広場化が推奨される地区を優先度別に可視化するマップを作成、広場化の効果を定量的にデータ検証する等、行政側の人材が高い専門性をもつことを前提としている。

Case study | リバティアヴェニュープラザ(ブルックリン、ニューヨーク市)

リバティアヴェニュープラザ(Liberty Avenue Plaza)は、ブルックリンとオゾンパークの境目に位置する車線と交通島を一体化して広場にした事例。屋外図書館等、子どもたちの教区の場として機能しているほか、イベント開催等による他国籍移民同士の交流促進が行われている。管理運営しているバングラディシュ移民団体(Bangladeshi American Community Development & Youth Service、CDC)は2009年に設立された非営利組織であり、Neighbourhood Plaza Partnershipという中間支援団からスポンサーの紹介やプロモーション、イベントマネジャーの紹介等の支援を受けることで財源が限られているなかでもマネジメントしている。広場整備後、駐車スペースが減少したことで売り上げが減少したという沿道店舗の抗議を受けたため、広場空間を削減し駐車スペースに戻すことでバランスを取っている。

Other cases

ブロンクスハブ(Bronx Hub)/ウィロビープラザ(Willoughby Plaza)/コロナプラザ(Corona Plaza)/パーシングスクエア(Pershing Square) (以上、すべてニューヨーク市)

TIPS 様々なパブリックスペースが対象地となりうる。地域の重要な施設に面した道路を広場化することで場の求心性を高めたり、使い勝手の悪いヘタ地を地域の課題を解決する広場として有効に活用することができる。

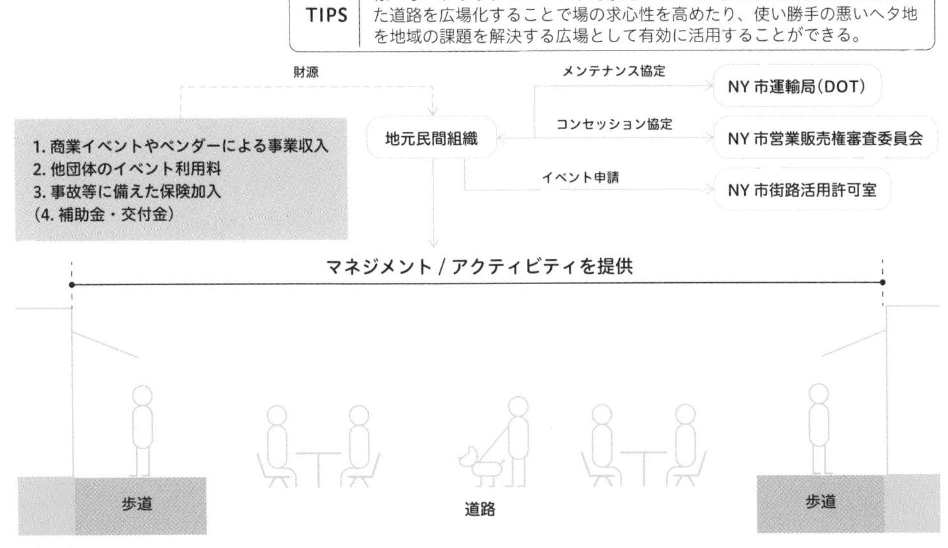

参考文献:

●三浦詩乃・出口敦(2016)「ニューヨーク市プラザプログラムによる街路利活用とマネジメント」『土木学会論文集D3』Vol. 72、No. 2、pp.138-152
●出口敦・三浦詩乃・中野卓編著(2018)『ストリートデザイン・マネジメント』学芸出版社
●NYC Plaza Programウェブサイト https://www1.nyc.gov/html/dot/html/pedestrians/nyc-plaza-program.shtml

バスカー許可制度

ストリートパフォーマンスの許可の管理に加え、支援も行う行政の取組み

（猪飼洋平）

基礎情報　**実施都市**：メルボルン市（オーストラリア）／**施行年**：1970年代後半／**法令・政策**：市議会計画、フューチャーメルボルン、クリエイティブ戦略、音楽計画、バスキングハンドブック、アクティビティ地方条例ほか／**実績数**：一般許可証1188件、ペイブメントアート許可証64件、サークルアクト許可証41件、プレミアム許可証99件（2019年3月～2020年2月発行数）／**許可証の有効期限**：1年（州外・海外申請者は3カ月）

制度概要　オーストラリア・メルボルン市が、路上でライブや大道芸等のパフォーマンス（バスキング）を行う者（バスカー）の熟練度や内容に応じて許可証を発行し、路上公演を許可する制度。バスカーの自主規制の推進とバスキングの多様な環境づくりが主な目的である。

バスカー許可制度の政策的位置付けとメルボルン市のねらいとは？

音楽都市として世界をリードすることを目標に掲げるメルボルン市は、バスカー許可証や罰則等を条例で規定する一方、上位計画である音楽計画や音楽関連政策、さらに上位の将来ビジョン「フューチャーメルボルン」にもバスキングを位置づけている。許可制度によるバスカーの管理のみならず、バスキングの支援や普及啓発を市として意欲的に取組んでいる点に注目したい。

メリット

- 安全性や快適性、パフォーマンスの審査基準がバスカーのマナー向上や自律性を促し、住民との相互理解につながる。
- 人気エリアのバスキングはプレミアム許可証所有者のみが可能等、バスキングの質を確保できる。
- CD等のグッズ販売も認められ、市によるバスカー支援プログラムも用意され、バスカーが経済的に自立しやすい環境が整備されている。

要件・基準

- すべての許可証において、安全性や快適性・パフォーマンスについての基本的な審査基準レベル1が設けられている。
- プレミアム許可証においては、実演オーディションによる、パフォーマンスの熟練度や独自性、プロ意識に関する審査基準（レベル2）が追加で設けられる。
- 危険物を取扱うサークルアクト許可証については、追加の審査（危険物の取扱いや安全の理解度について）がある。

手続きフロー

◇ **審査基準**

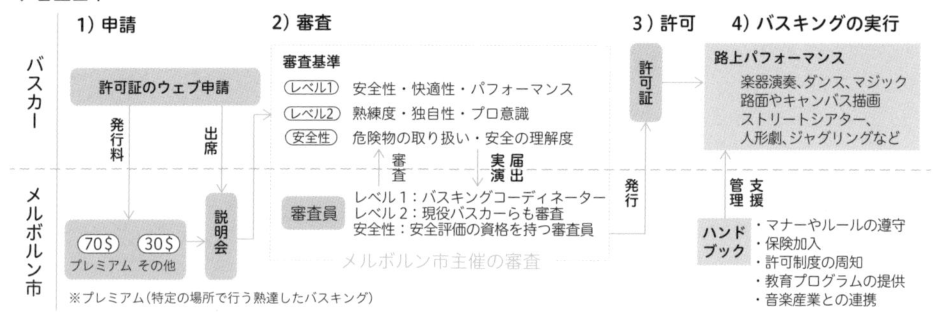

※プレミアム（特定の場所で行う熟達したバスキング）

1）許可証の申請

バスカーは申請書をオンラインにて提出する。許可証の種類は5種類あり、バスキングの内容や熟練度、危険物の扱いの有無で分かれる。あわせて許可証の種類に応じた申請料を支払う。

2）審査

市は、各審査基準に従って書類及び実演オーディション審査を行う。

3）許可証の発行

審査基準を満たした場合にのみ許可証が発行される。バスキングを行う際は許可証を携行する必要がある。また許可証には有効期限があるため、期限が近づいた際には再度申請を行う。

活用ポイント

メルボルンのバスカー許可制度は、政策の上位計画にも位置づけられることで、行政は積極的にバスカーの支援プロジェクトや産業との連携を図ることができている。バスカーの地位向上に貢献しているという点で世界の中でも最も先進的な事例の1つと考えられる。日本国内でもストリートパフォーマーの許可制度を所有する自治体は存在するが、文化事業としてストリートパフォーマーを育成し、表現の場を提供するという取組みや行政計画は限定的であるため、今後の発展が期待される。

Case study｜バーク・ストリート・モール（オーストラリア・メルボルン市）

バーク・ストリート・モールはメルボルン市の中心市街地の目抜き通りであり、いわゆるプレミアム許可証をもつバスカーのみがパフォーマンスできる人気エリアである。大勢の人で賑わうモール内にバスキング可能な場所は5カ所ある。

Other cases

バスクインロンドン（Busk in London／ロンドン市）／ヘブンアーティスト事業（東京都）／ストリートミュージシャン登録制度（柏市）

バーク・ストリート・モールでのバスキング
出典：メルボルン・バスキング・ハンドブック2018

市議会計画 2017-21　長期ビジョンを前進させる指針。9つの目標を具体的に実行

策定のリソース

9つの目標に適用

フューチャー・メルボルン 2026
長期ビジョン実現へのステップを広く共有する基礎計画
目標：①環境に配慮した都市 ②人間のための都市 ③クリエイティブ・シティ ④豊かな都市 ⑤知識集約都市 ⑥コネクティッド・シティ ⑦対話型都市 ⑧変化を管理する都市 ⑨アボリジニに焦点を当てた都市

クリエイティブ戦略 2018-2028
市の目標
・クリエイティブ活動家の支援
・世界一のクリエイティブシティに向け行動

9つの目標に適用

②と③の目標をサポート

バスカーに専門家との協働を呼びかけ

音楽計画 2018-21
・ミュージシャンの創造と自立を支援し、音楽で世界をリード
・バスカー普及啓発事業について記載

サポート

バスキングハンドブック 2018
・バスキングのルールを理解してもらう冊子
・バスカー許可制度や普及啓発事業について記載
・バスカーの配慮項目例
✓歩行者の安全確保
✓他のパフォーマンスとの距離
✓音の大きさ
✓活動継続時間

根拠条文

アクティビティ地方条例 2019
・健康、繁栄、安全、福祉等に寄与する市議会の取組み
・バスキングの許可証および不携帯時の罰則を制定

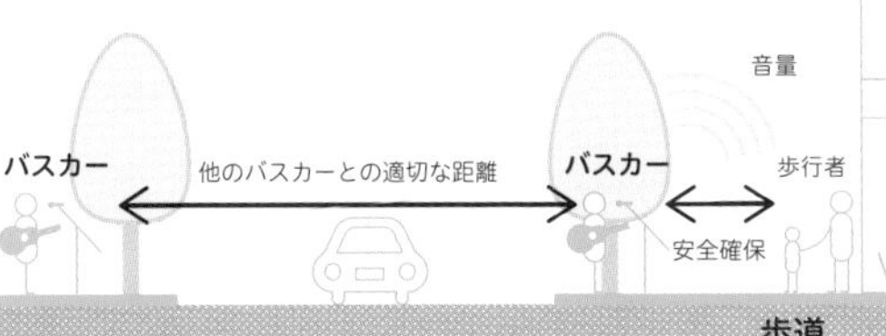

メルボルン市バーク・ストリート・モールでバスキングが可能なエリア

1～5：プレミアム許可証専用エリア
6：ペイブメントアート許可証活動可能エリア
7：プレミアム許可証専用エリア（音楽演奏以外）

出典：
泉山塁威、猪飼洋平、松川真友子（2022）「公共空間におけるバスカー制度の可能性と課題―東京都「ヘブンアーティスト事業」、柏市「ストリートミュージシャン登録制度」及びメルボルン市「Busking Permits」との比較を通じて―」『日本建築学会計画系論文集』第87巻第800号、pp.1975-1986

アスファルトアート

安全性や愛着を高める路面のキャンバス化

（田村康一郎）

基礎情報　**実施都市**：ニューヨーク市（アメリカ）／**開始年**：1990年代後半から（ポートランド市のインターセクション・リペアが嚆矢）／**施行年**：2013年／**法令**：カラー舗装の適用に関する解釈についての通達（MUTCD - Official Ruling 3(09)-24(I) - Application of Colored Pavement）／**実績数**：全米数十都市
占用期間：自治体による

制度概要　横断歩道上のアートは色彩や図柄が制限されるが、安全地帯等の上ではカラー舗装と見なされ、比較的自由度が高いことを利用した取組み。自治体によってはアートプログラムや条例を設けており、設置期間は数カ月から無期限と様々である。施工作業に対しては占用許可が必要となる。

制度更新の議論中にある、交通安全や愛着醸成の試み

アスファルトアートは、視覚的な注意喚起による自動車通過速度の抑制や、道路のイメージ刷新、コミュニティ意識の醸成等を目的としている。連邦道路管理局（FHWA）は適用に慎重な立場を取ってきたが、関連する統一道路交通施設マニュアル（MUTCD）の更新が議論されている。ブルームバーグ・アソシエイツらによるガイド発行（2019）や助成金といった普及の動きも見られ、ヨーロッパにも伝播している。

メリット

- 素早く低コストで実行でき、目に見える空間の変化をもたらすことができる。
- 長期的変化を生むための実験や暫定措置として用いることができ、様々な場所で応用できる。
- 制作過程は地域住民等を巻き込みやすく、コミュニティ醸成にもつながる。

要件・基準

- ドライバーに混乱をきたす情報を伝えない色彩や図柄が前提であり、道路構造の条件等にも留意する。
- 交通量が多く（日平均8万台以上）、広幅員（5車線以上）の車道には向いていない。
- 都市ごとのパブリックアート支援制度や協定、地域団体の発意等に基づいて実施される。

手続きフロー　※自治体等によって差異があるため、Asphalt Art Guideの内容を参考に記載する。

立上げ主体は自治体や地域団体など、様々

自治体等
協定等
許可
調整
サプライヤー
調達
プロジェクトチーム
選定
アーティスト
巻き込み
デザイン確認
協働
地域関係者

交通管理者
調整
プロジェクトチーム
監督
ボランティア
ペイント参加の場合あり

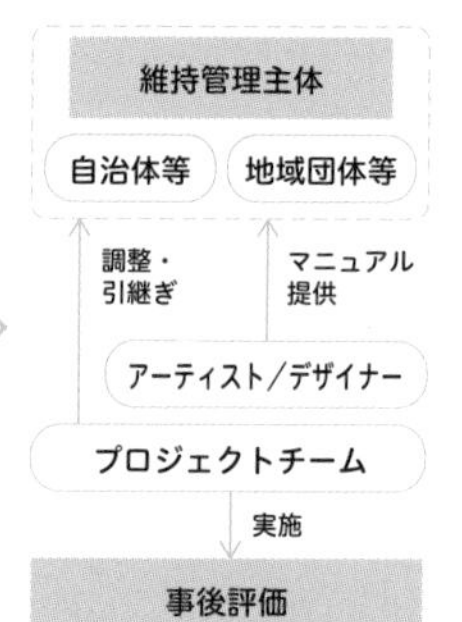

1）プロジェクト化／チーム編成／予算確保

対象地や目的、スケジュール、責任者等、諸条件を検討しながらプロジェクト化し、道路の所有者・管理者、技術者やアーティスト、地元メンバーらを含んだチームを編成する。物品やスタッフの確保を工夫しながら予算を確保する。

2）デザイン／コミュニティ参加

アーティストや図柄の選定、契約・協定・許認可等の手続き実施、持続性や材料・対象地の条件検証、材料の調達や試験、作業員への指導を行う。準備段階から様々な形で地域を巻き込み、参加や支持を得ることが不可欠である。

3）実行

交通管理や参加者の安全に配慮しながら、用意したデザインパターンに沿ってペイントを行う。質の高い写真等で、実施前・中・後の記録を取っておくことも重要である。

4）維持／評価

維持のためのマニュアルや、地域による維持に向けた仕組みを設ける。場合によっては修正を施す。プロジェクトの目的に応じたデータを収集し、より良い事業実施のために評価を行う。広場が対象の場合、イベント活用も推奨。

活用ポイント

日本では、道路に用いる構築物の色彩は「無彩色や低明度、低彩度の色」が基本とされているため(国土交通省、2017)、車道へのアスファルトアート導入はハードルが高い。ただしより広義な対象として歩行者用広場や道路附属物、アンダーパスへの適用、または歩行者天国化したイベントでの一時適用は考えられる。周辺から理解を得られるデザインや、メンテナンスが重要であるほか、長期的なストリート改善を意識して行うと効果的である。

Case study | アスファルトアート活用プログラム(ニューヨーク市)

ニューヨーク市交通局のアート部門は、主に道路の歩行者広場化等の改良にあわせて、アスファルトアートを採用する場合がある。学校や集会所、アート施設の周辺や商店街等が対象となることが多く、規模は100〜800㎡である。公募によりアーティストがリストアップされ、市の資金によってアートを描く。市以外の団体でも、自己資金を集めて希望の場所でアスファルトアートの実施を申請することも可能である。歩行者のためのストリート改革の施策の一部として、2016年より本格導入された。

市内複数の場所で実施されており、図柄は地域性やテーマ性をもったものが多い。塗料等の条件が定められており、1カ月から1年で撤去される時限的なものである。

Other cases

インターセクション・リペア(ポートランド市)/TOKYO TORCH Park開業時(千代田区)/青の広場(瀬戸市)/オンデザインマステ部(横浜市ほか)/ストリートチョークアート(各地)

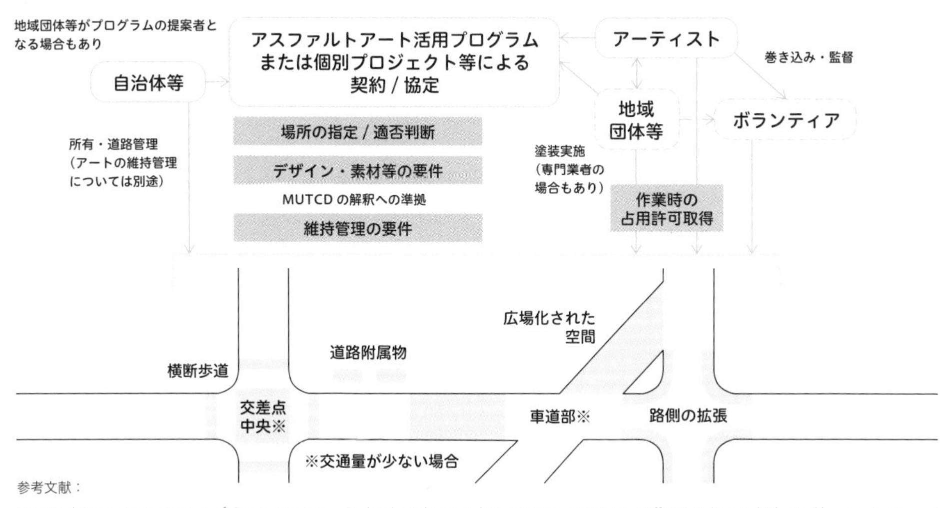

参考文献:

- United States Department of Transportation - Federal Highway Administration, MUTCD - Official Ruling 3 (09) -24 (I) - Application of Colored Pavement, August 15,2013
- Schwartz, S. Asphalt Art Safety Study, Bloomberg Associates, 2022
- Bloomberg Associates, Street Plans Collaborative, and Piechocki, R. , Asphalt Art Guide, Bloomberg Philanthropies, 2019
- 国土交通省『道路のデザイン:道路デザイン指針(案)とその解説』2017年、p.157
- New York City Department of Transportation, Asphalt Art Activations Request for Qualifications, 2020

フェスティバルストリート

住民発の小さな屋外イベントを促進

(矢野拓洋)

基礎情報　実施都市：シアトル市(アメリカ)／施行年：2011年／実績：カントンアレー(Canton Alley)、ロベルトマエスタスフェスティバルストリート(S Roberto Maestas Festival Street)、ノルドアレー／パイオニアスクエア(Nord Alley in Pioneer Square)、トライアングルフェスティバルストリート／ウエストシアトル(Triangle Festival Street in West Seattle)、バーバラベイリーウェイ、8番街(E Barbara Bailey Way, 8th Avenue N)(6事例)

制度概要　住宅と店舗が混在している地域において、幹線道路でなく比較的車通りの少ない道路を地域の個人、民間企業、任意団体等が音楽イベントやアートイベント、ゲームイベント等の開催地として活用できるようにする制度。

ピープル・ストリート・プログラミングの1つ

シアトル市交通部は、2009年に「ペデストリアンマスタープラン」を作成。このマスタープランの施行に対する機運を高め、コミュニティ主導でパブリックスペースが活性化されることを期待して導入された制度。想定されるイベントの規模や種類に合わせて3つの道路占用のための制度が設けられている。

メリット

- 団体や企業だけでなく、個人でもフェスティバルストリートに申請できる。
- ストリートだけでなく、広場等幅広いパブリックスペースが申請対象に含まれる。

要件・基準

- 申請対象のパブリックスペースがフェスティバルストリートになることを地域住民が同意する必要がある。
- 非幹線道路(non-arterials)に分類される道路のみが申請対象となる。
- 述べ参加者が500人以下のイベントを対象とする。
- 許可期間は1年間であり、毎年申請と申請料を支払う必要がある。

手続きフロー

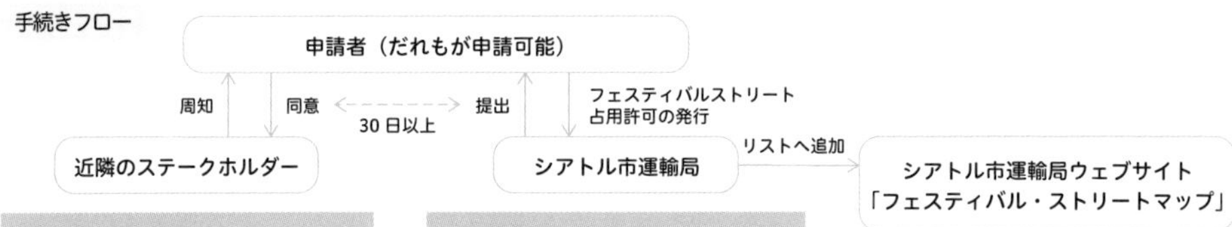

広報時に含める情報
1. 申請対象の道路の位置
2. 提案者問い合わせ先
 (メールアドレス・電話番号等)
3. 詳細な情報の確認方法

広報手段
1. 印刷資料 (ニュースレター、ポスター等)
2. 電子資料 (メール、ウェブサイト等)
3. 直接広報 (会議、インタビュー等)

提出資料
- 申請書
- 配置図
- 広報報告書
- ステークホルダーの意見のまとめ
- 隣接する地権者の連絡先
- 交通規制計画
- 許諾証
 (歴史的地域のストリートである場合)

1) 地域の関係者へ広報

申請者は少なくとも申請の30日前に隣接する街区の住民、地権者、地域団体等に実施内容を広報する。多文化が共存する地域では、情報発信時に多言語に翻訳されている、ミーティングには翻訳者がいる等、文化多様性への配慮をする。

2) シアトル市運輸局へ申請

広報が完了した段階で、シアトル市運輸局への資料提出が義務づけられる。広報先のリストや手段、記述どおりに実施されたことを証明する素材(写真等)を揃えて申請する。シアトル市が定めるマニュアルに従って作成した交通規制計画も必要。

3) 占用許可証の発行

許諾後、運輸局はフェエスティバルストリート占用許可証を発行する。ウェブサイト上のフェスティバルストリートのリストとマップも更新される。

参考文献・URL：
- シアトル市運輸局ウェブサイト(Seattle Department of Transportation)
 https://www.seattle.gov/transportation/projects-and-programs/programs/public-space-management-programs/festival-streets
- シアトル市運輸局ディレクター規則(SDOT Director's Rule 1-2019)
 https://www.seattle.gov/documents/Departments/SDOT/About/DocumentLibrary/DirectorsRules/FestivalStreetDR1-2019.pdf
- サンフランシスコ市郡「Public Space Stewardship Guide -A toolkit for funding, programming and maintenance-」vol. 1

おわりに　パブリックスペースを制度活用で終わらせないために

いかがでしょうか？
本書を読んだあなたの気持ちは、実践したくてワクワクしている？　あるいは、友人に気づきや感想を伝えたい？　中には、情報量に圧倒されている人もいるかもしれない。そんな人はぜひ、あなたの引き出しとして、実践の場や必要な時に何度も手にとっていただき、気づきやヒントにしていただければ幸いである。
さて、最後に、本書をより良い状態で読後感を味わってもらうために、メッセージを綴ってみる。ビジネスフレームワークに、Will-Can-Mustがある。それに基づいて本書とともに要点を整理してみよう。

パブリックスペース活用でできることはたくさんある！(Can)

本書に紹介された多数のパブリックスペース活用の制度・ガイドライン・事例を見ること(3章)で、海外都市はもちろん、国内の多くの都市で、様々な空間で実践がなされ、パブリックスペース活用でできることがどれほどたくさんあるか知ることができたのではないだろうか。
そして、海外都市では、実に多くの自治体独自のローカライズされた制度やガイドライン、プログラムがあることもわかったのではないだろうか。国のシステムの違い等もあるが、海外都市の多くは、自治体独自に制度やガイドライン、プログラムを制定して、運用している。それだけ独自の仕組みをつくる専門家公務員やそれらをサポートする専門人材がいる。すぐには同じにはなれないかも知れないが、本書でも紹介する自治体や地域独自の施策を増やしていくことも大事だろう。

パブリックスペース活用で求められること(Must)

しかし、制度やガイドラインを活用することが目標となってはいけない。それは手段の目的化である。RPG(ロールプレイングゲーム)やスタンプラリーのように、制度を活用することをゴールにしても、現実世界には、人や地域と関わり合いがあって、パブリックスペース活用が実践される。人がいる以上、ゲームのようにはいかない。
であれば、パブリックスペース活用で求められること(Must)は何かを探ることは肝要である。社会情勢、市民・地域ニーズ、地域やプロジェクト、空間によっても異なるだろう。これらには、パブリックスペース活用が空間ごとにいかに歴史変遷(2章)を辿り、時々の時代の要請とともに、制度とアクティビティが呼応してきたか、これらも踏まえて、自身の地域や都市でぜひ、パブリックスペース活用で求められること(Must)を構想してほしい。

パブリックスペース活用でやりたいこと(Will)

最後に、パブリックスペース活用でやりたいこと。これが多くの人を巻き込み、そして、これからの各地の未来を担っている。地域に求められること（Must）だけでは、新しいことも、ワクワクすることも、想定内に収まってしまう。やりたいことがWantではなく、Willなのは、未来の行動・アクションであることにつながる。Wantだけでは、願っている願望なだけであって、行動が伴わない。未来の自分や地域の行動／アクションを乗せて、パブリックスペース活用でやりたいこと（Will）を構想してほしい。その構想には、パブリックスペース活用の価値（1章）がヒントである。これらの知見がみなさんの実践やアウトプットの気づきやヒントになれば幸いである。そこで、きっと「なぜ、パブリックスペース活用が必要なのか？」といった問いにもぶつかるかも知れない。ぜひ、自問自答や地域で議論をして、アジェンダを設定してほしい。

これら、Will-Can-Mustのバランスと重なり合わせが重要である。パブリックスペース活用でできること（Can）だけでも手段の目的化してしまう。パブリックスペース活用で求められること（Must）だけでも、真面目にやっていけるが、既定路線や既視感に捕らわれてしまうかもしれない。パブリックスペース活用でやりたいこと（Will）だけでは、独りよがりや空想と見られてしまうかも知れない。これら、Will-Can-Mustのバランスを常に、あるいは節目に意識して、本書の必要な誌面をまさに、事典のように引いてほしい。

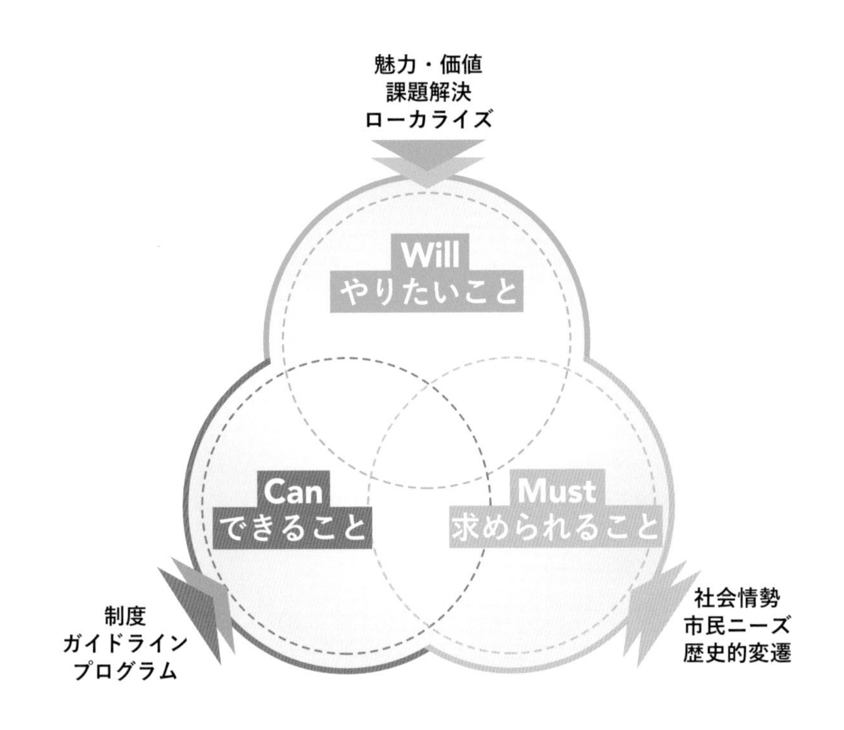

図　パブリックスペース活用のWill-Can-Must

パブリックスペース活用の潮流の理解

なお、本書では、他書や類書で言及されているような理論や有名事例はだいぶ端折っている。その代わり、書籍年表でそのガイドと解説をしている。

パブリックスペース活用には、1960年代のジェイン・ジェイコブスの都市論に呼応するように、ニューアーバニズムやTOD、タクティカル・アーバニズム、プレイスメイキング、パブリックライフ等、海外で多くの論や実践が展開されてきた。国内では、そうした海外都市の潮流や言説を輸入し、国内の政治や政策、社会情勢、各地の地域ニーズに応じて、実践に用いられている。

そういった大事な理論や実践知、手法の流れがあって今があることを認識する必要がある。本書をきっかけにパブリックスペース活用のさらなる学びや気づきの旅へと出掛けていただければ幸いである。

実践への留意点

パブリックスペース活用は、ストリート、公園、河川、広場、様々な空間にまちのコンテンツや人々の活動が展開されるため、そのほとんどがオモテに出てくるものである。さらに最近ではそれらの情報がSNS上に流通するのも一つのトレンドである。

だからこそ、注意してほしい。パブリックスペース活用自体が目的化しやすい。オープンカフェ、マルシェ、イベント。それらは「なぜ、パブリックスペース活用するのか?」、なぜ(Why)の設定を、プロジェクトや地域で注意深く議論する必要がある。

国内では、海外都市と比べて都市デザイナー等の専門家公務員が限りなく少ない(海外都市と比べて相対的に)。一方で、その甲斐あってか、商店街や企業、エリアマネジメント等、民間や地域側のパブリックスペース活用へのアクションや発意は多いのではないかと感じている。しかし、その仕組みや状態は不安定で、サポートする自治体も財政難で不安が多い。だからこそ公民連携、公民(地域)連携で、最近ではエリアプラットフォームを構築して、議論し、支えながら、一緒にアクションすることも増えてきている。その中で、エリアビジョンやプレイスビジョンを策定する地域も出てきている。その中に、ぜひ、「なぜ、パブリックスペース活用するのか?」の問いの応答をビジョンに込めてほしい。なぜ(Why)の共有がビジョンに込められれば、やることは明快で、それを実現するための戦略、戦術(施策)、ロードマップ(ぜひ、PDCAだけでなく、実験をしながら進めるスケジュールで)、推進体制(と役割分担)、指標をまとめていく。これらが備わった公民(地域)連携の体制ができていれば、パブリックスペース活用も持続的に活用、マネジメントしていく展開につながりやすいだろう。それが、2023年現在のベストプラクティスであろう。

みなさんのパブリックスペース活用の実践と未来に期待し、関わる人々がより楽しく、ワクワクする都市や地域が増えていくことを願い、私たちも今日からアクションしていきたい。

泉山塁威

パブリックスペース活用事典・編著者一同

付録　基礎用語解説集

（泉山塁威＋日本大学理工学部建築学科都市計画研究室〈泉山ゼミ〉）

あ

一体型滞在快適性等向上事業（一体型ウォーカブル事業）（事例p.64）｜滞在快適性等向上区域において、自治体の実施事業に隣接又は近接した土地で、一体的に交流・滞在空間を創出する事業。具体的には、自治体が道路を拡幅して広場化する事業に合わせて、道路沿いの民地のオープンスペース化や建物低層部のガラス張り化を行う事業。事業主体は税制特例、法律上の特例を受けることができる。

インパクト投資｜社会的・環境的な課題解決と経済的利益を目指した投資手法。企業・団体への投資において、社会的・環境的インパクトを生み出すことを目的としている。社会的・環境的な課題解決のための新たな事業モデルを創出し、持続可能な社会の実現に寄与することが期待される。

エリアマネジメント（地域経営）｜特定のエリアを単位として、自治体と住民・民間事業者・地権者等の公民連携で行う取組み。エリアの良好な環境や価値を維持・向上させることを目的としている。具体的には、賑わいづくり、清掃・防犯、情報発信、コミュニティづくり等の活動が行われる。

大阪市エリアマネジメント活動促進制度（事例p.62）｜エリアマネジメント活動を推進するために、特定の地区内の地権者から分担金を徴収し、都市再生推進法人に対する補助金の交付やパブリックスペースの維持管理を支援する制度。これにより、道路上に設置したオープンカフェや広告の道路占用料は全額免除を受けている。なお、本制度は大阪市独自の制度である。

大阪市地域再生エリアマネジメント計画（事例p.61）｜大阪市がエリアマネジメント活動の継続を目標に、地域再生法における地域再生エリアマネジメント負担金制度を活用するべく作成した地域再生計画。地域来訪者等利便増進活動計画や地方創生推進交付金の活用、大阪市エリアマネジメント活動促進制度等について記載がある。なお、本計画は大阪市が作成した地域再生計画であるため、各自治体により名称や内容は異なる。

オープンストアフロント｜新型コロナウイルス感染症拡大の影響を受けニューヨーク市が施行した。パブリックスペースを有効に活用し、路面店の販売スペースを道路上に確保することを可能とした取組み。小売店のみならず、パーソナルケアサービス、ランドリー等も対象となり、パブリックスペースを待合場所として利用可能。

屋外客席届｜飲食店が屋外客席を設置する場合に、道路管理者・警察（交通管理者）への申請と併せて、各自治体の保健所に提出する届出書である。提出することで、周辺住民や通行人への迷惑防止や衛生管理、安全対策等が徹底され、地域の公共の利益が確保される。

か

河川法｜日本の国土保全や公共利害に関係のある重要な河川を指定し、これらの管理・治水及び利用等を定めた総合的な法律。洪水を防ぐための堤防やダムの整備や、河川水の利用調整、河川敷地の適切な利用、河川環境の保護等を目的としている。

官民連携まちなか再生推進事業｜官民連携による都市再生・魅力向上を図る取組みを支援する事業。具体的には、官民の多様な人材が参画する「エリアプラットフォームの構築」や、まちの将来像である「未来ビジョンの策定」、そのビジョンを実現する取組み等を支援している。

換地｜土地区画整理事業において、道路や公園等の公共施設を整備する際に、土地の利用増進を図るために土地の再配置を行い、それによって従前の土地に対して新しく置き換えられた土地が所有者に配分される手法。

区域計画｜国家戦略特別区域において、滞在者を増加させるため、市街地の整備に関する事業や国際的な経済活動の拠点形成に資する事業の実施・促進を図る計画。国・自治体・民間から組織される国家戦略特別区域会議において協議・作成される。

グラウンドプレイ（Groundplay）｜サンフランシスコ市が主導し、路上駐車場や空き地等低未利用のパブリックスペースをコミュニティスペースへ再編する取組み。一般市民が主体となってプロジェクトを推進しアイデアを実現するため、地元企業や市民団体と協力することで資金調達の支援や取組み事例の情報発信を行っている。

景観計画 ｜ 景観法に基づく法定計画及び自治体が景観行政を進める上での基本となる計画。自治体の都市計画マスタープランを踏まえ、将来の景観像を想定し、良好な景観形成に向けた方針と規制を定めている。

建築確認審査 ｜ 建築基準法に基づき、建築物の新築・増改築時等に建築基準法やその他の法令に適合していることを確認するもの。設計図書等を確認する建築確認、現場において確認する中間検査、完了検査、工事中の建物を仮に使用するための仮使用認定からなる。

公園一体建物協定 ｜ 立体都市公園制度によって建てられた建物を、公園一体建物といい、「公園一体建物協定」とは、公園の管理者と建物の所有者との間で費用負担等に関して結ぶ協定である。都市計画は立体都市公園の場合には空間や地下にも効力が及ぶ。またこの協定は、その後売買され、新たに公園一体建物の所有者となった者に対しても効力が及ぶ（承継効）。

公園保全立体区域 ｜ 立体都市公園制度により、都市部における公園や緑地保全のため、公園の地上部だけでなく、地下部や周辺建物等も含めて、一体的に管理するための区域。この区域には、公園や緑地の地下には排水等の整備、周辺の建物には建物の高さや色彩、外観等に規制を設ける等、公園や緑地の維持を考慮した工夫が行われている。

公開空地 ｜ オフィスビルや商業施設等の高層建築物の敷地内に設けられた日常誰でも自由に通行・利用することができるオープンスペースのこと。容積率や高さ制限、斜線制限等の緩和を目的として、総合設計制度や高度利用地区等の都市開発諸制度により創出される。広場状や歩道状空地、アトリウム等複数の形状があり主にイベントや休憩、通行等の利用がある。

高度利用地区 ｜ 市街地における土地の高度利用を指定した地域地区。土地の合理的かつ健全な高度利用と都市機能の更新を図ることを目的としている。低層な建物が多く土地が細分化されている密集市街地や人口が多い地区において、土地を統合して一体的な開発を行い高層建築物が建てられるようになる。

国家戦略特別区域 ｜ 産業の国際競争力の強化や拠点形成のため、大胆な規制改革や税制面の優遇を行うことにより、経済活動の向上と利用者増加等の経済効果が見込まれる区域。区域内で道路空間を有効活用するため、国家戦略道路占用事業を活用することで、オープンカフェ、ベンチ等が設置可能となる。

国家戦略特別区域法 ｜ 国の定めた区域において、産業の国際競争力強化等に資する取組みに対し規制の特例措置や金融・税制支援、認定等に関する規定を定めた法律である。占用許可の特例措置では、都市公園の保育所等による占用等を認める等、一部法律の規制緩和や認定手続きの省略を受けることで、高度かつ迅速な事業実施につなげることができる。

コミュニティ・ゾーン ｜ 住居系地区等において、面的かつ総合的な交通対策を展開する地区。地区内の安全性、快適、利便性の向上を図ることを目的としている。具体的には、地区内の通過交通を制限するために、ハンプ等の道路構造を工夫し速度制限を設けることが挙げられる。

サイドウォークカフェ（Sidewalk cafe）（事例p.168）｜ オープンカフェの英語名称。店舗前の歩道空間において、カフェテーブルやイスを設置し、飲食ができる屋外空間。米国ではサンフランシスコ市やニューヨーク市等で設置されている。自治体ごとに申請方法や設置条件等は異なり、サンフランシスコ市では「ビジネス街の歩道は障害物が一切ない最小6フィート（約1.83m）の通行帯を確保すること」が設置条件の1つである。

里山活動協定制度 ｜ 里山の土地所有者と里山活動団体の双方が安心して里山の整備や活動を取組めるように、土地所有者と里山活動団体が協定を締結する千葉県独自の制度。協定を受けることで、里山活動団体は千葉県から技術に関する講習会や普及指導の支援を受けられる。

時間制限駐車区間 ｜ 道路状況、交通への影響や支障等を考慮して、駐車枠で指定した場所・方法に限り短時間駐車を認める区間。やむを得ない短時間の駐車需要に応じ、交通の安全と円滑の確保を目的とする。時間制限駐車区間を活用した休憩スペースも展開されている。

持続可能な開発目標（SDGs）｜「Sustainable Development Goals」とされる、誰一人取り残さない持続可能でよりよい社会の実現を目指す世界共通の目標。2015年の国連サミットにおいて、全ての加盟国が掲揚及び2030年を達成年限とし、具体的な17の目標・169のターゲットを立案した。

ストリートシーツ（Street Sheets）｜ニューヨーク市における、3月から12月の間にあまり利用されていない通りを、活気のある社交的なパブリックスペースに変えることを可能とするパークレットの制度。基本的には車道部分に座席を設ける形で実施される、ガイドラインに沿った上で様々なデザインが可能である。

総合設計制度｜高層建築物を建てる際に、容積率や高さ制限、斜線制限の緩和をするための制度。一定規模以上の敷地に市街地環境の整備改善に資すると建築審査会にて同意を得られる公開空地を設けた場合に緩和を許可される。

滞在快適性等向上区域（まちなかウォーカブル区域）｜「居心地が良く歩きたくなる」空間づくりを促進するため、その区域の快適性・魅力向上を図るための整備等を、重点的に行う必要がある区域であり、都市再生整備計画に位置づけが可能。滞在快適性等向上区域を指定することで、一体型滞在快適性等向上事業、都市公園法の占用許可の特例、駐車場法の特例等、普通財産の活用に関する制度を活用することができる。

地域再生法｜自治体が自主的に取組む地域再生を支援する法律。自治体が作成した地域再生計画が内閣総理大臣により認定を受けた場合、国の支援措置を受けながら地域再生事業を実施できる。例えば、地域再生エリアマネジメント負担金制度や地方創生推進交付金等が地域再生法によって創設されている。

地域来訪者等利便増進活動計画｜エリアマネジメント団体が地域再生エリアマネジメント負担金制度を活用する際に、自治体に対して申請する活動計画。計画内には、活動区域や活動内容、活動による効果、受益者、資金計画等を記載する。なお、計画期間の上限は5年と定められている。

地区運営計画｜大阪市エリアマネジメント活動促進条例に基づき、都市再生推進法人が、都市利便増進施設を一体的に整備や管理するために作成する計画。計画には、目的や内容、区域、期間、収支計画等を記載する。地域の魅力向上や経済の活性化、生活の質の向上等、地域発展を目指すための重要な指針となる。

地区計画｜地域住民が主体となり、地区の目標や計画、土地利用、道路や公園等の公共施設に関する計画等を一体的に定めることができる制度。地区の特性に応じて、一体的に良好な環境を整備・開発・保全することを目的としている。

地区まちづくり協議会｜住民が交流を図りながら、地域の課題や特性を見つけ、生活環境や暮らしをよくするための方策を話し合い、推進する組織。住民が主体的に地域の発展と改善を促進することを目的としている。

地区まちづくりルール｜地区レベルのより詳細なまちづくりルールを定めたものであり、期間がかかりながらも地域の意向を着実に反映することができる。対象区域の多数の合意形成や各種行政計画と整合した内容であることが策定要件である。具体的なルールとして、地区計画や建築・緑地・景観協定、法令・自主条例に基づく地区ルールが挙げられる。

地方自治法｜国と自治体の関係を確立し、地方自治を確保するための法律。例えば、国と自治体の役割分担や自治体の組織及び運営に関することが定められている。また、地方自治体の財務に関しても定められており、地域再生エリアマネジメント負担金制度や大阪市エリアマネジメント活動促進制度では地方自治法の分担金条例が活用されている。

地方創生推進交付金｜地域再生計画に基づいて、安定した雇用創出やまちの活性化等地方創生の推進に寄与する先導的な取組みを実施する際に、国が自治体に対して支援する交付金。例えば、官民協働や地域間連携等の優良事例の横展開Society5.0を推進するための全国的なモデルとなる取組みが対象となる。

駐車場配置適正化｜駐車場を適切に配置することで、道路交通の混雑解消、歩行者の安全性確保を目的とした施策。都市再生特別措置法に基づく都市再生駐車施設配置計画、立地適正化計画による駐車場配置適正化区域計画、駐車場法の特例等による特定路外駐車場の届出制度・附置義務駐車施設の集約化(まちなかウォーカブル推進プログラム)、エコまち法に基づく駐車機能集約区域の4つの方法を用いることができる。

駐車場出入口設置制限(事例p.64) | 都市再生整備計画で指定した滞在快適性等向上区域において、一定の条件に基づき、駐車場の出入口の設置を制限する規制。歩行者の移動上の利便性及び安全性を確保し、交通、パブリックスペース活用の円滑化が図られる。

駐車場附置義務基準 | 一定の規模以上の建築物を新築や改築をする場合に、駐車場を設けることが義務付けられている基準。建築物の地区や用途、面積等に応じて必要な台数が定められており、周辺の交通状況や環境保全、利便性の向上を目的としている。荷捌き駐車等による歩行者空間の阻害を防止できる。

駐車場法 | 自動車の駐車施設の整備に関して必要な事項を定めた法律。都市における道路交通の円滑化を図り、公衆の利便に資するとともに、都市の機能の維持及び推進に寄与することを目的としている。歩行者空間への自動車流入を抑制し、イベントや社会実験等の催しが円滑に行えるようになる。

中心市街地活性化基本計画 | 自治体が地域住民や関連事業者等様々な自治体や企業の参加・協力を得て、中心市街地の活性化を目指し自主的・自立的な取組みを推進するための基本的な計画。自治体が計画作成後、内閣総理大臣の認定を受けることで税制の特例や圃場事業等重点的な支援を得られる。

中心市街地活性化法 | 都市の中心となる市街地の都市機能を増進し、経済活力の向上をさせるための基本方針や基本計画の認定、特別措置等を定めた法律。少子高齢化、消費生活等の状況変化に応じて中心市街地における都市機能の増進及び経済活力の向上を一体的に推進することを目的とする。

東京都駐車場条例 | 駐車場整備地区内における駐車場整備計画が定められている区域及び鉄道駅等から半径 500m 以内の区域を対象に、地区の特性に応じた地域ルールを自治体が策定することで、附置義務駐車施設の位置と規模(台数)を柔軟に定め、駐車場の隔地・集約等が実施できる東京都独自の制度。

道路交通法 | 車の速度規制や時間制限駐車区間の規定等、主として交通安全のための各種の仕組みを定めた法律。道路における危険を防止し、その他交通の安全と円滑を図り、道路の交通に起因する障害の防止を目的とする。

道路使用許可 | 社会実験や祭り等地域活動の実施といった、社会的な価値を有する行為が行われる際に交通管理者(警察)が道路の特別な使用を許可する道路交通法の制度。「人・車両の通行」以外の道路の使用行為の際に交通の妨害や危険を防ぐことを目的としている。

道路占用許可 | 道路に一定の施設を設置し、継続して道路を使用するために必要な手続き。道路占用許可をするためには道路を管理している「道路管理者」の許可を受ける必要がある。道路占用許可を行うことのできる物件は、道路法及び同法施行令で規定されている。

道路占用主体 | 道路占用において占用許可申請書を申請する団体や個人又は、占用箇所において適切な管理・運営を実施している団体や個人を指す。道路占用主体は、収益の有無にかかわらず、占用許可申請に際して添付した「道路交通環境の維持・向上を図るための措置」を行う必要がある。

道路占用料 | 人や自動車の通行等、本来の利用以外に道路を利用する際に支払う料金である。道路占用料の算定にあたっては、道路の占用により占用者が受ける利益を徴収するという考え方の基で、「道路価格×使用料率×占用面積(×修正率)」により占用料の額を定めている。

道路内建築制限 | 建築基準法第44条では、建築物又は敷地を造成するための擁壁は、道路内又は道路に突き出して建築、築造してはならないとされている。しかし、地盤面下に設ける建築物や公衆便所・巡査派出所等の公益上必要な建築物や公共用歩廊等については、許可を受けることで建築が可能となる場合がある。

道路法 | 道路の定義や整備手続き、管理、費用負担、罰則等、道路全般に関する基本法。道路網の整備を図るため、道路に関して、路線の指定及び認定、管理、構造、保全、費用の負担区分等事項

を定め、交通の発達や公共の福祉を増進することを目的とする。道路内建築物の設置する際の占用許可等が主に定められている。

特定街区 ｜ 都市計画法や建築基準法の制限を適用せず街区単位で都市計画を定め、民間の建築物を個々に承認する制度。都市機能の更新や優れた都市空間の形成・保全を図ることを目的としている。有効空地の確保等市街地環境の整備改善の程度に応じて容積率の割増しが受けられる。

特例道路占用区域 ｜ 道路占用許可の特例を適用させるためには特例道路占用区域の指定が必要となる。特例道路占用区域は道路管理者によって、占用物件の施設ごとに指定される。区域を指定するためには自治体への意見の聴取及び所管の警察署長との協議が必要となる。

都市計画法 ｜ 都市計画に関して必要な事項を定めた法律。都市の健全な発展と秩序ある整備を図ることを目的としている。例えば、区域区分や地域地区、市街地再開発事業、地区計画、駐車場整備地区は都市計画法に基づいて定められている。

都市公園法 ｜ 都市公園の整備計画や利用規定の策定について定めた法律。持続的な発展や公共の福祉に役立つことを目的としている。例えば、設置管理許可制度や公募設置管理制度（Park-PFI）、滞在快適性等向上公園施設設置管理協定制度（都市公園リノベーション協定制度）、都市公園占用許可の特例等は都市公園法によって制定されている。

都市再生緊急整備地域 ｜ 民間による市街地整備を促すものであり、容積の緩和や金融・税制等の支援を受けることができる。指定要件としては、緊急の市街地整備による都市再生・国際競争力の強化を必要とし都市再生の拠点となる地域とされている。特にその必要性の高い地域は、特別都市再生緊急整備地域とすることでさらなる支援を受けることができる。

都市再生推進法人準備団体認定制度 ｜ 都市再生推進法人への指定を目指すエリアマネジメント団体を都市再生推進法人準備団体に認定し、支援を行う大阪市独自の制度。準備団体に認定されることで、道路上での事業検証の実施が可能になる、関係機関との調整がより円滑になる等の利点がある。

都市再生整備計画 ｜ 都市再生に必要な公共施設や重点的に実施すべき区域を対象に、自治体が整備計画や事業方針を定める計画。都市再生を効率的に推進し、地域活性化や持続可能な発展を促進することを目的としている。滞在快適性等向上区域の指定や道路占用許可の特例等の官民連携まちづくり制度を位置付けることができる。

都市再生特別措置法 ｜ 都市再生緊急整備地域に対し、都市再生特別地区の制定事項や民間都市再生事業計画に対する金融・税制等を支援する法律である。例えば、都市利便増進協定や道路占用許可の特例、立地適正化計画等が創設されている。

都市再生特別地区 ｜ 都市再生緊急整備地域内において、自由度が高い計画を定めることができる地区。都市再生に貢献し、土地の合理的かつ健全な高度利用を図る必要がある区域について指定し、既存の用途地域等に基づく規制（用途制限、容積率制限、斜線制限、高度地区による高さ制限、日影規制）を適用除外とした上での計画が可能となる。また、地域内の空地を再利用することで都市の活性化を図る。

都市・地域再生等利用区域 ｜ 河川敷地において、民間事業者がイベントやオープンカフェ、キャンプ場等の営利活動を常時行うことが可能となる河川法に基づく区域。自治体の要望を受け、河川管理者が河川敷地を当該区域に指定する。一般的に河川の占用は公共性の高い利用に限られているが、当該区域では営利活動を行うことが可能となる。

都市のスポンジ化 ｜ 都市の大きさが変化しないにも関わらず、人口減少や都市内の使われない空間が小さな穴が空くように生じ密度が下がること。ゆっくりと小さな規模で生じ、都市内のあらゆる場所で発生する。

都市の低炭素化の促進に関する法律 ｜ 自治体による低炭素まちづくり計画及び普及促進のための特別措置等を基に都市の低炭素化の促進を目指す法律。二酸化炭素の相当部分が都市で発生していることから、都市の健全な発展に寄与することを目的としている。

都市利便増進施設 ｜ 住民や観光客等の利便性を高め、まちの賑わいや交流の創出に寄与する施設である。地域住民や都市再生推進法人等の発意に基づき都市利便増進協定を結ぶことで、イベント等も実施しながら一体的に整備・管理している。

土地区画整理法 | 土地区画整理事業の施行者、施行方法、費用負担等必要な事項を規定することにより、健全な市街地の造成、土地利用の合理化を図り、公共の福祉の増進を目的とした法律。土地の区画変更や道路の設定、公園や緑地の確保等が行われることにより、土地利用の合理化や公共施設の整備が可能となる。

は

パーキング・メーター | 車両を感知し駐車する時間を自動的に測定する機械。駐車枠で指定された場所・方法に限って短時間の駐車を認める時間制限駐車区間内に設置される。短時間駐車の需要が高いと認められる道路において駐車秩序を確保するために設置される。

パークレット(事例p.184) | アメリカのサンフランシスコが発祥の、車道の一部を転用して作られた歩行者のための空間である。仮設構造物であり、緊急時に通り全体でのリデザインを行う際等は、すぐに取り外せる。

ピープル・ストリート・プログラミング | シアトル市交通局が行うパブリックスペースマネジメントの1つ。フェスティバルストリート、パーキングデーが例として挙げられる。ピープル・ストリート・プログラミングは、まちなかの公共空間における公益を育むための取組みの一環であり、無料で提供される。

プラザプログラム(事例p.196) | アメリカ・ニューヨーク市交通局による施策。使われていない通りを活気のある社会的なパブリックスペースに変える取組みであり、全てのニューヨーカーが質の高いオープンスペースから徒歩10分以内で生活できるようにすることを目的としている。2023年現在までに70か所以上の道路空間が広場化されている。

ふるさとの川整備事業 | 河川本来の自然環境、周辺の景観や地域整備に調和した良好な水辺空間形成のための河川事業。河川本来の自然環境の保全・創出や周辺環境との調和を図りつつ、自治体等が行う区画整理や公園整備等のまちづくりと一体となった河川改修を実施する。良好な水辺空間の形成を図ることを目的としている。

プレイスメイキング | 「コミュニティの中心としてパブリックスペースを再考し、改革するために人々が一緒に集まって描く共通の理念」である。プレイスメイキングは大きく5つのステップがあり、プレイスゲーム、プレイスビジョンの策定、短期実験等の手法により多くの人々を巻き込むことが重要である。

ペイブメントトゥパークス(Pavement to Parks) | 道路を公園的空間として活用するため、パークレットの設置やストリートペインティング等の短期間・低コストで実施可能な取組みにより、コミュニティスペースとなる新しい公共空間を創出する事業。サンフランシスコ市のパークレットも、ペイブメントトゥーパークスプログラム(略称:P2P)の取組みの中から波及した。

ペデストリアンマスタープラン | 都市や地域において策定される、歩行者移動ルートや環境整備、交通ルール等を総合的に考慮した計画。事例としてアメリカのシアトル市は、全米で最も歩きやすくアクセスしやすい都市とするというビジョンを達成するための主要な政策、プログラム、プロジェクト等をプランに示している。

歩行者優先道路化事業 | 交通量の多い道路に関して、安全、快適な歩行空間を確保、まちなかの回遊性を高めることを目的とした道路整備を行う事業。具体的な事業内容として、歩道の拡幅や歩車道の舗装整備、ベンチ等の施設の整備等が挙げられる。

ま

まちなかウォーカブル推進事業(事例p.64) | 自治体や民間事業者等が実施する、街路・公園・広場等の既存ストックの修復・利活用に対する予算支援。まちなかの歩いて移動できる範囲において、滞在の快適性の向上を目的とし、官民一体となって行う。

まちなか公共空間等活用支援事業(事例p.64) | 滞在快適性等向上区域において、都市再生推進法人が実施する交流・滞在空間を充実化する事業に対し、民間都市開発推進機構が低利貸付により支援する。カフェ等の整備と併せて、広場におけるベンチの設置や植栽等を行う事業が対象となる。

緑の基本計画 | 日本政府が策定した環境政策。国土の緑化を進め、自然環境の保全と向上を目指すことを目的とする。都市の低炭素化や、都市の生物多様性の確保等観点から、都市部や工業地帯の緑化、

森林の保全や再生、緑地の整備、農林水産業の持続可能性の向上等が計画の中に含まれ、現在の計画は「緑の基本計画2014」として10年間の施策が盛り込まれている。

誘導施設整備区（事例p.120）｜都市機能誘導区域を含む土地区画整理事業の計画において誘導施設を整備すべきとして定められる土地の区域。都市再生特別措置法に基づいて都市機能誘導区域中の散在する空き地を計画的に集約するため、土地の有効利用が可能になる。

優良建築物等整備事業（優建事業）｜土地利用の共同化や高度化等に寄与する優良建築物等の整備を支援する事業。具体的な支援内容として調査設計計画や土地・共同施設整備に対する費用補助があり、整備内容により補助対象や補助率は異なる。

立地適正化計画｜居住機能や医療等様々な都市機能の誘導により都市全域を見渡したマスタープラン。行政と住民、民間事業者が一体となったコンパクトなまちづくりを進めることを目的としている。施設の立地等を緩やかにコントロールすることで市街地の空洞化防止の選択肢になる。

立地誘導促進施設（誘導施設）｜都市再生特別措置法に基づく立地適正化計画の居住誘導区域または都市機能誘導区域内において、土地所有者・借地権者が協定を結ぶことで、空き家や空き地を転用し、整備される交流広場やコミュニティ施設等の施設。

利便増進誘導区域（特例区域）｜歩行者利便増進道路のうち道路管理者が道路内に利便増進誘導区域を指定した場合、対象区域内において歩行者の利便増進のために必要な機能を配置することが可能になる。

歴史的風致維持向上計画｜自治体における歴史的風致の維持及び向上の取組みを国が認定かつ支援する法律。後世に継承するために歴史的活動・建造物、周辺の町並み等を保全及び保存、また地域固有の財産を活用した地域活性化を目的としている。

路上駐車帯（Parking Lane）｜公道上に設けられた車両の駐車スペース。通常は車両の通行ができるように開放されている。世界各国でのPark(ing) Dayの実施やパークレット設置等により、道路における滞留空間創出可能な空間として注目を集めている。

欧文

BID｜ビジネス改善地区。区域内の地権者に負担金を課し、その資金をもとに活動を行う制度。負担金による安定的な財源を活用し、区域の不動産価値を高めることを目的としている。米国を中心に展開されているが、日本では日本版BIDとして地域再生エリアマネジメント負担金制度や大阪市独自の大阪エリアマネジメント活動促進条例がある。

ESG投資｜環境（Environment）、社会（Social）、企業統治（Governance）の3つの要素を考慮する投資手法。具体的に、環境は気候変動等の環境問題、社会は人権や品質管理等社会的な問題、企業統治は経営体制といった要素が含まれる。主な利点は、長期的視点を持った企業への投資による投資リスクの低減、長期的な投資収益の増加等がある。

Park(ing) Day｜毎年9月第3金曜日に路上駐車スペースを小さな公園に変えるという世界的なパブリックスペースムーブメント。発祥は、2005年に米国のサンフランシスコでREBAR Groupという学生チームがゲリラ的に行ったPark(ing)という取組みで、以降世界中に展開されている。

PlaNYC（Plan New York City）｜2007年に策定されたニューヨーク市の長期計画。2030年を目標年次として都市が抱える課題とその解決策を定めている。具体的には、道路空間をパブリックスペースとして再編するビジョンが示され、これによりプラザプログラムやストリートシーツ等が策定された。

PPP（Public-Private Partnership）｜公共施設等の建設や管理・運営を行政と民間企業が連携して行う仕組み。民間企業のアイデアや創意工夫を活用し、財政資金を効果的に使いながら行政の効率を高め、公共サービスの質を向上させることを目的としている。

パブリックスペースを読み解くための 参考文献リスト

2章2節　都市理念の変遷と潮流（p 46-47）の書籍年表で示した文献を一覧にした。年表にあげたA01〜J20までのNo.が、左端の記号と対応する。

Jane Jacobs｜ジェイン・ジェイコブスの都市の展示場

A01 Jane Jacobs (1961), *The Death and Life of Great American Cities*, Random House
A02 J・ジェコブス / 黒川紀章訳(1969)『アメリカ大都市の死と生』鹿島研究所出版会
A03 ジェイン・ジェイコブズ / 山形浩生訳(2010)『新版　アメリカ大都市の死と生』鹿島出版会
A04 Jane Jacobs(1969), *The Economy of Cities*, Random House
A05 Jane Jacobs(1984), *Cities and the Wealth of Nations: Principles of Economic Life*, Random House
A06 ジェーン・ジェイコブズ / 中村達也、谷口文子訳(1986)『都市の経済学：発展と衰退のダイナミクス』TBSブリタニカ
A07 ジェイン・ジェイコブス / 中村達也訳(2012)『発展する地域 衰退する地域：地域が自立するための経済学』筑摩書房
A08 Stephen A. Goldsmith, Lynne Elizabeth(2010), *What We See: Advancing the Observations of Jane Jacobs*, New Village Press

Public Life｜パブリックライフ｜ヤン・ゲール

B01 Jan Gehl(1971, 1987), *Livet mellem husene*, Danish Architectural Press
Life Between Buildings, Island Press
B02 Jan Gehl, Lars Gemzoe(1996), *Public Space Public Life*, Danish Architectural Press
B03 Jan Gehl, Lars Gemzoe(2000), *New City Spaces*, Danish Architectural Press
B04 Jan Gehl(2006), *New City Life*, Danish Architectural Press
B05 Jan Gehl(2010), *Cities for People*, Island Press
B06 ヤン・ゲール / 北原理雄訳(2011)『建物のあいだのアクティビティ』鹿島出版会
B07 Jan Gehl, Birgitte Svarre(2013), *How to Study Public Life*, Island Press
B08 ヤン・ゲール / 北原理雄訳(2014)『人間の街：公共空間のデザイン』鹿島出版会
B09 Annie Matan, Peter Newman(2016), *People Cities: The Life and Legacy of Jan Gehl*, Island Press
B10 ヤン・ゲール、ビアギッテ・スヴァア / 鈴木俊治、高松誠治 、武田重昭 、中島直人訳(2016)『パブリックライフ学入門』鹿島出版会
B11 David Sim(2019), *Soft City: Building Density for Everyday Life*, Island Press
B12 アニー・マタン、ピーター・ニューマン / 北原理雄訳(2020)『人間の街をめざして：ヤン・ゲールの軌跡』鹿島出版会
B13 ディビッド・シム / 北原理雄訳(2021)『ソフトシティ：人間の街をつくる』鹿島出版会

Public Space｜パブリックスペース

C01 Peter Bosselmann, Juan Flores, William Gray, Thomas Priestley, Robin Anderson, Edward Arens, Peter Dowty, Stanley So, Jong-Jin Kim(1984), *Sun, Wind, and Comfort: A Study of Open Spaces and Sidewalks in Four Downtown Areas*, Institute of Urban and Regional Development, College of Environmental Design, University of California, Berkeley
C02 Camillo Sitte(1889), *City Planning According to Artistic Principles*, Phaidon
C03 Aldo Rossi(1966), *L'architettura della Città*, Marsilio Editori
C04 Robert Venturi, Denise Scott Brown, Steven Izenour(1972), *Learning from Las Vegas*, The MIT Press
C05 Christopher Alexander, Sara Ishikawa, Marray Silverstein(1977), *A Pattern Language: Towns, Buildings, Construction*, Oxford University Press
C06 クリストファー・アレグザンダー、イシカワサラ、マレー・シルバースタイン / 平田翰那訳(1984)『パタン・ランゲージ：環境設計の手引』鹿島出版会
C07 Christopher Alexander(1979), *Timeless Way of Building*, Oxford University Press
C08 クリストファー・アレグザンダー / 平田翰那訳(1993)『時を超えた建設の道』鹿島出版会
C09 カミッロ・ジッテ / 大石敏雄訳(1968)『広場の造形』美術出版社
C10 Clare Cooper Marcus, Wendy Sarkissian(1986), *Housing as if People Mattered: Site Design Guidelines for the Planning of Medium-Density Family Housing*, University of California Press
C11 クレア・クーパー・マーカス、ウェンディ・サーキシアン / 湯川利和訳(1989)『人間のための住環境デザイン：254のガイドライン』鹿島出版会
C12 Clare Cooper Marcus, Carolyn Francis(1990), *People Places: Design Guidelines for Urban Open Space*, Van Nostrand Reinhold

C13 クレア・クーパー・マーカス、キャロライン・フランシス / 湯川利和、湯川聡子訳(1993)『人間のための屋外環境デザイン：オープンスペース設計のためのデザイン・ガイドライン』鹿島出版会
C14 Michael Sorkin(1992), *Variations on a Theme Park: The New American City and the End of Public Space*, Hill and Wang
C15 Peter Bosselmann(1998), *Representation of Places*：*Reality and Realism in City Design*, University of California Press
C16 O.M.A., Rem Koolhaas, Bruce Mau(1995), *S, M, L, XL*, Monacelli Press
C17 Richard Rogers(1997), *Cities for a Small Planet*, Faber & Faber
C18 Richard Florida(2002), *The Rise of the Creative Class: and How It's Transforming Work, Leisure, Community and Everyday Life*, Basic Books
C19 リチャード・フロリダ / 井口典夫訳(2008)『クリエイティブ資本論：新たな経済階級の台頭』ダイヤモンド社
C20 Kristine F. Miller(2007), *Designs on the Public: The Private Lives of New York's Public Spaces*, University of Minnesota Press
C21 (財)都市づくりパブリックデザインセンターほか(2007)『公共空間の活用と賑わいまちづくり：オープンカフェ／朝市／屋台／イベント』学芸出版社
C22 Peter Bosselmann(2008), *Urban Transformation: Understanding City Design and Form*, Island Press
C23 Ricky Burdett, Deyan Sudjic(2007), *The Endless City*, Phaidon Press
C24 Matthew Carmona, Claudio de Magalhães, Leo Hammond(2008), *Public Space:The Management Dimension*, Routledge
C25 マシュー・カーモナ、クラウディオ・デ・マガリャエス、レオ・ハモンド / 北原理雄訳(2020)『パブリックスペース:公共空間のデザインとマネジメント』鹿島出版会
C26 Ricky Burdett, Deyan Sudjic(2011), *Living in the Endless City*, Phaidon Press
C27 馬場正尊＋Open A(2013)『RePUBLIC　公共空間のリノベーション』学芸出版社
C28 今村雅樹、高橋晶子、小泉雅生 (2013)『パブリック空間の本：公共性をもった空間の今までとこれから』彰国社
C29 忽那裕樹ほか(2021)『図解 パブリックスペースのつくり方：設計プロセス・ディテール・使いこなし』学芸出版社
C30 馬場正尊＋Open A ほか(2015)『PUBLIC DESIGN 新しい公共空間のつくりかた』学芸出版社
C31 小野寺康(2014)『広場のデザイン：「にぎわい」の都市設計5原則』彰国社
C32 馬場正尊＋Open A ほか(2016)『エリアリノベーション：変化の構造とローカライズ』学芸出版社
C33 馬場正尊ほか(2017)『CREATIVE LOCAL：エリアリノベーション海外編』学芸出版社
C34 Richard Rogers(2017), *A Place for All People: Life, Architecture and the Fair Society*, Canongate Books
C35 馬場正尊ほか(2018)『公共R不動産のプロジェクトスタディ：公民連携のしくみとデザイン』学芸出版社
C36 隈研吾、陣内秀信(2015)『広場』淡交社
C37 槇文彦ほか(2019)『アナザーユートピア：「オープンスペース」から都市を考える』NTT出版
C38 Open A＋公共R不動産ほか(2020)『テンポラリーアーキテクチャー：仮設建築と社会実験』学芸出版社
C39 平賀達也、山崎亮、泉山塁威ほか(2020)『楽しい公共空間をつくるレシピ：プロジェクトを成功に導く66の手法』ユウブックス
C40 山口敬太、福島秀哉、西村亮彦ほか(2019)『まちを再生する公共デザイン：インフラ・景観・地域戦略をつなぐ思考と実践』学芸出版社

Placemaking｜プレイスメイキング

D01 Henri Lefebvre(1968), *Le Droit à la Ville*, Editions Anthropos
D02 William H. Whyte(1980), *The Social Life of Small Urban Spaces*, Project for Public Spaces
D03 William H. Whyte(1988), *City: Rediscovering the Center*, University of Pennsylvania Press
D04 W・H・ホワイト / 柿本照夫訳(1994)『都市という劇場』日本経済新聞社
D05 Project for Public Spaces(2000), *How to Turn a Place Around: A Handbook for Creating Successful Public Spaces*, Project for Public Spaces
D06 プロジェクト・フォー・パブリックスペース / 加藤源ほか訳(2005)『オープンスペースを魅力的にする：親しまれる公共空間のためのハンドブック』学芸出版社
D07 Jay Walljasper, Project for Public Spaces(2007), *The Great Neighborhood Book: A Do-it-Yourself Guide to Placemaking*, New Society Publishers
D08 Ray Oldenburg(1989), *The Great Good Place*, Paragon House
D09 レイ・オルデンバーグ / 忠平美幸訳(2013)『サードプレイス：コミュニティの核になる「とびきり居心地良い場所」』みすず書房
D10 Christie Johnson Coffin, Jenny Young(2017), *Making Places for People: 12 Questions Every Designer Should*

Ask, Routledge
D11 園田聡(2019)『プレイスメイキング：アクティビティ・ファーストの都市デザイン』学芸出版社
D12 Fred London(2020), *Healthy Placemaking: Wellbeing Through Urban Design*, RIBA Publishing
D13 Kathy Madden(2021), *How to Turn a Place Around: A Placemaking Handbook Paperback*, Project for Public Spaces
D14 John F. Forester(2021), *How Spaces Become Places: Place Makers Tell Their Stories*, New Village Press

Tactical Urbanism｜タクティカル・アーバニズム／タクティカル・アーバニズム的派生(E05〜10)

E01 Pedro Gadanho (2014), *Uneven Growth: Tactical Urbanisms for Expanding Megacities*, Museum of Modern Art
E02 Mike Lydon, Anthony Garcia(2015), *Tactical Urbanism: Short-term Action for Long-term Change*, Island Press
E03 泉山塁威、田村康一郎ほか(2021)『タクティカル・アーバニズム：小さなアクションから都市を大きく変える』学芸出版社
E04 マイク・ライドン、アンソニー・ガルシア / 泉山塁威＋ソトノバほか訳(2023)『タクティカル・アーバニズム・ガイド：市民が考える都市デザインの戦術』晶文社
E05 泉英明、嘉名光市、武田重昭ほか (2015)『都市を変える水辺アクション：実践ガイド』学芸出版社
E06 田中元子(2017)『マイパブリックとグランドレベル：今日からはじめるまちづくり』晶文社
E07 影山裕樹ほか(2018)『あたらしい「路上」のつくり方：実践者に聞く屋外公共空間の活用ノウハウ』DU BOOKS
E08 笹尾和宏 (2019)『PUBLIC HACK：私的に自由にまちを使う』学芸出版社
E09 Amelia Thorpe(2020), *Owning the Street: The Everyday Life of Property*, The MIT Press
E10 田中元子(2022)『1階革命』晶文社

New Urbanism｜ニューアーバニズム

F01 Alex Krieger(1991), *Towns and Town: Making Principles*, Rizzoli
F02 Peter Calthorpe(1993), *The Next American Metropolis: Ecology, Community, and the American Dream*, Princeton Architectural Press
F03 Peter Calthorpe, William Fulton(2001), *The Regional City: Planning for the End of Sprawl*, Island Press
F04 ピーター・カルソープ / 倉田直道、倉田洋子訳(2004)『次世代のアメリカの都市づくり：ニューアーバニズムの手法』学芸出版社
F05 松永安光(2005)『まちづくりの新潮流：コンパクトシティ／ニューアーバニズム／アーバンビレッジ』彰国社
F06 Peter Calthorpe(2011), *Urbanism in the Age of Climate Change*, Island Press
F07 槇文彦(2020)『アーバニズムのいま』鹿島出版会
F08 中島直人、一般社団法人アーバニスト(2021)『アーバニスト：魅力ある都市の創生者たち』筑摩書房

Walkable｜ウォーカブル／Street関連(G08〜17)

G01 Bernard Rudofsky(1969), *Streets for People: A Primer for Americans*, Doubleday & Company
G02 バーナード・ルドフスキー / 平野敬一、岡野一宇訳(1973)『人間のための街路』鹿島出版会
G03 OCED(宮崎正訳(1975)『STREETS FOR PEOPLE　楽しく歩ける街』PARCO出版局
G04 Jeff Speck(2012), *Walkable City: How Downtown Can Save America, One Step at a Time*, Farrar Straus and Giroux
G05 Jeff Speck(2018), *Walkable City Rules: 101 Steps to Making Better Places*, Island Press
G06 Carlos J. L. Balsas(2019), *Walkable Cities: Revitalization, Vibrancy, and Sustainable Consumption*, SUNY Press
G07 ジェフ・スペック / 松浦健治郎ほか訳(2022)『ウォーカブルシティ入門：10のステップでつくる歩きたくなるまちなか』学芸出版社
G08 Donald Appleyard(1981), *Livable Streets*, University of California Press
G09 Allan B. Jacobs(1985), *Looking at Cities*, Harvard University Press
G10 Allan B. Jacobs, Donald Appleyard(1982), *Toward an Urban Design Manifesto*, Institute of Urban and Regional Developmnt, University of California
G11 Allan B. Jacobs(1993), *Great Streets*, The MIT Press
G12 National Association of City Transportation Officials(2013), *Urban Street Design Guide*, Island Press
G13 Janette Sadik-Khan, Seth Solomonow(2016), *Streetfight: Handbook for an Urban Revolution*, Viking
G14 出口敦、三浦詩乃、中野卓ほか(2019)『ストリートデザイン・マネジメント：公共空間を活用する制度・組織・プロセス』学芸出版社

G15 Bruce Appleyard(2020), *Livable Streets 2.0*, Elsevier
G16 ジャネット・サディク＝カーン、セス・ソロモノウ / 中島直人ほか訳(2020)『ストリートファイト：人間の街路を取り戻したニューヨーク市交通局長の闘い』学芸出版社
G17 全米都市交通担当者協会 / 松浦健治郎＋千葉大学都市計画松浦研究室訳(2021)『アーバンストリート・デザインガイド：歩行者中心の街路設計マニュアル』学芸出版社

Area Based Management｜エリアマネジメント

H01 小林重敬(2005)『エリアマネジメント：地区組織による計画と管理運営』学芸出版社
H02 小林重敬ほか(2015)『最新エリアマネジメント：街を運営する民間組織と活動財源』学芸出版社
H03 小林重敬、一般財団法人森記念財団(2018)『まちの価値を高めるエリアマネジメント』学芸出版社
H04 上野美咲(2018)『地方版エリアマネジメント』日本経済評論社
H05 小林重敬、一般財団法人森記念財団(2020)『エリアマネジメント　効果と財源』学芸出版社
H06 保井美樹、泉山塁威ほか(2021)『エリアマネジメント・ケースメソッド：官民連携による地域経営の教科書』学芸出版社
H07 植松宏之ほか(2022)『令和時代に求められるエリアマネジメントの役割：関西からの情報発信』パレード

その他

I01 伊藤香織、紫牟田伸子ほか(2008)『シビックプライド：都市のコミュニケーションをデザインする』宣伝会議
I02 木下斉(2009)『まちづくりの「経営力」養成講座』学陽書房
I03 清水義次(2014)『リノベーションまちづくり：不動産事業でまちを再生する方法』学芸出版社
I04 小林正美(2015)『市民が関わるパブリックスペースデザイン』エクスナレッジ
I05 伊藤香織、紫牟田伸子ほか(2015)『シビックプライド2　国内編：都市と市民のかかわりをデザインする』宣伝会議
I06 清水義次、岡崎正信、泉英明、馬場正尊(2019)『民間主導・行政支援の公民連携の教科書』日経BP
I07 荒昌史、HITOTOWA INC.(2022)『ネイバーフッドデザイン：まちを楽しみ、助け合う「暮らしのコミュニティ」のつくりかた』英治出版
I08 平塚勇司(2020)『都市公園のトリセツ：使いこなすための法律の読み方』学芸出版社
I09 赤澤宏樹ほか(2020)『パークマネジメントがひらくまちづくりの未来』マルモ出版
I10 鈴木文彦(2022)『スキーム図解　公民連携パークマネジメント：人を集め都市の価値を高める仕組み』学芸出版社

都市の基礎理論

J01 Ebenezer Howard(1902), *Garden Cities of To-morrow*, Swan Sonnenschein & Co.
J02 E・ハワード / 長素連訳(1968)『明日の田園都市』鹿島出版会
J03 エベネザー・ハワード / 山形浩生訳(2016)『新訳　明日の田園都市』鹿島出版会
J04 Le Corbusier(1923), *Vers Une Architecture*, Paris: Éditions G. Crès.
J05 ル・コルビュジェ / 吉阪隆正訳(1967)『建築をめざして』鹿島出版会
J06 ル・コルビュジェ―ソーニエ / 樋口清訳(2003)『建築へ』中央公論美術出版
J07 Le Corbusier(1941), *La Charte d'Athènes*, Les Éditions de Minuit
J08 ル・コルビュジェ / 吉阪隆正訳(1976)『アテネ憲章』鹿島出版会
J09 Kevin Lynch(1960), *The Image of the City*, The MIT Press
J10 ケヴィン・リンチ / 丹下健三、富田玲子訳(1968)『都市のイメージ』岩波書店
J11 Edward T. Hall(1959), *The Silent Language*, Doubleday & Company
J12 エドワード・T・ホール / 國弘正雄、長井善見、齋藤美津子訳(1966)『沈黙のことば：文化・行動・思考』南雲堂
J13 Gordon Cullen(1961), *Concise Townscape*, Routledge
J14 G・カレン / 北原理雄訳(1975)『都市の景観』鹿島出版会
J15 Erving Goffman(1963), *Behavior in Public Places: Notes on the Social Organization of Gatherings*, Free Press
J16 E・ゴッフマン / 丸木恵祐、本名信行訳(1980)『集まりの構造：新しい日常行動論を求めて』誠信書房
J17 Robert Sommer (1969), *Personal Space: The Behavioral Basis of Design*, Prentice Hall
J18 ロバート・ソマー / 穐山貞登訳(1972)『人間の空間：デザインの行動的研究』鹿島出版会
J19 Oscar Newman(1972), *Defensible Space: Crime and Prevention Through Urban Design*, Macmillan
J20 オスカー・ニューマン / 湯川利和、湯川聡子訳(1976)『まもりやすい住空間：都市設計による犯罪防止』鹿島出版会

用語索引

な

は

ま

や

ら

英数

事例索引

た

な

は

ま

や

ら

英数

編著者紹介

泉山塁威(いずみやま・るい)
日本大学理工学部建築学科准教授。一般社団法人ソトノバ共同代表理事／一般社団法人エリアマネジメントラボ共同代表理事／PlacemakingX日本リーダー。1984年生まれ。2015年明治大学大学院博士課程修了。博士(工学)。明治大学助教、東京大学助教等を経て2023年より現職。編著書に『タクティカル・アーバニズム』『エリアマネジメント・ケースメソッド』など、共著書に『ストリートデザイン・マネジメント』など。

宋 俊煥(そん・じゅんふぁん)
山口大学大学院創成科学研究科准教授。1981年生まれ。2013年東京大学大学院博士課程修了。博士(環境学)。東京大学大学院特任研究員・山口大学助教を経て2019年より現職。共著書に『ストリートデザイン・マネジメント』『エリアマネジメント・ケースメソッド』など。

大藪善久(おおやぶ・よしひさ)
株式会社SOCI代表。1985年生まれ。東京大学大学院工学系研究科社会基盤学専攻にて景観学を修了後、日建設計シビルに入社。2019年に独立し、SOCIを設立。全国の公共空間の計画・設計・デザイン・利活用業務に関わる。共著書に『PPR the GEARs 公共空間利活用のための道具考』など。

矢野拓洋(やの・たくみ)
東洋大学福祉社会デザイン学部人間環境デザイン学科助教。(一社)IFAS共同代表、JaDAS・JAS代表。1988年生まれ。2013年バース大学大学院建築・土木工学部建築工学環境デザイン専攻修士課程修了後、デンマークの建築設計事務所勤務を経て現職。共著書に『フォルケホイスコーレのすすめ』『タクティカル・アーバニズム：小さなアクションから都市を大きく変える』など。

林匡宏(はやし・まさひろ)
絵師・まちづくりコーディネーター。博士(デザイン学)。1983年生まれ。2008年筑波大学大学院デザイン研究科修了後、㈱北海道日建設計に入社。2018年札幌市立大学博士後期課程を修了し独立。議論内容をその場でイラスト化する「ライブ・ドローイング」という手法を用いながら、全国各地で9つのまちづくり会社を設立し、複数の市役所職員を務める。

村上早紀子(むらかみ・さきこ)
福島大学経済経営学類准教授。1989年生まれ。2017年弘前大学大学院地域社会研究科修了。博士(学術)。2019年より現職。2017年日本都市計画学会論文奨励賞受賞、2019年住総研博士論文賞受賞。主な共著に『初めて学ぶ 都市計画(第二版)』など。

一般社団法人ソトノバ
「ソトを居場所に、イイバショに！」をコンセプトにパブリックスペースを豊かにすることを目指すメディアプラットフォーム。2014年設立。公共空間の場づくりの調査研究や設計、デザイン・マネジメントの実践、またそれらを実践する地域プレイヤーを育成している。

パブリックスペース活用学研究会
パブリックスペース活用の理論及び実践方法論の体系化、人材育成研修制度の実装を行うことを通じてパブリックスペース活用学の構築を目指す研究会。研究会代表：泉山塁威

執筆者(五十音順)

青木秀史　株式会社オリエンタルコンサルタンツ
猪飼洋平　icai architects 代表
石田祐也　合同会社ishau 代表／一般社団法人ソトノバ／一般社団法人ストリートライフ・メイカーズ
一之瀬大雅　日本大学大学院理工学研究科建築学専攻都市計画研究室泉山ゼミ(以下、日大大学院都市計画研究室)
稲越誠　元 八千代エンジニヤリング株式会社
ヴァンソン藤井由実　フランス都市政策研究者／FUJII Intercultural S.a.r.l. 代表
上野美咲　和歌山大学経済学部講師
氏原岳人　岡山大学学術研究院環境生命自然科学学域准教授
江川海人　Mitsu Yamazaki LLC
江坂巧　日大大学院都市計画研究室
小原拓磨　一般社団法人ソトノバ
郭東潤　千葉大学大学院工学研究院助教
苅谷智大　株式会社街づくりまんぼう
木村希　フリーランス
久保夏樹　株式会社日建設計総合研究所
小泉智史　UDS株式会社
小林遼平　つくばまちなかデザイン株式会社専務取締役
佐藤まどか　HITOTOWA INC.
染矢嵩文　日大大学院都市計画研究室
田村康一郎　株式会社クオル／一般社団法人ソトノバ
中島伸　東京都市大学都市生活学部准教授
成清仁士　ノートルダム清心女子大学人間生活学科准教授
西尾美紀　元 札幌駅前通まちづくり株式会社
長谷川千紘　元 一般社団法人ソトノバ
堀江佑典　昭和株式会社企画部営業開発室室長／一般社団法人エリアマネジメントラボ理事
松下佳広　株式会社国際開発コンサルタンツ
三浦詩乃　一般社団法人ストリートライフ・メイカーズ代表理事
溝口萌　日大大学院都市計画研究室
村上絵莉　国立研究開発法人科学技術振興機構
村山顕人　東京大学都市工学専攻准教授
森本あんな　日大大学院都市計画研究室
山﨑清志　NYC Department of City Planning
山﨑嵩拓　東京大学総括プロジェクト機構特任講師
山﨑満広　株式会社Green Cities代表
湯淺かさね　千葉大学大学院工学研究院建築学コース助教
吉野和泰　京都大学大学院工学研究科博士後期課程
吉村有司　東京大学先端科学技術研究センター准教授

※所属は、初版出版当時のものである。

本書出版にあたって、以下の方々に協力いただいた。
ここに感謝の意を表する。

今村遥子、太田拓翔、久志木ひま梨、倉田晃輔、小林みなみ、五味桃花、佐野充季、菅原悠希、鈴木一輝、竹中彩、土田綾美、飛田龍佑、中村佳乃、深津壮、福井勇仁、前田洋伯、松田晃太、米田康平

パブリックスペース活用事典

図解 公共空間を使いこなすための制度とルール

2023年12月30日　第1版第1刷発行
2024年　8月20日　第1版第2刷発行

編著者　泉山塁威・宋俊煥・大藪善久
矢野拓洋・林匡宏・村上早紀子
一般社団法人ソトノバ
パブリックスペース活用学研究会

発行者　井口夏実
発行所　株式会社 学芸出版社
〒600-8216　京都市下京区木津屋橋通西洞院東入
電話 075-343-0811
http : //www.gakugei-pub.jp
E-mail　info@gakugei-pub.jp
編集担当　岩切江津子・越智和子
営業・広報担当　中川亮平

装丁・DTP　美馬智
カバーイラスト　林匡宏
印刷・製本　シナノ パブリッシング プレス

Printed in Japan　ISBN 978-4-7615-2877-5